黄土丘陵沟壑区植被恢复的土壤固碳效应

胡婵娟　郭　雷　主编

中国农业大学出版社
· 北京 ·

内 容 简 介

全球气候变化已经成为各国政府、科学家共同关注的重大问题。如何增加碳汇，减少碳排放成为研究热点。黄土丘陵沟壑区作为我国乃至全球水土流失最严重的地区，近年来由于退耕还林还草等政策的实施，植被得到有效恢复，水土流失得到有效遏制的同时对土壤生态系统也产生了重要影响，土壤碳储量发生了改变。本书以典型黄土丘陵沟壑区陕西延安羊圈沟小流域为主要研究区域，从样地、坡面、流域以及区域等多尺度探讨了植被恢复对土壤固碳过程中土壤 CO_2 释放、土壤微生物以及土壤碳储量变化的影响，以期能够为该区域植被恢复提供一定的科学依据。

图书在版编目(CIP)数据

黄土丘陵沟壑区植被恢复的土壤固碳效应/胡婵娟，郭雷主编. —北京：中国农业大学出版社，2016.5

ISBN 978-7-5655-1541-5

Ⅰ. ①黄… Ⅱ. ①胡…②郭… Ⅲ. ①黄土高原-植被-生态-恢复-影响-土壤成分-碳-储量-研究 Ⅳ. ①S153.6

中国版本图书馆 CIP 数据核字(2016)第 069396 号

书　　名 黄土丘陵沟壑区植被恢复的土壤固碳效应

作　　者 胡婵娟　郭　雷　主编

策划编辑 张　蕊　张　玉　　**责任编辑** 张　玉

封面设计 郑　川　　**责任校对** 王晓凤

出版发行 中国农业大学出版社

社　　址 北京市海淀区圆明园西路 2 号　　**邮政编码** 100193

电　　话 发行部 010-62818525,8625　　读者服务部 010-62732336

编辑部 010-62732617,2618　　出　版　部 010-62733440

网　　址 http://www.cau.edu.cn/caup　　**e-mail** cbsszs@cau.edu.cn

经　　销 新华书店

印　　刷 北京国防大学印刷厂

版　　次 2016 年 5 月第 1 版　　2016 年 5 月第 1 次印刷

规　　格 787×980　16 开本　15.75 印张　285 千字

定　　价 38.00 元

编 委 会

前　言

黄土丘陵沟壑区是全国乃至全球水土流失最为严重的地区之一，该地区植被受气候、地质变迁尤其是人类活动影响，原有的天然植被在历史演变过程中遭到了毁灭性的破坏，新中国成立以来，为了控制水土流失，改善生态环境，我国在该地区开展了大规模的植树造林工作，特别是近 30 年来，先后启动实施了“三北”防护林体系工程、退耕还林（草）工程等林业生态工程，该地区的植被恢复工作取得了良好的进展。植被恢复是遏制生态环境恶化，改善脆弱生态系统和退化生态系统的有效措施。植被作为陆地生态系统的重要组成部分，是生态系统中物质循环与能量流动的中枢，在水土保持、水源涵养及固碳过程中均起到了重要的作用，植被恢复过程中通过改良土壤，增加土壤中有机质，改善土壤结构，提高了土壤涵养水源、保持水土的功能，保护了人类赖以生存的水土资源。同时，植被还能吸收二氧化硫和二氧化碳，固定碳元素，保护环境，满足人类生存的需要，提供了社会服务。另外，植被通过改良土壤，促进自身的演替和生态系统的演变，改变生态系统的外部景观，又是生态系统演变的动力。

随着气候变暖的日益加剧，全球气候变化已经成为各国政府、科学家共同关注的重大问题。1997 年底在日本东京签订的《京都议定书》中规定可以利用造林、再造林等活动增加的碳汇来抵消附件Ⅰ国家的温室气体排放，植被恢复能够有效增加碳汇。不同生态系统类型中，植物同化作用固定的有机碳主要储存于土壤有机碳中，土壤碳储量占整个陆地生态系统碳库的 2/3，土壤碳库微小的变化即会对大气圈中的碳量产生较大的影响，土壤碳储量的增加能够减缓由于人类活动导致的大气 CO_2 的升高。因此，开展碳汇研究特别是相对薄弱的土壤碳汇估算，在当前背景下对于国家环境政策和管理策略的制定以及应对国际气候变化谈判均具有重大意义。黄土丘陵沟壑区植被恢复经历了较长的时间也取得了良好的效果，水土流失得到有效遏制，土壤质量显著提高，目前很有必要从土壤固碳的角度对该区域植被恢复的生态效应进行系统论述。

本书以黄土丘陵沟壑区陕西延安羊圈沟小流域为主要研究区域，从样地、坡面、流域以及区域等不同的尺度，针对主要的植被恢复模式，系统阐述了植被恢复对土壤碳释放、土壤微生物及土壤碳储量的影响。本书主要分7章内容，第一章和第二章主要论述了植被恢复的生态环境效应和土壤固碳过程及主要影响因素，第三章主要介绍了研究区域基本特征，第四章论述了土地利用/覆被变化及其对地上植被和土壤性质的影响，第五章论述了植被恢复对土壤碳释放的影响，第六章论述了植被恢复对土壤微生物的影响，第七章论述了植被恢复对土壤碳的影响。

本书主要收录了作者博士和博士后期间在羊圈沟小流域开展的系列研究内容，其中第四章第二节、第七章第三、四节中部分内容为王朗硕士、汪亚峰博士和常瑞英博士在该区域开展的相关研究。本书的完成是对以往研究的一个总结，希望以其向我博士期间的两位导师傅伯杰研究员、刘国华研究员以及博士后期间的合作导师陈立顶研究员致敬，回首往昔，心里对恩师们的教导和关怀总是充满感激，同时，也十分感谢工作中的同事们在本书的撰写中给予的帮助。

因个人能力有限，书中难免有不足之处，敬请各位专家及读者批评指正！

胡婵娟

2015 年 12 月于郑州

目　录

第一章 植被恢复的生态环境效应

生态系统指由生物群落与无机环境构成的统一整体。防止生态系统退化以及退化生态系统的恢复与重建，是改善区域生态环境，实现可持续发展的保障。生态恢复是一个复杂的系统工程，既要考虑土壤、水分、植被等自然因子的历史变迁、现存状况和发展趋势，也要考虑其作为一个自然和社会复合单元所能承受的干扰程度。从生态系统的组成和功能看，退化生态系统的恢复，首先要建立生产者系统，由生产者固定能量，通过能量驱动水分循环，水分带动营养循环。在生产者系统建立的同时或稍后建立消费者、分解者系统。

植被在生态系统中的地位十分重要。它不仅是生态系统的最基本的生产者，为整个食物链提供能量(包括人类)，而且，也是生态系统的保护者，生态系统演变的驱动者。首先，植被通过改良土壤，增加土壤中的有机质，改善土壤结构，提高了土壤涵养水源、保持水土的功能，保护了人类赖以生存的水土资源。其次，植被还能吸收二氧化硫和二氧化碳，固定碳元素，防止灰尘，净化空气，保护环境，满足人类生存的需要，提供了社会服务。植被通过改良土壤，促进自身的演替和生态系统的演变，改变生态系统的外部景观，又是生态系统演变的动力。因此，植被在退化生态系统的恢复中占据着极为重要的地位。

一、植被恢复对生态系统的影响

植被作为陆地生态系统的重要组成部分，是生态系统中物质循环与能量流动的中枢，在水土保持、水源涵养及固碳过程中都起着重要的作用。然而，随着社会经济的发展，植被破坏引起的生态环境破坏日益严重，植被的破坏不仅影响了自然景观，同时带来环境质量下降、生物多样性降低、水土流失、土地沙化及自然灾害加剧等一系列问题，根据全国第二次水土流失遥感调查，20 世纪 90 年代末，我国水土流失面积 356 万 km^2，其中：水蚀面积 165 万 km^2，风蚀面积 191 万 km^2。据调查，20 世纪 50 年代以来呈减少趋势的沙尘暴，90 年代初也开始回升(温仲明等，2005)。自 19 世纪 50 年代以来，由于植被破坏使得我国 61%的野生物种的栖息地受到破坏，大量的珍稀物种面临灭亡的威胁(Li，2004)。研究表明(查轩等，

1992)，地面林草植被遭到破坏后，土壤理化性质严重恶化，抗冲蚀性能减弱，侵蚀由轻微变得强烈，而当植被得以恢复后，土壤侵蚀迅速减弱。Zhang等(2004)对有植被和无植被覆盖的两个小流域的研究也发现，植被覆盖可以有效地减少水土流失和养分的流失。Zheng(2006)对黄土高原植被改变对土壤侵蚀的影响进行了相关研究也表明植被可以有效地遏制土壤侵蚀的发生。植被茎叶可以减少降雨雨滴动能，植物茎及枯枝落叶可以减缓径流流速，植物根系可以提高土壤抗冲抗蚀的能力，在特殊的侵蚀环境下，植被恢复是治理水土流失的关键措施，而有效地遏制水土流失也是植被恢复影响地下土壤生态系统的重要途径之一。植被恢复是遏制生态环境恶化，改善脆弱生态系统和退化生态系统的有效措施，在植被恢复的开展过程中，我国已启动了“天保工程”和“退耕还林还草工程”，使得植被的恢复与重建能够在较大范围内进行。

完整的生态系统有地上和地下生态系统两部分组成，且二者之间相互联系，互相影响。植被恢复过程中对地上生态系统及地下生态系统均存在显著的影响，植被的生长可以有效改善土壤的结构，为土壤系统输入更多的有机物质，提高土壤质量；其次可以通过改善微生物生长的微环境，提供更多的营养物质和能源物质，提高微生物生物量及多样性，同时恢复过程也可以对植物的组成和结构产生影响，有利于植物物种多样性的保护。植被恢复作为改善脆弱和退化生态系统生态环境现状的有效措施，从地上和地下生态系统的角度探讨其生态环境效应，能够更加完整地论述植被恢复在整个生态系统物质循环和能量流动中的作用，也能够更好地阐述植被恢复过程对生态系统健康和生态环境改善的影响。

(一)植被恢复对地上植被的影响

植物的群落结构和物种多样性对生态系统功能具有重要意义，对植被恢复过程中的物种多样性进行研究，可以正确认识植被恢复的过程，指示生态系统的演替过程。从生态恢复的视角对植被的演替理论进行探讨，国内有学者指出，退化生态系统一旦停止干扰，便发生进展演替，向原群落方向发展，其恢复过程可视为与原群落的结构、功能的相似度从低向高的发展过程(彭少麟，2001)。自然恢复过程中的植被，通过长时期的自然演替过程，物种的多样性会发生改变，最终会形成稳定的植物群落结构，而对于一些破坏比较严重的生态系统，通过自然恢复的过程不能够使植被得以良好的恢复或需要的演替时间特别漫长，根据植物的演替规律，引入演替后期阶段的物种进行及时补播，或者通过引进一些外来物种可以缩短演替时间，加速植被恢复进程。

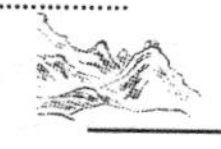

对于植被恢复过程中植物物种和多样性已进行了大量的研究。通常的观点认为，随着演替时间的推移，群落的多样性指数逐渐上升，在群落演替的中后期最大（杜国祯和王刚，1991；高贤明等，1997）。退耕地自然恢复过程中植物多样性的变化受到了广泛的关注。白文娟和焦菊英（2006）对黄土丘陵沟壑区退耕地主要自然恢复植物群落的多样性进行分析后发现，随着退耕年限的增加，植被多样性指数和均匀度指数的总趋势都是增加的，且植物群落物种组成年限之间的差异不断增加。退耕地自然恢复形成的植物群落中草本植物占绝对优势，菊科植物最为丰富；植被恢复初期，植物群落的多样性较低，植被总盖度在85%以上，能够有效地防止水土流失（赵洪等，2005）。Zhang 等（2005）对科尔沁沙地自然恢复群落的演替规律的研究发现，不同的演替阶段优势物种不同，物种的替代及生境的改变是演替发生的主导因素，物种多样性和丰富度指数随演替时间增长而呈增加趋势。弃耕地植物物种类数目变化具有明显的波动性，代表立地特征的种类开始比较少，而农田杂草的种类比较多；随着演替的进行，地带性指示植物增加，杂草类植物种类下降。也有研究表明，退耕地演替群落的种类多少与生产力有关，种类多的群落生产力就高（Bekker 等，2000）。Carla 等（2003）对黎巴嫩采石场植被的自然恢复的研究中发现，在其设置的不同的恢复梯度上植物物种的组成存在很大差异，在生态系统退化比较严重的地区主要是一年生的 R 对策的物种，在中等退化程度的地区主要分布物种是多年生草本和灌丛，而在相对退化程度较低的地区主要是物种组成为乔木和多年生灌木。Nishihiro 和 Washitani（2007）在对日本湖岸植被恢复的研究中利用沉积物中的种子库进行已经灭绝和退化的植物物种的自然恢复，经过自然恢复过程，植物群落和多样性都得到很好的恢复，有 180 种物种其中包括 6 种濒临灭绝的物种和 12 种当地水淹植物出现在湖岸上。Mitchell 等（1999）对石楠类型的退耕地研究时发现，在退耕之后的 20～50 年时间里，退耕地分别经历了桦木属（*Betula* spp.）、樟子松（*Pinus sylvestris*）、蕨类（*Pteridium aquilinum*）、菌类（*Rhododendron ponticum*）四个演替阶段。

人工恢复与自然恢复方式及不同的人工恢复模式下地上植被群落的变化均存在差异。处于植被自然恢复阶段的群落其物种丰富度指数、多样性指数、均匀度指数均在演替的第三阶段较高；人工灌木群落的多样性指数和丰富度指数都要大于人工草本群落，但是人工草本群落的均匀度指数要比人工灌木群落大；天然植物群落比人工植物群落的均匀度指数小，但其物种丰富度、多样性指数均高于人工植物群落（卜耀军等，2005）。王发刚等（2007）对不同人工重建措施下高寒草甸植物群落结构及物种多样性的研究发现退化草地经过多年的封育，或经松耙补播后逐步向原生植被方向演替，而人工草地则逐步向退化演替方向发展。漆良华等(2007)研究了润楠次生林、马尾松天然林、油桐人工林及毛竹-杉木林四种典型的植被恢复群落的物种多样性及生物量，研究表明乔木层物种以次生林的多样性和均匀度最高，草本层物种丰富度以人工林最高，天然林最低，物种丰富度与群落生物量之间的关系可用“S”曲线较好地描述。针对黄土丘陵区不同林龄的刺槐人工林、天然侧柏次生林、荆条灌丛和苜蓿草地等不同植被恢复类型群落特征及物种多样性变化的研究发现，通过植被恢复，物种数量提高，群落多样性得以改善，但群落丰富度指数以撂荒之后形成的荆条灌丛最高，其次是人工刺槐林且恢复年限为20年的人工林高于恢复年限为5年的人工林，物种多样性指数则以刺槐人工林最高(张笑培等,2011)。张健和刘国彬(2010)对黄土丘陵区沟谷地不同植被恢复模式下植物群落生物量和物种多样性的研究中也发现了相似的结果，物种多样性指数表现为人工植被恢复模式效果优于自然恢复，人工植被建设可以促进黄土丘陵区沟谷地的植被恢复进程。但对于植被的人工恢复，一些特殊环境下，不当的物种及营造纯林，也会使植物群落结构单一化，植被正常演替中断或逆向发展，印度Tata能源研究院在Fimalayas Darjeeling地区干旱混交阔叶林采伐后的生态系统重建研究中，烧除采伐剩余物，选择材质优良林木造林，实行混农林业，且造林后头两年连续间作农作物，经过35年的生态系统恢复后，形成的混农林业改变了景观，干扰了生态系统的结构，引起了大量树种资源的损失(Shankar等,1998)。因此，对于需要植被恢复的地区，能够有效了解当地的实际环境条件，可以为更好地选择恰当的恢复模式奠定基础(Kirmer等,2001)，掌握植被的自然演替规律，也可以为人工恢复模式的选择提供科学依据，例如在什么样的演替阶段应该引进什么样的物种从而更好地降低其死亡率，或者也可以决定剔除外来入侵物种的最佳时期，使得植物物种的恢复朝更为有利的方向发展(Karel等,2001)，在生态系统的重建与恢复过程中，应该尽可能地选择当地的植物物种，并考虑不同物种在演替过程中出现的频率，这可以反映某种物种对当地环境条件的适应性(Carlak等,2003)。

(二)植被恢复对土壤理化性质的影响

植被可以通过根系的生长改变土壤的结构，通过根系分泌物、植物残体和枯枝落叶为土壤系统输入更多的有机物质，改善土壤质量。在植被恢复过程中，土壤有机质、速效氮、速效钾、全氮、速效磷含量增加，土壤pH和容重降低，氮的矿化能力增强，土壤微生物生物量明显提高，酶活性增加，水稳性团聚体的数量和质量得到提高，土壤结构得到改善，土壤肥力得到提高，促进了土壤腐殖化和黏化过程，土壤

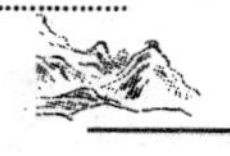

抗冲性和土壤抗剪强度得到强化，土地生产力得到提高，土壤水分状况得到改善（赵新泉等，1999）。研究植被恢复过程中土壤性质的改变可以更好地认识植被恢复的生态效应（Paniagua 等，1999），近年来，针对植被恢复对土壤性质的影响也进行了越来越多相关的研究（An 等，2009；Fu 等，2003；Stolte 等，2003）。

不同的植被类型由于其生长方式不同，对土壤性质也存在不同的影响。Gong 等（2006）研究了荒地、耕地、弃耕地、人工草地、灌丛和人工林地等六种土地利用方式下的土壤养分，结果表明不同的土地利用类型对土壤养分的蓄积作用存在差异，植被恢复有利于提高土壤养分和土壤质量。刘世梁等（2003）研究了灌丛、撂荒地、坡耕地和人工林四种典型土地利用类型下的土壤水分和土壤养分，研究发现，灌丛具有肥力岛屿的作用，可以截流、维持和改善土壤的肥力。马祥华等（2005）研究了退耕地植被恢复中土壤物理特性的变化，研究表明土壤含水量草地＞灌木地＞乔木地，灌木地土壤容重较大，自然恢复的植被土壤水稳性团聚体含量高于自然加人工恢复。邓仕坚等（1994）研究了植被恢复过程中不同树种混交林及其纯林土壤理化性质的变化，研究显示针阔混交林比针叶树纯林对土壤的改良作用要好。Jiao 等（2011）对灌丛、农地、草地和林地的研究表明，植被的恢复有利于降低表层土壤容重，增加土壤孔隙度，灌丛和林地中土壤有机质、全氮、速效氮和速效钾的含量高于其他土地利用方式。Chen 等（2007）对人工油松林、灌丛、坡耕地、紫花苜蓿和自然草地土壤水分的研究表明，灌丛和自然草地的土壤水分高于其他几种土地利用方式。

在植被恢复对土壤理化性质的影响中，恢复年限也是一个比较重要的因素。在黄土丘陵区不同撂荒年限的自然恢复草地的研究表明土壤有机质和全氮含量随着草地恢复年限的降低而降低（张成娥和陈小利，1997）。Li 和 Shao 等（2006）对黄土高原中部撂荒农地 150 年土壤理化性质变化的研究发现土壤的物理性质与弃耕的时间及植被恢复的阶段具有紧密的联系，表层土壤的容重随着时间的增长显著降低。Zhu 等（2010）的研究也发现，黄土高原退耕之后自然恢复的 50 年中，土壤的侵蚀系数大幅度降低，土壤性质和结构都得到改善，在前 10 年的恢复过程中，土壤有机碳大幅度提高，之后的 20 年中，土壤的其他指标经过动态变化后达到平衡。Arunachalam 和 Pandey（2003）对印度东北部退耕年限分别为 1 年、7 年和 16 年的弃耕地的研究发现，随着休耕年限的增长，土壤水分、有机碳和全氮呈增加趋势，而土壤 pH 呈下降趋势。刘世梁等（2002）研究了不同人工林种植年龄下的土壤退化情况，发现随着种植年龄的增加土壤性状有所改善，但人工林种植 50 年后仍没有达到自然林的水平；同时随着人工林的种植年龄增加，有机碳与全氮的含量也相应增加,并且呈现出密切的相关性。针对典型草原不同围封年限土壤碳氮储量的研究表明,随着围封年限的增长,土壤碳氮含量呈增长趋势且在围封14年后植物和土壤各项理化指标达到最大值(2011)。对亚高山地区不同恢复阶段针叶林的研究表明,随着恢复年限的增加,人工林物种多样性呈增加趋势,土壤容重、含水量、有机质含量等指标也随物种多样性的增加而呈现增长趋势(吴彦等,2001)。Zuo等(2009)对科尔沁沙地0年、11年和20年三种不同围封年限的沙丘的植被和土壤研究表明,植被的覆盖度、物种多样性、有机碳、全氮和电导率的平均值随着围封年限的增加呈增加趋势且地统计学分析表明土壤有机碳、全氮、电导率、黏粒含量及0～20 cm土壤水分含量的空间异质性在0～11年先锋沙地植物向灌丛演替的阶段呈增加趋势而后呈降低趋势。Ren等(2007)对鹤山丘陵地退化牧场20年的自然恢复研究发现,经过20年的恢复,土壤有机碳、可溶性氮、速效磷和速效钾已经恢复到了顶级群落的水平。

(三)植被恢复对土壤生物性质的影响

土壤微生物在生态系统多样性和功能的恢复过程中扮演着重要角色,通过对微生物群落的观测和处理能够加速退化生态系统的修复(Harris,2009)。由于微生物对外界的胁迫反应要比植物和动物敏感(Panikov,1999),土壤微生物指标常被用来评价退化生态系统中生物群系与恢复功能之间的联系并能为退化土地恢复提供有用的信息(Harris,2003)。植被对微生物的影响主要通过两个途径,一是通过改变土壤结构和性质来改变微生物的生长环境,二是通过根系分泌物对微生物区系特别是根系的微生物群落产生影响。土地利用改变和植被的恢复对土壤微生物的影响主要存在于不同的植被类型和不同的恢复年限的影响两大方面。

不同的植物群落、不同植被类型对土壤微生物在土壤中的分布、数量、种类以及微生物的生理活性产生很大的影响。对草地、林地和农田的土壤微生物多样性的研究表明,草地和人工林的遗传多样性相近,而草地、人工林土壤与农田土壤细菌的遗传多样性差异较大(杨官品,2000)。Hedlund(2002)对弃耕地人工撒播15种混合植物种子和自然恢复两种恢复模式的研究发现,2年之后,微生物的群落结构均发生改变,人工播种的样地细菌菌群增加且显示出高的微生物活性和生物量,AM真菌的生物量降低。赵吉等(1999)对锡林河流域的六种不同植物群落作为研究对象进行了土壤各类群微生物量的测定分析。结果表明,不同植物群落下微生物的组成及其生物量均有差异,不仅表现在总生物量上,而且在不同类群生物量的组成比例上也因不同生境而异。森林恢复类型对土壤微生物生物量碳、细菌数量

的影响显著，均以天然次生林最高，人工林次之，荒地最差；微生物代谢活性和微生物代谢多样性指数在不同植被类型之间也有明显差异，其变化趋势与微生物生物量碳、细菌数量基本一致；天然次生林土壤微生物群落利用碳源的整体能力和功能多样性比人工林和荒地强；自然恢复更有利于改善土壤微生物的结构和功能（郑华等，2004；Zheng 等，2005）。韩永伟等（2004）研究了退耕还草对土壤微生物生物量碳、氮的影响，发现 0～20 cm 土层土壤微生物生物量碳、氮的大小顺序为：混播草地＞单播草地＞小麦地；不同单播处理对土壤 0～20 cm 微生物生物量碳、氮影响明显。邵玉琴等（53）研究发现恢复草地的土壤微生物生物量均高于退化草地，并且与土壤肥力密切相关。White 等（2005）研究发现在北方针叶混交林中土壤微生物的功能多样性与树种和恢复途径无关，而与恢复过程中土壤的 pH 密切相关。对不同林分的研究表明（蔡艳等，2002；薛立等，2003），不同林分下土壤微生物的数量不同，灌木林＞乔木林，阔叶林＞针阔混交林＞针叶纯林，落叶阔叶林＞常绿阔叶林。从微生物群落多样性的全球分布格局来看，土壤微生物群落多样性与覆盖于土壤上的植物群落多样性呈正相关；从微生物群落多样性的区域格局来看，土壤微生物群落多样性与覆盖于土壤上的植物群落的生产力和多样性呈正相关。Stephan 等（2000）的研究显示，在一个实验草原生态系统里，植物物种丰富度和植物功能多样性对该系统土层里的全部的分解活动和可培养的微生物种群的分解多样性有正面影响。夏北成和 James（1998）的研究表明草地的土壤微生物类群多于乔木和灌木，土壤微生物类群的多少与植物多样性指数、均匀度、丰富度、优势度呈正相关。土壤细菌的代谢活性和代谢多样性随着植物物种数量的对数和植物功能组的数量而直线上升，其原因可能是由植被流入土壤的物质和能量的多样性和数量的增加，也可能是由土壤动物区系引起的生境的多样性的增加造成的（Wardle，1992）。此外，植物的多样性对土壤微生物生物量碳、氮也具有重要影响，植物多样性的丧失可以导致微生物生物量降低，因为在大多数陆地生态系统中有机碳源限制着土壤微生物的活性（肖辉怀和郑习健，2001）。

植被恢复的不同阶段，微生物的数量和种类都存在明显差异，植被恢复年限的长短是植被恢复影响土壤微生物的另一个主要因素。植被恢复过程中植物多样性的增加能够对土壤微生物的多样性产生影响，研究表明，微生物生物量、呼吸及真菌的丰富度随着植物多样性的增加均呈增加趋势（Zak 等，2003）。对印度东北部不同退耕年限的休耕地的研究发现，随着退耕年限的增长，微生物生物量碳和氮均呈增加趋势（Arunachalam 和 Pandey，2003）。通过对杉木人工林不同发育阶段研究发现：中龄杉木林细菌数量明显低于幼龄林和成熟林；放线菌数量的变化均无明显规律;从幼龄到中龄杉木人工林,土壤真菌数量呈明显下降趋势,从中龄林到成熟林,则呈上升趋势(焦如珍等,2005)。Jia 等(2005)研究结果表明次生林土壤微生物生物量随着恢复年限增加,在 17 年次生林中达到最高值,而后下降,最后保持在一个比较稳定的水平。薛箑等(2007)研究了黄土丘陵沟壑区侵蚀环境下不同恢复年限刺槐林土壤微生物生物量的演变规律,发现微生物量随恢复年限的增加变化显著,随年限的增加而逐渐增加,在近成熟林和成熟林期基本达到稳定,成熟林后期又开始上升。刘占峰等(2007)对 15 年、25 年和 30 年的人工油松林的研究后发现微生物生物量碳、氮随植被恢复年限的增长而增长。周国模和姜培昆(2004)研究发现侵蚀型红壤植被恢复后,土壤微生物生物量碳显著增加,并随着恢复时间的延长不断上升。Gros 等(2004)研究了高山草地系统恢复过程中土壤微生物活性与土壤理化性质的关系,发现土壤微生物代谢多样性随恢复年限的增加而增加,并与土壤理化性质的改善密切相关;微生物的代谢均匀度与生态系统功能呈正相关,土壤微生物在植被恢复的初期在功能和活性上很不稳定。Chabrerie 等(2003)研究了草地生态系统沿演替梯度植被与土壤微生物在结构和功能上的联系,发现尽管土壤有机质在植被演替的后期比较高,但是土壤微生物生物量和酶活性与灌丛的出现呈负相关,而与草地生境出现呈正相关;微生物指标与其他因子呈现出复杂的相互作用,微生物指标与土壤含水量、可溶性碳和多聚糖呈正相关,而与植被生物量和凋落物中的木质素含量呈负相关;土壤微生物的功能与植被的恢复梯度不存在显著相关性。

二、黄土丘陵沟壑区植被恢复的基础理论

(一)生态恢复理论

国际生态恢复(重建)学会(Society for Ecological Restoration)于 1995 年提出:生态恢复(重建)(ecological restoration)是帮助研究生态整合性的恢复和管理过程的科学,生态整合性包括生物多样性,生态过程和结构、区域及历史情况,可持续的社会实践等广泛的范围。同期,美国自然资源保护委员会(The US Natural Resource Defense Council)指出,使一个生态系统恢复到较接近其受干扰前的状态即为生态恢复。除此之外,一些学者还将生态恢复定义为"再造一个自然群落,或再造一个自我维持并保持具有持续性的群落","使受损生态系统的结构和功能恢复到受干扰前状态的过程","重建某区域历史上有的植物和动物群落,且保持生态系统和人类的传统文化功能持续性的过程"等(Diamond,1987;Cairns,1995)。

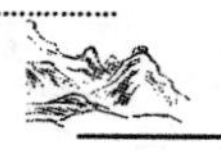

我国学者也曾全面地解释生态恢复与生态修复的内涵与区别。生态恢复是停止人为干扰，解除生态系统所承受的超负荷压力，依靠生态系统本身的自适应、自组织和自调控能力，按生态系统自身规律演替，通过其休养生息的漫长过程，使生态系统向自然状态演化。恢复原有生态的功能和演变规律，完全可以依靠大自然本身的推进过程。为加速已被破坏生态系统的恢复，辅助人工措施为生态系统健康运转服务，而加快恢复则被称为生态修复（ecological remediation）。修复与恢复是有区别的，更不同于生态重建。生态修复的提出，就是要调整生态重建思路，摆正人与自然的关系，以自然演化为主，进行人为引导，加速自然演替过程，遏制生态系统的进一步退化，加速恢复地表植被覆盖，防治水土流失。生态重建（ecological reconstruction）是对被破坏的生态系统进行规划、设计，建设生态工程，加强生态系统管理，维护和恢复其健康，创建和谐、高效的可持续发展环境（焦居仁，2003；梁宗锁等，2003）。

张新时（2010）对“ecological restoration”一词进行了细致的查验和考证，认为更准确的意思应该解释为“生态重建”，并建议在国内为其正名，据此前面的“国际生态恢复学会”也应该理解为“国际生态重建学会”，同时，还对一系列相近的词语释义进行了比对：restoration—重建；reclamation—复垦；rehabilitation—复原；remediation—修复；revegetation—再植；reforestation—再造林；而 reseeding—再种草；regeneration—更新；recovery—恢复。“恢复”与“重建”的根本区别是“恢复”的发生过程应该是没有人直接参与的，而“生态重建”却是在人为的辅助下实施的，二者不应混淆。“生态重建”科学含义与技术手段也要比“生态恢复”更加丰富，在生态管理中处于更高层次。

国外的生态恢复和重建途径中，大多注重生态自然恢复，只有很少一部分考虑到人类自身的经济要求，多是因为这些国家的生态恢复区人口密度相对较小，但这种单一途径并不符合我国普遍现实。退化生态系统的恢复是一项复杂的系统工程，确定恢复与重建目标，必须结合其所处的社会、经济和环境退化状态。恢复到原初状态的目标，从哲学角度显然不成立。迄今为止，我们对原始状态的生态系统知之甚少，难以证明最初是什么状态，更谈不上如何恢复到最初状态（Holloway，1994）。此外，生态系统的发展变化是一种动荡的变化，随时间变化恢复的结果会发生位移。若生态系统严重退化，恢复到最初状态就更不可能。因此，恢复结果只能接近自然的相对稳定状态。自然恢复和生态重建应考虑三类时间尺度，即地质年代尺度（千年、万年、亿年）、自然生态系统世代交替和演替尺度（十年、百年、千年）及生态建设时间尺度（一年、十年、百年）。前两者为自然恢复尺度。三者相差

2 或 3 个数量级或更多。人类不能超尺度依赖自然恢复能力，自然与人为时间尺度的不匹配是自然恢复难以满足人类社会生态需求的根本原因。尤其在我国，封禁后完全依赖生态自身恢复不能满足人类经济、生存发展需要（张新时，2010）。自然恢复会按生态系统自身演替完成，需要一个漫长过程，短期内不能发挥出良好的生态和经济效益。采取人为加速修复的办法，通过人工干扰建立一个原始的、过去曾经有过的生态系统，这是国际生态学领域的前沿课题。当然，要想确切掌握某地原始存在的生态系统状况几乎不可能，更不用说建立一个与原始生态系统一样的群落。然而，应该把恢复定位在修复被破坏的或受阻的生态功能与特征上，即不一定要恢复到原始状态，也不可能恢复到原始状态，只要恢复到某一个比较稳定的中间状态即可（梁宗锁，2003）。

国内外关于生态恢复和修复的调查研究主要集中在三个方面，一是受到污染等因素破坏的水体、土壤及其综合环境的恢复问题（任海等，2003；Marc 等，2008；Harwell and Sharfstein，2009）；二是废弃矿山的生态恢复问题（Moreno-de lasHeras 等，2008；孙顺利和周科平，2007）；三是不利气候地理环境下受破坏的生态环境恢复问题，也是关注和争议较多的问题（Whickera 等，2008；Shinnemana 等，2008；邹厚远，2000；王文颖等，2007）。生态破坏的成因不同，破坏角度不同，恢复目的也不同。所以诸多研究理论和成果只能针对一定区域而言，只能在一定的环境条件下得以适用。

（二）植被演替与植物多样性理论

1. 植被群落演替

自从 1807 年德国人 Alexander Hamboldt 提出植物群落的概念以来，很多欧美的植物学家、生态学家及地理学家就植被演替的相关内容进行了各种论述并相继提出诸多观点和研究方法。特别是通过 19 世纪和 20 世纪以来的研究和探讨，形成很多有代表性的理论学派。如今，在植被演替方面形成了较为系统的理论研究体系，这些观点和方法当今仍然被引用和延续，并在不断发展。例如，原生演替（primary succession）、次生演替（secondary succession）、正向演替（progressive-succession）、逆向演替（retrogressive succession）、顶级（climax）等已成为通用概念。目前，在已形成的理论框架指导下，探讨更多的是地域性和类别性的植被演替规律、机理及影响因子，多开展更加细化和有针对的应用研究。同时，一些先进的技术手段正在被广泛运用，如 GPS、GIS、RS 综合运用，计算机模拟模型，各类指标的测定仪器，都为该领域的研究提供了便捷条件。

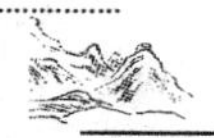

一般认为，森林植被动态研究比草本植被动态研究更困难，但长期采用固定样地监测和模型模拟相结合的方法，近年来取得了很大进展。其中，关于不同区域内树种多样性和差异存在两种假说。一是物种堆积假说(species packing hypothesis)：与热带相比，温带生物多样性被限定在较低水平，世界各地的生物多样性现已接近可能的上限；二是宏观进化假说(macro evolutionary hypothesis)：一个区域的多样性只是受区域内物种产生和灭绝平衡的影响。因此，温带区域的多样性要远低于物种堆积的理论界限，因为温带的灭绝率要比热带高、新种产生速率低或二者兼而有之。近年来，学者们在长期研究中发现两个方面的因素在维持世界不同森林的树种多样性中具有重要作用，即林隙阶段演替(gap-phase succession)和微生境特化(microhabitat specialization)。林隙阶段演替又称为林隙动态，在所有森林中都存在，并能解释演替多样性的绝大部分机制。在中生境条件下，当没有大型干扰发生时，森林中多样性的维持主要以演替生态为主要机制，因为当林隙形成时，后期演替种或顶极种的繁殖体早已出现。而在干旱生境或以林火等大型干扰造成林分毁坏时，竞争—占据机制才起主要作用。每种演替途径或策略的持久存在是树种通过对单个树体或较大的干扰所造成的内源异质性的不同部分的特化利用来实现的。此外，树木也会通过对外源异质性的特化利用来实现共存，外源异质性由地形、气候、土壤等条件的变化引起(Rees 等，2001)。

沃岛效应(fertile island effects)，是指在干旱和半干旱生态系统中，木本植物通过改变土壤结构、微生物生物量、土壤湿度和小气候，并且将有机物质集中于其冠层之下，从而对养分的空间分布和循环产生影响。Virginia 在 1986 年提出三种机制对沃岛的形成进行解释，包括：①木本植物起“养分泵”的作用，将养分由土壤深层和侧面向冠层周围吸收，而后通过树茎流、凋落物和冠层淋洗等过程将养分沉积并储存于冠层下；②就空气动力学而言，粗糙的木本植物冠层易于捕获富于养分的大气尘埃，雨水冲刷使得养分由叶片进入冠层下的土壤；③木本植物能够作为集中地点，吸引鸟类休息、昆虫和哺乳动物觅食或寻求遮阴或遮盖，动物通过排便、掘穴等增加土壤肥力。

干旱与半干旱草原生态系统中，由于木本植物的扩展形成沃岛，其资源重新分布遵循两种方式：①Schlesinger 等(1990)认为一部分资源通过径流或侵蚀丧失，但同时这部分资源也可向沃岛集中，因而改变了资源分布并促进了灌木发育。Kieft 等(1998)认为，在草原向灌丛转变过程中资源可能重新分布，但单位面积总体的养分、微生物和生物量依然未变。②Verstraete(1986)认为通过显著的碳资源和氮资源的净流失，导致了较低的养分密度和微生物多度与活动。因而该地点的生物学潜能可能减弱或彻底丧失。Schlesinger 等(1990)认为以上两种方式均可导致土壤资源更多地向植被下而非向裸地中重新分布,从而使土壤资源的空间异质性增强。

由于植物演替受很多内外因素影响,诸多研究的地域、手段、方法、时空尺度也不同,研究结论存在差异。另外,很少有在同一时空范围内做相同的实验研究做比较。所以涉及应用时只能以他人的研究方法做参考,具体问题在相应研究中应进行具体分析。

2. 植物多样性

1943 年,Fisher 等首先提出“species diversity”一词,并且用于群落学研究,认为物种多样性是指群落内物种数目和每一物种的个体数量。物种多样性是群落可测性的特征之一,是研究群落结构水平的重要指标,体现了群落的结构类型、组织水平、发展阶段、稳定程度和生境差异,具有重要的生态学意义。

Wittaker 将群落多样性大体划分为 3 类,即 α 多样性、β 多样性和 γ 多样性,其中 α 多样性在生态调查过程中应用最多,是指同一地点或群落中种的多样性,由种间生态位的分异造成,包括物种丰富度、物种相对多度分布模型、物种多样性指数和物种均匀度(马克平,1994;马克平和刘玉明,1994)。物种丰富度(species richness)即群落的物种数目,是最简单、最古老的多样性测度方法。一般用物种密度(单位面积的物种数目)或数量丰度(一定数量个体或生物量中的物种数目)来测度。物种丰富度不考虑种间个体差异,忽略了富集种和稀疏种群落贡献度的不同,信息利用不充分。物种多样性指数是把丰富度和均匀度相结合的统计量。物种丰富度和物种均匀度不同的结合方式或同一结合方式给予的权重不同都可形成大量的多样性指数。在多样性的测度中最为常用的是辛普森指数(index of Simpson)、香农-威纳指数(index of Shannon-Wiener)、种间相遇概率。其中,辛普森指数、种间相遇概率指数对常见种敏感,对稀有种的贡献较小;香农-威纳指数对稀有种贡献大,对常见种贡献小。均匀度定义为群落中不同物种的多度(生物量、盖度或其他指标)分布的均匀程度。目前常用的主要是 Pielou 均匀度指数和 Alatalo 均匀度指数。β 多样性是指在不同地点或群落中的更替或转换,是由于各植物种类对一系列生境的不同反应造成的,即沿环境梯度的变化物种替代的程度,还包括不同群落间的物种组成差异。常采用二元属性数据或数量数据进行测度。坡地条件异质性以及陆地梯度对土壤 pH 产生影响,将间接影响植物群落之间自多样性的高低。

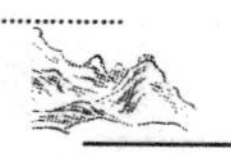

3. 植被演替与物种多样性的关系

群落的多样性是群落稳定性的一个重要尺度，多样性高的群落，物种之间往往形成比较复杂的相互关系，食物链和食物网更加复杂，当外界环境的变化或群落内部种群的波动时，群落由于有一个较强大的反馈系统，从而得到较大缓冲。从群落能量学的角度来看，多样性高的群落，能流途径更多一些，当某一条途径受到干扰堵塞不通时，就会有其他路线予以补充。多样性的产生是自然扰动和演化两者联系的结果，环境多变的不可测性使物种产生了繁殖与生活型的多样化（马克平等，1995）。

生态演替理论是指导退化生态系统恢复与重建的重要基础理论，生态学家发现自然生态系统展示了植被变化的多条途径以及常常有多个稳定的状态，而不是一个共同的演替顶极（ Holling，1996）。退化生态系统的植被恢复须顺应生态系统的演替规律进行。生态系统退化程度诊断是进行生态恢复的基础和前提。物种多样性的恢复是群落和生态系统恢复过程最重要的特征之一，也是研究植被演替的重要手段之一。许多学者为了解群落恢复过程与机理，并探求恢复和重建的有效途径，进行了大量与群落恢复相关的多样性研究。恢复过程中多样性的变化大体趋势为低—高—较高，恢复的途径及自身特点对此发挥着明显作用，因此多样性变化的规律可能不同。贺金生和陈伟烈（1997）在研究了国内外有关植物群落演替过程中物种多样性变化的文献后，得到如下结论：①群落演替早期，随演替进程，物种多样性增加；群落演替后期，当群落中出现非常强的优势种时，多样性会降低；群落中物种多样性最大值出现在耐阴物种和不耐阴物种同时在群落中出现的阶段；②演替中的群落，在垂直和水平微环境异质性较大时，可出现较高的物种多样性；结构复杂性越大，意味着有更多种方式利用环境资源；③演替过程中，由于优势种的他感作用，在某些阶段，可能会出现物种多样性降低；④演替系列群落的优势度多样性曲线在早期是几何级数分布，随物种增加曲线越来越缓，到演替后期，变成对数正态分布。在群落多样性与稳定性的关系上，目前仍存在很多不同观点，也就说明群落多样性对群落演替的作用并不十分确定。

（三）生态恢复与土壤质量的关系

我国生态系统是世界上退化程度最严重的国家之一，同时我国也是较早开始生态系统恢复、重建研究的国家之一。我国的生态系统退化类型多、退化面积广、退化程度重，因此对退化生态系统的研究具有重要意义。对于退化生态系统的恢复，最重要的是植被恢复，植被恢复是根据生态学原理，通过植物措施和其他措施相结合，来修复或重建被毁坏的森林和其他自然生态系统，以达到恢复其生物多样性及其生态系统功能的目的，从而充分利用土壤—植物复合系统的功能改善局部环境，促进生物物种多样性的形成。植被恢复的生态效应不但影响林地本身，也影响周围环境，进而对区域和全球的生态平衡都有所贡献，具有相当的生态效益、经济效益和社会效益。

生态系统退化的同时土壤质量也会退化，土壤质量退化造成的直接后果就是土壤肥力下降。植被恢复重建是保育水土和生态环境的重要措施，生态系统恢复重建的成效在很大程度上取决于生态恢复重建过程土壤质量的演化及其环境效应，土壤质量的正向演替会促使已经退化的生态系统达到生态平衡。同时，植被恢复能有效改善土壤理化性质、减少土壤侵蚀，增强土壤对外界环境变化的适应力和抵抗力，通过植被与土壤双重生态系统的交互作用，可改善土壤生物学特性，提高土壤质量。众多研究表明，在生态退化区采取不同措施进行恢复重建，能改善土壤结构和土壤肥力状况，增加土壤通透性，改善土壤持水性能，使土壤能接纳较多降水，蓄存于土壤中，改变土壤水、肥、气、热状况，生态恢复措施对土壤理化性质起到了很好的改善作用（傅伯杰和陈利顶，1999）。

三、黄土丘陵沟壑区主要植被恢复模式

黄土丘陵沟壑区由于长期的土地不合理利用，水土流失极为严重，土壤侵蚀模数 3 000～24 700 t/(km^2 · 年)，地面沟壑纵横，土地生产力低下。黄土丘陵沟壑区的植被复杂多变，其中以本氏羽茅、达乌里胡枝子、茭蒿、铁杆蒿草原和莎芦蒿、甘草、蒿类草原两个类型分布最广；伴生有白茨、芨芨草、骆驼蓬的本氏羽茅、达乌里胡枝子、茭蒿、铁杆蒿草原，本氏羽茅、小旋花、白花委陵菜、冷蒿草原和羽茅属、阿盖蒿属草原次之；蒲氏羽蒿、铁杆蒿、冷蒿、野青茅草原，丁香、虎榛子、扁禾木灌丛及本氏羽茅、黄白草、马牙草、达乌里胡枝子草原和残存酸刺、绣线菊、黄刺玫灌丛及二裂萎酸菜、地椒、冷蒿草原等较少，一般都见于比较寒冷的塔梁顶部或阴坡。此外，在近山处可以见到酸刺、虎榛子灌丛、本氏羽茅、铁杆蒿草原的分布；并在黄河峡谷地带见有伴生酸刺、荆条、羊灰灰的本氏羽茅、达乌里胡枝子、黄白草草原和盐蓬、芦苇、野青茅草地等分布。

该地区植被受气候、地质变迁尤其是人类活动影响，从秦汉时期到20世纪末，由于战争、人口增长、农牧业生产等人类活动，原有的天然植被遭到了毁灭性的破坏。新中国成立以来，为了控制水土流失，改善生态环境，我国在该地区已开展了大规模的植树造林工作，特别是近30年来，先后启动实施了“三北”防护林体系工

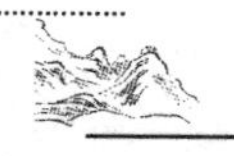

程、退耕还林(草)工程等林业生态工程,该地区的植被恢复工作取得了良好的进展。

植被恢复的途径有两种(朱清科等,2012):一种是封禁后自然恢复,另一种是人工重建恢复。自然恢复以其投资少、见效快、发挥自然潜力等优点展示了强大的生命力,对于退化群落而言,自然恢复为一种有效的植被恢复和物种多样性保育方式。在黄土高原地区,绝大多数植物生态系统岩体的基础存在,只要停止人为干扰,植物生态系统就会向着更稳定、更复杂的方向发展。但有些地方完全靠自然恢复恢复周期很长,部分地区由于自然恢复技术落后,多采取简单的"一封了之"的措施,自然恢复效果不好。人工重建可以加快植被恢复速度,特别是近年来,随着林业政策的实施,科学家们在黄土高原地区开展了大量的植被恢复方面的工作,取得了良好的恢复效果,总结出多种适宜推广的植被恢复技术与模式,但人工恢复与自然恢复相比,人工恢复群落由于人为活动的参与,物种相对单一,单一恢复物种在群落组成中占据绝对优势之后,对其他物种的生长、物种的种类和数量都会受到一定的限制。因此,在黄土丘陵地区进行植被恢复,应该因地制宜,考虑气候、水文、植被、地貌和地质、土壤结构等自然因素的影响,同时考虑到人为经济的需要,以期达到天—地—人的和谐统一,从而达到生态和经济相互促进及双方面的可持续发展。

(一)自然恢复

封育已成为国内外保护和恢复天然植被的一种行之有效的方法,通过封育给植物提供一个休养生息的机会,逐步恢复生产力,给予植物充足的生长发育和繁衍的空间和时间,促进植被的更新。实际操作中,为了加快植被恢复,在一些自然恢复有一定难度的地方采取了天然草地补播措施,加快自然草地恢复,提高自然草地质量。

在半干旱黄土丘陵区,开展的许多封育措施对植被恢复影响的研究成果,均表明封育措施可以显著提高退化草场(原)的生产力,很明显封育措施主要是通过人为地降低或完全排除牲畜对植被生态系统的影响,使系统在自身的更新、演替下得以恢复和重建。但是,封禁并不是简单的不放牧、不挖草皮、实施封禁,而是在封禁的基础上,根据草地的状况,采取改良、补播等手段,导入适生树草种,加快植被演替过程。

采取补播和导入目的草种是一种促进草地自我恢复的一种有效措施。封育草地实际上是利用植物群落自我修复和演替的能力,使草地得以恢复。但是,草地的恢复和演替是一种随着环境条件而变化的过程，所以，这个过程是漫长的。采取补播、导入适宜的树草种等人为促进措施，可以在一定程度上加快植被恢复。根据植被恢复的自然规律导入适宜树草种，作为种源，使草地能够较快地进入下一个演替阶段。补播豆科牧草可以增加土壤有机质、提高土壤肥力，促进植被演替。尤其是在一些盖度低、地表板结严重的地块上，采用动土补播的方法，打破地表板结，培肥土壤，有利于促进植被快速演替和恢复。补播方法是选择植被盖度在40%以下、地表板结的草地作为补播改良的对象，采用穴状补播、开沟补播和隔带翻耕补播的方法，选用的草种为适应性强、出苗快、生长迅速的草种，适宜的草种很多，主要是当地的建群种和能够培肥土壤的豆科植物。

根据宁夏半干旱黄土丘陵区多年的研究结果(李生宝等，2011)，封山育林是半干旱黄土丘陵区恢复植被行之有效的方法。封山育林育草恢复的植物群落一般都是当地的优势群落，与人工群落相比，这种群落生长旺盛，抗旱耐寒，适应当地的自然条件，稳定性好，持续能力强，物种多样性好，具有一定的优势，自然群落的耗水量也低。但是，封禁需要较长的时间，通过近30年的自然封禁实验，明确提出草地恢复的适宜封禁期：在半干旱区森林草原地带，草甸植被的适宜恢复期为3～5年，方可进行合理的放牧或刈割利用，对利用过度、退化严重的草甸植被在平水年需要封禁8～12年；在典型草原地带，草地植被适宜恢复期为5～8年，方可进行合理刈割和放牧利用，退化严重的草地植被在平水年需封禁10～15年；在荒漠草原地带，草地植被适宜恢复期为10～12年，方可进行合理的刈割和放牧利用，退化严重草地在平水年需封禁15～20年。

(二)人工恢复

1.黄土丘陵沟壑区坡面乔灌草空间配置模式

人工植被建造是在整地的基础上，进行合理的乔灌草空间配置。通过试验及流域植被建设模式，一般认为，山坡下部以基本农田为主，山坡中上部应该以恢复天然植被(灌草)为主。基本配置模式如下所述。

坡度为10°～15°的宜林宜草荒坡地区：在该类型地区，工程措施主要为修筑水平台(阶)，田面宽1.5～2.0 m，反坡3°～5°进行乔灌草立体配置，在海拔1 600～2 300 m的阴坡，以云杉、华北落叶松＋沙棘或柠条＋豆科牧草或禾本科牧草(以当地乡土品种)为主进行空间配置。目前，在黄土高原地区已稳定形成了云杉＋沙棘＋薹草群落、油松＋沙棘＋蒿类群落、华北落叶松＋沙棘＋本氏针茅群落和油松＋柠条＋本氏针茅群落，阳坡应为油松＋沙棘、油松＋柠条群落配置模式。

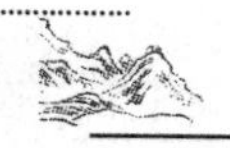

坡度为15°～25°的坡面：工程措施多为修筑水平沟，沟面宽0.5～1.0 m，反坡3 m以上。适宜的配置模式有：柠条＋垂穗披碱草、柠条＋白花草木樨、沙棘＋白花草木樨、山桃＋红豆草、山桃＋草木樨群落。

坡度在25°以上坡面：工程措施多为修筑鱼鳞坑，坑长1.5 m，宽1.0 m，坑高0.5 m，最佳配置模式为柠条＋草木樨、柠条＋草木樨、柠条＋本氏针茅、山毛桃＋红豆草群落。

在水热条件好的低山丘陵区（1 500～2 200 m）地段，可以人工建造以油松、刺槐、青杨、河北杨、旱柳为主的乔木人工林群落。在水热条件较差地段，可以营造白榆、臭椿、刺槐、旱柳为主的稀疏群落类型。

目前，在黄土丘陵区比较常见的荒坡植被恢复模式包括以下几种（于洪波等，2011）。

（1）隔坡宽带柠条＋针茅/早熟禾模式。该模式适于半干旱区荒山、荒坡及破碎地形的植被重建，主要分布在黄土丘陵沟壑区的阳坡、半阳坡、峁顶及阴坡坡顶处。整地一般以水平条田、水平沟和水平台为主，宽度一般为1.0～2.0 m，条、台及沟间以宽的隔坡为主，以减少对坡面的扰动，并增加植物侵入和衍生的机会。柠条属于深根落叶灌木，多年生柠条的根下部分远远大于地上部分，根的深度与茎高比一般为6～8，耐高温、耐旱、耐寒及在冬季冻土层达1.28 m的环境，在年降水量350 mm以下的黄土丘陵山地，在土壤含水量6%左右的荒坡上都能正常生长。柠条属豆科，根部具根瘤，耐瘠薄，适生于黄土丘陵、石质山地和河谷阶地等地区。柠条不禁寿命长，萌芽力强，而且耐平茬，平茬后生长加快，发枝增多。柠条大部分为人工造林，一般为纯林，栽植方式多以单条、复条带，柠条带的位置可置于台面、台阶和隔坡。也可采用种子点播、穴播等方式进行播种。

（2）沙棘＋针茅/冰草恢复模式。沙棘是黄土丘陵区造林常见树种，属于胡颓子科沙棘属，落叶灌木或小乔木，根系发达，具有固氮根瘤，抗逆性强，是保水固土、固堤护坡、防风固沙、改良土壤的优良树种，其耐旱、耐寒、耐瘠薄、耐风沙，对气候的适应性很强，能在极端最低气温－48～－35℃，极端最高气温35～45℃的条件下生长。沙棘在海拔1 000～2 500 m的沟壑、陡坡、梁峁、地埂和滩地均有分布。在我国，沙棘在各种土壤条件下均可正常生长，尤以沙质土壤为宜。在块状坡面，进行穴状整地或水平台整地，水平台整地能够减少水蚀，增加沙棘土壤水分条件，整地密度应较稀疏，避免沙棘因密度过大、生长过快造成沙棘林的衰败，减少对天然植被的破坏，增加植被侵入的数量以形成结构良好的群落。混交配置的优越性已被广泛认可，并被大面积推广，浅根性与深根性、阳性乔木与阴性灌木之间的混合配置能充分利用各自生态优势，从而达到良好效果。在红土和黄绵土地带，阴坡以沙棘与小青杨、沙棘与侧柏混交为主，阳坡沙棘与侧柏、柠条与刺槐混交为主，在梁峁黄绵土地带，柠条与刺槐混交为主。

(3)刺槐混交模式。刺槐适应性强、生长快、郁闭早，具有根瘤菌，能改良土壤，与其他树种混交，不仅可以促进其他树种的生长，而且以增强防护功能，改善生态环境，是黄土丘陵沟壑区种植范围比较广的树种。与刺槐混交造林成功的树种主要有侧柏、白榆、青杨、紫穗槐等。整地方式随地形而异，一般采用反坡梯田整地、水平台整地、穴状整地等。刺槐与其他树种混交，一般均以植苗造林为主，春季栽植，刺槐、侧柏、白榆造林密度为 2 m×2 m 或 1.5 m×2.0 m，2 400～3 000 株/hm^2；青杨为 2 m×4 m，1 200 株/hm^2；紫穗槐为 1 m×2 m，4 500 株/hm^2；沙棘密度为 2 m×3 m，1 650 株/hm^2。混交方式以带状、块状混交为好。混交林比例按 5∶5 配置。苗龄侧柏为 3 年生苗，其他树种为 1 年生苗。

(4)侧柏＋柠条/山毛条/甘蒙柽柳＋自然草地空间配置模式。侧柏是耐旱、耐高温、耐贫瘠的常绿针叶树种，特别适宜土地裸露、植被稀少、海拔在 2 000 m 以下的黄土丘陵区阳坡、半阳坡推广造林。侧柏育苗容易、造林费用低、技术容易掌握，在退耕还林中可广泛应用，柠条可以作为牲畜的饲料来源，具有较高的经济价值。侧柏＋柠条混交的空间配置，可以充分利用不同土壤层次的土壤水分，加强根系对地表土壤的固定作用，同时可以促进土壤质量的提高。整地以水平条田、水平沟和水平台为主，宽度一般为 1.0～2.0 m，水平台及沟间布设宽隔坡，以减少对坡面的扰动并增加植物侵入和衍生。栽植方式以单行、多行带状，柠条带的位置可置于台面、台沿和隔坡，也可采用种子点播、穴播等。

(5)柠条＋沙棘＋甘蒙柽柳＋自然草沟道治理模式。该模式适宜在黄土丘陵沟壑区沟道荒坡。阳坡以发展柠条为主，阴坡以发展沙棘为主，在盐碱地严重的地区可以发展甘蒙柽柳。在阳坡，柠条生长优于其他土壤地类，在阴坡，沙棘生长表现最好。甘蒙柽柳更适宜在盐碱地比较严重的地区发展，从沟道的阴、阳坡和沟道进行立体综合配置，形成综合治理的目的。整地方式为不整地，直播直栽，减少对沟道坡地表面扰动。在较缓坡地区，可以局部进行穴状整地或鱼鳞坑整地。

(6)云杉＋华北落叶松＋油松＋沙棘＋自然草地空间配置模式。在半干旱黄土丘陵沟壑区海拔相对较高的地区，气温相对较低，空气比较湿润。荒山荒坡多为黄绵土、黑垆土类，土壤质地较好。年降水量达到 450 mm 以上时，可以发展云杉/华北落叶松/油松＋沙棘＋自然草地空间配置模式。云杉属浅根性植物，根系不发

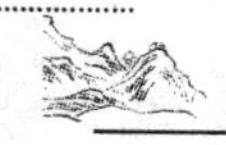

达，前期生长缓慢，后期生长迅速。沙棘属深根性植物，根系萌生力强，富含根瘤菌，固氮能力强。沙棘综合开发利用价值高、潜力大，在退耕还林区，大力发展沙棘，对于改善生态环境，发展地方经济具有重要意义。两者混交在水分利用、培肥地力方面可以起到互补作用。云杉一般选用 3～4 年生苗，春秋两季造林均可，以秋季栽植为佳。落叶造松林一般选用 2～3 年生苗，春、秋两季均可，以秋季造林为佳。整地在造林的前一个季节进行，可采用水平阶、反坡梯田、鱼鳞坑、穴状整地，深度必须在 40 cm 以上。栽植 2～3 年生健壮苗木，起苗后打泥浆或湿草帘包装，采用直壁靠边栽植法，不可窝根，密度以 1.5 m×2 m 或 1 m×2 m 为宜。坡耕地坡度大于 25°，整地方式为水平阶或水平沟，坡耕地 16°～25°，采用反坡梯田整地，一般田面宽 1.5～2.5 m，在坡耕地块外沿，采用竹节槽方式，槽长度随树种及密度定，槽间有横土挡。

2.黄土丘陵沟壑区农林复合经营模式

在对黄土丘陵区现有农林复合模式调查及分析的基础上，按该区的自然条件和地形地貌进行分类，并进行优化组合，比较典型的农林复合模式有以下几种（于洪波等，2011）。

(1)陡坡地水土保持林模式。该模式主要位于上坡位、坡度较大（≥25°）无法耕种的地段，其主要目的是防止上坡位的水土流失，以防中、下坡位的农田受到破坏。其主要模式有以下几种：①柠条纯林（阳坡位）：以水平台宽为 1.5 m，台与台间隔 2.0 m 进行整地，按带状方式穴播柠条，密度一般以 1.5 m×2.0 m 的株行距进行，保持 3 330 株/hm^2 的密度即可。②紫穗槐—侧柏水土保持林（阳坡位）：按水平台宽为 1.5 m，台与台间隔 2.0 m 进行整地，按带状方式进行混交，紫穗槐密度为 2 500 株/hm^2，侧柏密度为2 500 株/hm^2，隔 4 行进行混交。在栽植时，行与行之间应按“品”字形方式进行，并且每树穴应挖集水坑，这样才能有效蓄积天然降水，提高水土保持的能力。

(2)缓坡地退耕还林(草)模式。缓坡地退耕护岸林（草）模式主要位于中上坡位、坡度为 15°～25°退耕还林地，主要有以下几种配置：①沙棘＋山杏＋紫花苜蓿配置：在坡度较小、光照条件较好的退耕地上实行此种模式。坡度≥25°以上的，则以 6～8 m 宽为一带，而坡度较小的，则以 10～12 m 宽为一带，在带的下坡位沿等高线修宽 1.5 m、长 6.0 m、深 0.2 m 的集水坑。在坑内单行栽植 2 年生的山杏苗，株距为 3.0 m。在地埂上单行栽植 2 年生的普通沙棘，株距为2.0 m，使山杏和沙棘形成“品”字形结构，在退耕地的上坡位播种紫花苜蓿。②云杉＋沙棘＋紫花苜蓿配置:在坡度较小、海拔较高的阴湿区的退耕地试行此种模式。在地埂上单行栽植2年生的普通沙棘,株距为2.0 m,使云杉和沙棘形成“品”字形结构,在退耕地的上坡位播种紫花苜蓿,来发展家庭养殖业。③侧柏+甘蒙柽柳+紫花苜蓿配置:在坡度较小的退耕地试行此种模式。坡度≥25°以上的,则以6~8 m宽为一带,而坡度较小的,则以10~12 m宽为一带,在带的下坡位沿等高线修宽1.5 m、长6.0 m、深0.2 m的集水坑。在坑内单行栽植5年生的侧柏苗,株距为3.0 m。在地埂上单行栽植2年生的甘蒙柽柳,株距为1.0 m,在退耕地的上坡位播种紫花苜蓿来发展家庭养殖业。

(3)梯田地农林复合模式。梯田地农林复合模式主要位于中下坡位的农田地区,为了增加农民的经济收入而进行设计的农林复合模式,其主要有以下几种配置:①地埂紫穗槐+农作物配置:在阳坡梯田的坎坡面的上部,沿等高线修水平沟,在水平沟内栽植1~2年的紫穗槐,其株距为1.0 m,形成生物固埂林。在梯田中种植小麦、土豆、胡麻等农作物,从而形成农林间作的复合经营模式。②地埂红柳+农作物配置:在阴坡梯田的坎坡面的上部,沿等高线修水平沟,在水平沟内以单行的形式扦插红柳,其株距为2.0 m。在梯田中种植胡麻、蚕豆、小麦、马铃薯等农作物,使其形成农林复合的经营模式。③地埂花椒+药材复合配置:在光照比较充足,降水量较多、地埂坡度较小且宽的地埂上以株距为3.0 m单行栽植花椒,在农田内种植黄芪、红芪、柴胡、党参等药用作物,使其形成农林复合的经营模式。

(4)房前屋后雨水集流庭院经济模式。在农民的村庄附近修集流场、建集水窖,收集天然降水,利用过剩的集流水发展庭院经济和家庭养殖业,增加农民收入。其模式有以下两种:①果园+紫花苜蓿+家庭养殖业模式:在院内及村庄四周种植梨树(茄梨、巴梨、朝鲜洋梨)、花椒等,在果园内套种紫花苜蓿,来发展家庭养殖业(牛、羊、猪、鸡),使其形成半干旱黄土丘陵沟壑区比较典型的庭院经济模式。一般一个农户可建800 m^2 的集流场,建集水窖6眼,利用所收集的天然降水,用节水灌溉措施经营果园2亩,其中1.5亩梨树,每个品种按2 m×5 m的株行距隔两行混交,0.5亩花椒,按2 m×5 m的株行距定植,饲养2头耕牛,10只羊、4头猪和10只鸡,发展农村经济,加速山区群众建设小康社会的步伐。②节能日光温室模式:在地势平坦、背风向阳的地方建节能日光温室,利用所收集的天然降水在其内种植价格高、经济效益好的优质蔬菜,发展农村经济。

(5)侵蚀沟水土保持林模式。在侵蚀沟道,水土流失发生都很活跃,土地生产

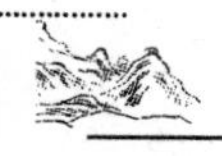

利用率低，为了确保沟道的持续生产，可结合侵蚀沟水土流失综合治理，进行林草开发，充分发挥土地的潜力（土壤、空间、水、热、光等）。其模式有以下三种：①林草结合模式：在侵蚀沟的上部，实行此模式。林以柠条为主，草为天然更新的草为主，有效地防止水土流失。②臭椿＋紫穗槐模式（在侵蚀沟下部的阳坡面）和沙棘＋云杉＋杨树模式（在侵蚀沟下部的阴坡面）。③在侵蚀沟道可营造耐碱性强、萌生力强的甘蒙柽柳水土保持林。

第二章　土壤固碳过程及其主要影响因素

全球气候变化已经成为各国政府、科学家共同关注的重大问题。为了减缓全球气候变化，1992 年签署了《联合国气候变化框架公约》(UNFCCC)，确定了“共同但有区别”的减排原则，是人类向合作解决全球环境问题迈出的重要一步。1997 年底在日本东京又通过了《京都议定书》，明确规定了附件Ⅰ国家[经济发展合作组织国家(OECD 国家)和部分经济转型国家]的排放限度和时间表，《京都议定书》的签订是人类向减缓全球气候变化迈出的实质性的一步。

《京都议定书》中规定可以利用造林、再造林等活动增加的碳汇来抵消附件Ⅰ国家的温室气体排放(《议定书》条款 3.3)，随后在 2001 年通过的《马拉喀什协议》就这一条款进行了确定。全球减排协议的签订和实施为生态系统固碳研究注入了强大活力，有力地推动了全球变化研究。

我国是《京都议定书》的签约国。虽然在第一个承诺期内(2008—2012 年)我国未承担减排义务，但是随着我国经济的快速发展带来的温室气体排放大量增加以及国际社会的压力不断增大，我国在今后也必将承担减排义务。因此，开展碳汇研究，特别是针对相对薄弱的土壤碳汇估算，在当前背景下对于国家环境政策和管理策略的制定以及应对国际气候变化谈判均具有重大意义。

一、土壤碳在碳循环研究中的重要性

土壤和陆地生态系统普遍存在 CO_2—有机碳—$CaCO_3$ 三相不平衡系统。通过大气—植物—土壤—水—沉积物的碳转移系统构成了陆地生态系统碳循环的主要机制(袁道先，1997)。陆地生态系统是全球主要的碳库，储存了 2 100 Gt 的碳，而其中 2/3 的碳储存在土壤中(Schulze，2006；Jobbagy，Jackson，2000；Amundson，2001)，土壤碳库 5％的变化将会对大气圈中的碳量产生 16％的影响(Lal，2004)。因此，土壤碳在整个陆地碳循环过程中起着重要的作用。而全球土壤总碳库中，土壤碳的主要赋存方式为有机碳，土壤有机碳库(SOC pool)达 1 500 Pg，主

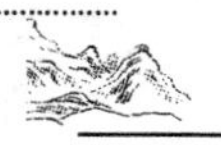

要来源于动植物和微生物遗体、排泄物、分泌物及分解产物和土壤腐殖质。土壤无机碳库(SIC Pool)达 1 000 Pg,主要来源于土壤母岩风化形成的碳酸盐,在土壤碳库中的比例小于 25%,且比较稳定(Lal,1999)。森林生态系统为地球陆地生态系统中最大的碳储库。全球森林地上部碳库为 360～480 Pg,而相应的土壤碳达 790～930 Pg,即分别占全球地上部碳的 80%左右和全球土壤有机碳库的 70%左右。温带森林生态系统中 60% 的碳以土壤有机质存在(Katharine 和 Fung,1990)。

在不同生态系统类型中,植物同化作用固定的有机碳主要储存于土壤有机碳中,这是陆地生态系统主要的碳汇途径之一,如在农田和森林类型中其土壤固碳可达到 7～20 g/(m^2 · 年)。土壤有机碳因矿化发生向大气的 CO_2 逸失,它表现为对大气 CO_2 的源效应,这种源效应的全球速率估计为 50～75 Pg/年(潘根兴等,2000)。土壤碳储量的增加能够减缓由于人类活动导致的大气 CO_2 的升高,相反,土壤碳的释放将加速大气中 CO_2 浓度的升高,加剧气候变化。因此,在全球气候变化日益加剧的背景下,土壤碳在陆地碳循环中的研究显得尤为重要。

二、土壤碳的形成和固定机制

(一)土壤碳的形成和累积过程

土壤碳的形成和累积主要包括碳的输入过程(凋落物和根系)、土壤微生物的分解和利用过程及碳的输出过程。

植被凋落物和根系是陆地生态系统尤其森林生态系统土壤有机碳的主要来源,凋落物和根系碳输入在很大程度上影响着土壤有机碳的形成和稳定,以及土壤 CO_2 通量(Raich 和 Schlesinger,1992;Trumbore 和 Czimczik,2008)。凋落物的数量和质量是影响土壤有机物分解转化的原因,广义而言,凋落物是土壤有机质的一个组成部分,狭义的土壤有机质主要指土壤腐殖质,而它的主要来源还是植物的凋落物。凋落物的质和量,加上温度、雨量等外界环境因素共同决定了相应土壤中有机质的含量。陆地生态系统中凋落物的分解受两大因素影响。先是凋落物的质量,凋落物的质量有两个方面,第一是凋落物的化学特征,如凋落物的含碳量,除碳外其他养分的含量,一些阻碍或刺激分解者活动的物质含量等;第二则是凋落物的物理特征,如凋落物的表面特征,有的凋落叶表面含有蜡质、角质层或生长有较厚的毛层,有的叶片比较厚等。其次,凋落物的坚硬度以及颗粒体积也是影响凋落物分解速率的物理特征。在森林演替过程中,从先锋植物群落一直到顶极群落,土壤性质也在逐渐变化，土壤有机质和全氮含量是不断增加的，这主要是植被演替过程中，凋落物不断积累和分解而对土壤长期作用的结果（陈庆强等，2002）。阔叶林地带土壤有机质含量高于草本和灌丛，而且植被类型不同是造成剖面C含量最大值出现深度不同的主要原因（林心雄等，1985）。Jennifer(2004)指出当地表植被由林地变成经济作物时，土壤有机碳含量减少37%。根系是植物将光合产物直接输入到地下的唯一途径。据Högberg等(2001)推测，光合产物分配到根系的碳75%以呼吸方式被释放出来，表明光合产物是土壤呼吸的关键驱动因子。在森林生态系统中，常利用树木环割和根系排除两种不破坏土壤结构的方法研究光合产物的作用，前者通过截断树干韧皮部来阻止光合产物向地下部分输入碳，后者通过阻止根系分泌向土壤输入碳（Feng等，2009；Högberg等，2001；Zeller等，2008）。在加拿大颤杨林，去除根系引起表层土壤总碳的降低（Kabzems和Haeussler，2005）；在Síkfökút森林，去除根系5年后土壤有机碳和氮含量下降（Tóth等，2007）。但也有研究显示，短期的韧皮部环割或长期的根系去除对土壤总碳没有影响（Yano等，2005；Frey等，2006）。

土壤微生物作为陆地生态系统中重要的组成部分，在调控陆地生态系统碳循环过程中发挥着重要的作用。土壤微生物直接参与土壤碳的形成，通过微生物的分解和转化作用，将凋落物等碳的输入物转化为土壤碳进入土壤碳库，同时，自养微生物也可以通过同化大气中的CO_2从而增加土壤有机碳库的输入（Yuan等，2012；史然等，2013）。另外，其他影响因子对土壤碳的影响也大多是通过影响微生物而间接影响到土壤碳的变化。针对土壤微生物对气候变化的响应的研究中表明温度、水分等气候因子的变化更多的是通过影响到微生物的群落结构和活性而导致了因气候变化而引起的碳失汇问题（Singh等，2010）。微生物活性和群落组成的改变对土壤碳的损失和累积起着直接的影响，温度的升高一方面能够增加微生物的活性，使得呼吸速率增强，从而导致土壤碳的释放；但由于不同微生物具有各自不同的最适温度，温度的升高会改变微生物群落组成，在某些情况下由于失去了适应的微生物种群，温度升高反而减少了土壤有机碳的损失。除了气候变化因子，土壤碳的输入凋落物和根系也会通过土壤微生物影响土壤碳的变化。Xu等(2006)针对温带森林土壤的研究发现，不同林型凋落物的数量和质量都会影响自然土壤的微生物活动。植物的根系对土壤碳的影响一方面通过根系分泌物，另一方面则通过根系的死亡和分解过程增加土壤当中碳的累积。根系周围与土壤当中的其他位置相比积聚了更加丰富的微生物种群。

土壤碳以CO_2的形式从土壤向大气圈的流动是土壤呼吸作用的结果，土壤呼

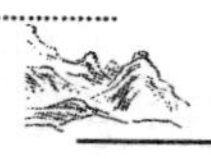

吸是陆地生态系统碳素循环的主要环节，主要包括植物根系呼吸、土壤微生物呼吸及土壤动物呼吸。研究表明，土壤呼吸释放的 CO_2 30%～50%来自根系活动或自养呼吸作用，其余部分主要来源于土壤微生物对有机质的分解作用（Bowden 等，1993）。土壤有机碳经微生物分解作用矿化释放 CO_2 的数量与强度可以反映土壤质量状况以及评价环境因素或人为因素变化对其产生的影响。土壤有机碳的矿化过程受多种因素的影响，如土壤有机质的化学组成和存在状态（Saggar 等，2001）、土壤微生物种群组成和活性（Huang 等，2002）、土壤理化性质（Garca 和 Hernndez，1996）等。近年来，学术界对土壤有机碳矿化及其影响因素进行了大量的研究，取得了一些重要的结果，如 Fang 等（2005）等对耕地、草地和林地土壤的分析结果表明，土壤有机质组成、土层深度、采样方法和培养时间对有机碳的矿化有显著影响，而温度对其影响不明显；Moscatelli 等（2007）发现土地利用方式的改变能对有机碳矿化产生较大影响，培养 28 d 后农田比草地的累积矿化 C-CO_2 量高 180 g/kg；Leirs（1999）等在西班牙西北部的研究表明，土壤湿度对有机碳矿化有较大影响。

（二）土壤固碳机制

随着对陆地生态系统固碳减排的重视，土壤固碳的长效性问题日益受到关注，土壤中的惰性碳在新的环境当中也可能演变为活性碳，气候变化有可能改变土壤碳库的性状，使得土壤碳库从碳汇变成碳源，向大气当中释放更多的碳（Davidson 和 Janssens，2006）。那么土壤碳究竟能够储存多长时间？其储存主要取决于什么因素？这就需要我们对土壤碳的各形态组成以及土壤的固碳机制有比较清楚的了解，从而保证土壤碳库的长效性，增加其碳汇功能，减少土壤碳向大气中的排放。土壤当中有机碳与无机碳相比由于其易变性更受关注，而有机碳的不同组分在土壤碳循环中起的作用也不尽相同（Baldock，2007）。其中矿物质结合态有机碳（小于 53 μm）通常被认为是受物理保护的那部分碳，相对稳定，不易发生变化，对于碳库的稳定和周转速度起主要的作用，而土壤颗粒态有机碳在土壤当中属于不被保护的那部分碳，周转速度较快，而这部分碳对于土地利用方式以及气候的改变更为敏感，在几十年甚至上百年的时间尺度内，对全球的碳循环的影响更为显著（Harrison 等，1993；Harrison，1997）。近年来，从土壤碳的不同组成部分不同形态对土壤碳库进行的研究也日渐增多（Grandy 和 Robertson，2007；高雪松等，2009）。

土壤碳的形成和分布受到多种因素的影响，在不断的环境演变过程中，土壤之所以拥有如此巨大的碳储存能力，与土壤碳的固定机制有关。但由于土壤碳的固定过程的复杂性及土壤作为一个黑箱在研究中还存在很多盲点，针对土壤的固碳过程和机制的研究还存在很多的不确定性(Rustad,2006)。土壤碳的固定与自身的非生物因素如地形、矿物性质及土壤质地有关,同时也与生物因素及其与气候变化之间的关系有密切的联系(De Deyn 等,2008)。针对土壤性质本身,研究者从土壤的不同粒径组成上的固定机理将土壤碳固定的机制划分为化学固定、物理固定及生物学固定(Six 等,2002,Christensen,1996;Stevenson,1994)。随着土壤学研究的发展,土壤生态系统与地上生态系统的相互关系及影响机理研究成为土壤学科的研究热点(Hooper 等,2000;Wardle 等,2004),而该研究也深入生态学研究的各个重要方面诸如土壤碳的研究。研究者开始从土壤碳的主要输入方植被、土壤碳形成过程中重要的分解者微生物以及植被、土壤和微生物的相互作用的角度研究土壤碳形成和固定的机理(Fornara 和 Tilman,2008;Li 等,2010;De Deyn 等,2008;Rasse 等,2005)。然而该方面的研究还没有定论,处于不断的探索和发展过程中。

森林生态系统作为陆地生态系统中最大的碳库,许炼烽等(2013)的报告中指出森林土壤碳的固定主要通过四种机理来实现,包括稳定性有机—矿物复合体的形成、持久性封存的深层碳的增加、耐分解有机物成分的累积以及土壤团聚体结构中碳的物理性保护。有机—矿物复合体的碳被认为是最为稳定的类型之一,这一类碳的积累取决于有机物结构与土壤矿物类型的配置关系,已发现,与高岭石相结合的有机碳更多通过与氢氧化铝表面的结合,以含多糖有机碳为主,而蒙脱石相结合的有机质主要是通过阳离子的桥键作用,以含芳香类物质的有机碳为主(Wattel-Koekkoek 等,2003;Wattel-Koekkoek 等,2001)。另外,矿物类型还对一个地区土壤的固碳量起关键作用,它主要通过黏粒面积大小起作用,有机碳浓度与土壤吸附面积(SSA)存在显著正相关的关系,有机碳在土壤中的驻留时间也随 SSA 的增加而延长(Kennedy 等,2002;Wiseman 和 Puttmann,2005)。有些植被类型可使有机物质大量向深层转移,深层碳通常是古老而惰性的。表层 10 cm 有机碳分解时间几年至 15～40 年,在 25 cm 以下可长至 100 年以上(Batjes 和 Sombroek,1997;Harrison 等,1990),甚至达 2 000 年至 10 000 年(Fontaine 等,2007),同位素示踪显示,1 m 以下碳尽管可以释放,但慢很多(Batjes 和 Sombroek,1997)。深层碳能长久保存的主要原因被认为是缺乏新鲜有机物,以致无法支持微生物群落的活动(Fontaine 等,2007)。土壤有机碳是复杂结构的集合体,其优势结构通常决定碳的稳定性,一般芳香结构类碳比烷基碳稳定,烷基碳比氧烷基碳稳定,有机结构中的一些基团还对微生物分解有抑制作用。但化学结构的碳稳定性效应,主要体现在它与矿质土结合的牢固性,特别是黏粒所结合的碳类型,它是最稳定的碳。

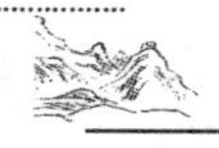

物理性密度法可以大类上把有机碳分为重组碳与轻组碳(密度为1.85 的多钨酸钠溶液)(Lorenz 等,2006;Stevenson 和 Elliot,1989),它也是碳结构复杂性的间接评估,一般重组碳在土壤中的持久时间要远比轻组碳长,因为轻组碳一般是与大团聚体相联结,重组碳则与粉粒及黏粒相联结,是有机—矿物复合体的主体(organomineral),它形成耐分解的物理性保护,一般在<5 μm 的矿物粒子土壤有机碳浓度最高(Post 和 Kwon,2006)。土壤团聚体结构的形成对有机碳起到保护作用,降低微生物分解强度。土壤重组有机碳主要固定于微团聚体内,形成牢固的物理性保护,而轻组碳被固定于大团聚体,在土壤中的驻留时间比重组碳要短很多(Post 和 Kwon,2006;Cambardella 和 Elliot,1993;Elliot 和 Coleman,1988)。当团聚体发育不良时,土壤有机碳将加速分解(Lal 和 Kimble,1997)。

三、土壤固碳量的主要估算方法

碳固定(carbon sequestration),或称为固碳,是指通过生物过程将大气 CO_2 固定于生态系统(包括土壤和植被)的过程(Feller 和 Bernoux,2008)。在以往的国内外相关研究中,固碳的含义不仅指代这一生物学过程,而且还表述了在这一过程中所固定的碳量(DeGryze 等,2004;Feller 和 Bernoux,2008),即生态系统碳库发生的变化量。为了更清晰地表达"固碳"概念中碳库变化的含义,在前人研究的基础上提出固碳量的概念用于表述生态系统碳库的变化量。生态系统碳储量和固碳量在概念上具有不同的含义,二者既有区别又有联系。前者是指生态系统在某一时刻一定空间内的碳储量,是生态系统的固有性质,是静态的;后者指一段时间内生态系统碳储量的变化量,反映了生态系统碳库的变化,是动态的。此外,固碳量与前人研究中的固碳容量或固碳潜力(潘根兴等,2003;孙文娟等,2008)所表达的含义也有很大不同。固碳容量,是指生态系统所容纳碳的最大能力(孙文娟等,2008)。固碳量是指生态系统在一定条件下实际固定的碳量,往往小于固碳容量。土壤固碳(soil carbon sequestration)作为一个整体概念最早于 1991 年提出,是一个崭新的研究领域(Feller 和 Bernoux,2008)。

土壤固碳量估算方法与研究尺度有关。例如,在样点尺度(plot/field scale)或生态系统尺度(ecosystem scale)上,主要采用碳储量变化法和碳通量法(IPCC,2006)以及模型模拟的方法;在区域或国家尺度(region/nation scale)上,清查方法和结合地理信息系统的模型方法成为其中一个主要的手段(Falloon 和 Smith,2002;Paustian 等,1997;Wu 等,2003);在全球尺度(global scale)上,常采用全球模型的方法(Paustian 等,1997)。常瑞英等(2010)对样点尺度和区域尺度土壤固碳量估算方法进行了评述。

(一)样点尺度

碳通量法是通过直接测定碳库收支来估算其变化。这种方法被认为是最有效的方法(Batjes,2006)。目前常用的碳通量观测技术主要包括箱式法(Yu 等,2004)和以涡度相关法(Yu 等,2004;曹明奎等,2004)为代表的微气象法等。然而,该方法多用于对整个生态系统固碳(包括植被和土壤)的测定,还未见用于土壤固碳的报道。

碳储量变化法利用不同时期测定的土壤碳储量的差值估算这段时期内的土壤碳变化。该方法涉及三种估算方法(或称为样地设置):连续观测、配对样地和以空间代时间方法。连续观测是对同一研究样地在不同时期测定其土壤碳储量,利用各期差值估算这段时期内的土壤碳变化。配对样地是指利用对照样地和处理样地进行对比评估处理对土壤碳变化的影响,其中对照和处理样地一般是毗邻样地,以尽可能减小非处理作用带来的影响。以空间代时间方法是利用同期测定的在不同管理措施下(或不同处理时间)的土壤碳储量的差值来反映管理措施(或处理时间)对土壤碳库的影响。在上述三种方法中,连续观测可以减小土壤空间异质性和管理历史的差异对土壤碳变化的影响,估算精度最高。但是,由于土壤碳库变化对管理措施表现出一定的滞后性,在短期内检测土壤碳库的变化较为困难,需要严格地对照实验及大量的样本采集(Ellert 等,2002;VandenBygaart 和 Angers,2006),或者需要长期的连续观测实验数据(Smit 和 Heuvelink,2007)。以空间代时间的方法由于不能有效剔除非处理作用的影响(如土壤基质的差异),带来较大误差,需要增加样本量来降低不确定性。然而,对于缺少长期实验布置的地区,且想较快速了解一个地区情况时,该方法不失为一种有效的选择。与空间代时间方法相比,配对样地方法在很大程度上减小了土壤背景对结果的影响,可以有效降低估算误差。通过文献分析发现,在当前的土壤固碳研究中,国际上多采用配对样地和连续观测的方法,而国内则仍以空间代时间方法为主。

(二)区域尺度

在区域尺度上,由于遥感技术在植被观测中的广泛应用以及长期的较为完备的植被数据库,植被固碳量估算的方法较为成熟,其结果精度较高。相比较而言,土壤碳库变化在区域尺度检测较为困难,这与土壤碳的区域特征有关。例

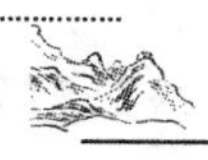

如，①土壤有机碳存在很大的空间异质性，需要大量采样以降低不确定性；②土壤碳库的年碳通量相对于土壤总碳库很小，同样需要大量重复采样以检测土壤碳库的小变化，并且考虑到土壤碳库发生变化的过程较慢，需要长期的观测与采样；③对于整个区域来说，土地利用和土地管理的历史还不清楚（Goidts 和 van Wesemael，2007）。随着《京都议定书》等各项气候变化协定的生效以及碳贸易的发展，区域或国家尺度生态系统固碳量的监测与估算成为当前研究的热点（Paustian 等，1997）。通过对文献的筛查和总结，可以将区域尺度土壤固碳量估算方法大致分为五类。

（1）自下而上或自上而下外推法（Batjes，2004，2006；Chen 等，2007；Lal，2002；Smith 等，2000），即利用样点尺度的观测结果直接上推到区域尺度，或者利用多个站点数据建立土地管理等影响因素与土壤固碳量的相关关系，进而得到区域土壤固碳量。如 Chen 等（2007）利用甘肃省一个小流域的退耕还林土壤固碳数据直接上推到整个黄土高原，得到黄土高原退耕还林还草工程在 20 年内土壤固碳量约为 35.6 Tg C。

（2）数据库方法（Wu 等，2003；Xie 等，2007），利用不同时期建立的土壤数据库，估算土壤碳变化。Wu 等（2003）利用我国第二次土壤普查数据，建立了未受人类干扰的参照样地和耕地土壤数据库，以二者之差估算了我国历史上土地利用变化造成的土壤固碳量为 −7.1 Pg C。

（3）联合国政府间气候变化专门委员会（International Panel on Climate Change，IPCC）报告中提到的第一、二层次方法（Tier 1 和 Tier 2；IPCC，2006）和簿计模型（Bookkeeping Model 和 Houghton 等，1983；Houghton 等，1999；Houghton，Hackler，2003），这两种方法均利用经验关系式估算土壤固碳量，可以归结为经验方法。例如簿计模型中，利用响应曲线和土地利用变化面积及其历史，对生态系统碳库的变化量进行估算。响应曲线是对生态系统碳库在土地利用变化的不同时期变化过程及变化量的描述，是簿计模型的核心部分。Houghton 和 Hackler（2003）利用簿计模型对中国过去 300 年间（1700—2000 年）土地利用变化产生的碳损失进行了估算，结果为 17～33 Pg C，而同期美国的碳损失约为 25 Pg C（Houghton 等，1999）。

（4）基于 GIS（Geographic Information System）的土壤有机质机理模型法（Falloon 等，1998；Lufafa 等，2008），利用 GIS 平台将生态系统尺度的土壤有机质机理模型推移到区域尺度，实现区域土壤碳动态模拟。例如，Falloon 等（1998）应用 RothC 模型并结合 GIS 模拟未来 100 年内欧洲全部耕地转变为林地的土壤固碳量为 0.49 Tg C。

(5)Meta-分析。基于广泛的文献数据收集,对此进行再分析的方法。目前在全球变化研究中,Meta-分析有广泛的应用(Guo 和 Gifford,2002;Laganière 等,2010;Post 和 Kwon,2000)。例如,Post 和 Kwon(2000)利用 Meta-分析发现,在全球尺度上草地建设(其他土地利用类型转变为草地或禁牧等)和造林活动 100 年内的土壤固碳量分别为 33.2 g C/(m^2・年)和 33.8 g C/(m^2・年)。

综上所述,第一类方法计算简单,但估算精度较低,在缺少详细数据情况下,可以作为对区域土壤固碳量的初步估算。第二类数据库方法在大量数据支持下,是一种对历史碳变化估算较为简易且较准确的方法,但无法预测将来的碳动态。第三类方法可初步应用于区域、国家或全球尺度碳排放清单的估算,但不能从机理上解释土壤碳变化过程,在环境因子不断变化情况下,其能力受到限制(IPCC,2006)。第四类模型方法可以从机理上对土壤碳变化动态及影响因素进行解释和模拟,是目前发展最快的方法,代表了区域尺度土壤固碳量估算方法的最新发展。然而,目前在区域尺度上,该方法对于大尺度的生态、地理过程,如对侵蚀和堆积作用的影响考虑不足,影响其估算精度。例如,在区域土壤固碳估算中广泛应用的 CENTURY 和 RothC 模型并没有考虑侵蚀作用对土壤碳的再分配影响,在堆积作用下模拟效果较差(Liu 等,2003;Pennock 和 Frick,2001),与观测值相比,模拟值高估了整个流域土壤碳损失(Pennock 和 Frick,2001)。Meta-分析通过整合区域范围内现有研究的数据,增加了样本量,提高了统计功效。Meta-分析的结果精度依赖于现有研究的可靠性(样本量)及其空间分布的均衡性和代表性。

四、中国主要陆地生态系统土壤碳的变化

大气 CO_2 等温室气体浓度升高引起的气候变化对人类生存环境和社会经济可持续发展产生巨大影响,通过增加土壤碳汇以减缓大气 CO_2 浓度升高备受国际社会关注。近 10 余年来,中国学者在陆地生态系统土壤有机碳变化方面进行了大量卓有成效的研究。黄耀等(2010)针对森林、草地、灌丛和农田生态系统对土壤有机碳储量的变化进行了评述。

(一)森林

中国森林面积位居世界第 5,人工林面积居世界首位。根据第六次全国森林资源清查(1999—2003 年)结果,全国森林面积 174.9×10^6 hm^2,比第二次全国森

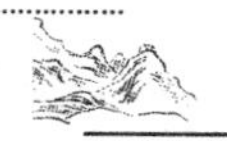

林资源清查(1977—1981 年)增加 59.6×10^6 hm^2;森林覆盖率 18.2%,比第二次全国森林资源清查提高了 6.2%。

不同研究对中国森林有机碳变化的估计结果相差较大。Piao 等(2009)利用土壤有机碳与植被碳及气候因子的多元回归方程,估计 1982—1999 年中国森林土壤有机碳库年均增加(4.0±4.1)Tg(1 Tg=1 012 g)。Xie 等(2007)采用欧洲森林土壤固碳速率估计中国森林土壤有机碳库年均增加 11.7 Tg。Wang 等(2007)利用 InTEC 模型估计 1950—1987 年平均增加 7.84 Tg/年,1988—2001 年平均减少 61.54 Tg/年。陈泮勤等(2008)的模型估计结果为年均减少 6 Tg。若就单位面积土壤有机碳(碳密度)变化而言,Xie 等(2007)和 Piao 等(2009)的估计结果较一致。

中国森林类型丰富多样,具有明显的地带性分布特征,由北向南的主要类型依次为针叶林、针阔混交林、落叶阔叶林、常绿阔叶林、季雨林和雨林。虽然 Shao 等(2007)利用贵州省黎平县和长白山森林土壤有机碳的测定结果对 InTEC 模型的有关参数进行了校正,但不足以将此扩展到全国尺度。因此,Wang 等(2007)的估计结果存在极大的不确定性,而陈泮勤等(2008)的结果则未考虑森林面积的变化,若不考虑模型估计结果,综合 Xie 等(2007)和 Piao 等(2009)的研究,可得中国森林土壤有机碳密度年均变化量为(36±33)kg/hm^2。按 1980—2000 年平均森林面积为 130×10^6 hm^2 计算,土壤有机碳库年均增加(4.7±4.3)Tg,这主要归因于森林面积持续增加。

表 2-1　中国森林土壤有机碳变化

时间/年	面积/Mhm^2	土壤深度/cm	土壤有机碳变化		研究方法
			碳贮量 Tg/年	碳密度 kg/(hm^2·年)	
1980—2000	249	—	11.72	47	土壤有机碳变化速率×面积
1982—1999	130	—	4.0±4.1	31±32	统计模型
1950—1987	167	0～30	7.84	47	生物地球化学模型(InTEC)
1988—2001	167	0～30	−61.54	−368	生物地球化学模型(InTEC)
1982—2002	130	—	−6.00	46	生物地球化学模型(FORC-CHN)

(二)草地

中国天然草原面积约为 400×10^6 hm^2，约占国土总面积的 41.7%，主要集中分布于西部和北部地区，其中北方天然草原约占全部草地面积的 78%，是中国草地的主体(陈佐忠和汪诗平，2000)。迄今为止，对国家尺度草地土壤有机碳变化研究不多。Piao 等(2009)基于土壤有机碳与归一化植被指数(NDVI)及气候因子的多元回归方程，估计 1982—1999 年中国草地(331×10^6 hm^2)土壤有机碳库年均增加(6.0±1.0)Tg。而 Yang 等(2009，2010)基于大样本野外测定数据的分析结果则表明，过去 20 余年中国北方草地和青藏高原草地(总面积为 196×10^6 hm^2)土壤有机碳没有明显变化。显然，基于多元回归方程的估计值并不支持 Yang 等(2009，2010)基于测定数据的分析结果。Janssens 等(2003)估算欧洲土壤碳汇约占生态系统总碳汇的 30%，美国的土壤碳汇是植被碳汇的 2/3 左右(Pacala 等，2001)。若按 1981—2000 年中国草地植被平均碳汇 7 Tg/年(Fang 等，2007)计算，草地土壤碳汇则为 3～4.7 Tg/年，结合 Piao 等(2009)的研究可得，中国草地土壤碳库年均增加(4.9±1.6) Tg，但此估计值具有极大的不确定性。

(三)农田

中国是农业大国，耕地面积为 130×10^6 hm^2，农作物播种面积约为 150×10^6 hm^2。与自然土壤相比，农业土壤在全球碳库中最活跃，极易受农业管理(如耕作、施肥和灌溉)的影响。在合理的管理措施下，全球农业土壤的固碳潜力估计为 0.4～0.9 Pg/年(Lal，2004b；Metting 等，2001)。黄耀和孙文娟(2006)报道，1980—2000 年占中国农田面积 53%～59%的土壤有机碳含量呈增长趋势，30%～31%呈下降趋势，4%～6%基本持平。总体而言，耕作层(0～20 cm)土壤有机碳贮量年均增加 15～20 Tg。对文献数据的进一步分析表明，中国农田表土(0～30 cm)有机碳贮量年均增加 16.6～27.8 Tg(Sun 等，2010)。Xie 等(2007)、Lu 等(2009)、Yu 等(2009)和 Pan 等(2010)的研究结果与此相似。黄耀等(2008)利用自主开发并经广泛验证的农业生态系统碳平衡模型 Agro-C(Huang 等，2009)，估计 1980—2000 年中国农业土壤有机碳年均增加 14.5～20.3 Tg。综合以上结果，近 20 年中国农田土壤有机碳密度增加速率为(167±33) kg/(hm^2·年)。按全国耕地面积 130×10^6 hm^2 计算，表土有机碳库年均增加(21.7±

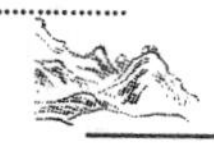

4.3)Tg/年。农田土壤有机碳增加主要归因于作物产量的提高(Huang 等,2007)、秸秆还田与有机肥施用及少(免)耕技术的推广等(黄耀和孙文娟,2006;Lu 等,2009)。

表 2-2　中国农田土壤有机碳变化

时间/年	面积/Mhm^2	土壤深度/cm	土壤有机碳变化		研究方法
			碳贮量 Tg/年	碳密度 kg/(hm^2·年)	
1980—2000	118	20	15.6～20.1	132～170	文献数据集成分析
1980s—2000s	156	—20	23.6	151	文献数据集成分析
1980—2000	130	30	16.6～27.8	128～214	文献数据集成分析
2000s	118	—	16.5	140	统计模型
1985—2006	130	20	22.2～27.6	171～212	文献数据集成分析
1980—2000	98	30	14.5～20.3	148～207	生物地球物理模型(Agro-C)

(四)灌丛和湿地

灌丛是在中国分布广泛的另一种植被类型,面积约为 200×10^6 hm^2(Piao 等,2009;Fang 等,2007),但对其生产力和碳汇功能的研究不多。Piao 等(2009)报道,1982—1999 年中国灌丛(215×10^6 hm^2)土壤有机碳年均增加(39.4±9.0)Tg,高于森林、草地和农田。该结果基于灌丛土壤有机碳密度与年均气温、降水总量和 NDVI 的多元回归方程得出(Piao 等,2009)。就该方程而言,土壤有机碳增加似乎主要归因 NDVI 的增加。必须指出,该统计方程仅能解释土壤有机碳变化的 33%。毫无疑问,目前中国灌丛土壤有机碳变化的估计结果仍存在极大的不确定性。中国湿地面积为 65.9×10^6 hm^2(不包括江河、池塘),其中天然湿地面积约 25.9×10^6 hm^2,而沼泽湿地面积最大,约 12×10^6 hm^2。三江平原是中国沼泽湿地面积最大的地区,20 世纪 50 年代初为 5.35×10^6 hm^2,但近 50 年来湿地农垦面积不断增加,至 2000 年湿地面积已减少了约 3×10^6 hm^2(中国湿地资源开发与环境保护研究课题组,1998;刘兴土,1997;Huang 等,2010)。根据 Huang 等(2010)、刘子刚和张坤民(2005)的估计,1950—2000 年三江平原湿地农垦导致土壤有机碳共损失 218～240 Tg,其中 1980—2000 年平均损失(6.2±1.8)Tg/年(Huang 等,2010)。

五、土壤固碳的主要影响因素

(一)土地利用方式

土地利用变化和耕作管理是人类影响陆地生态系统碳过程的一个重要方面(Lal,1999b),土地利用变化主要指人类对土地利用和管理的改变,从而导致土地覆盖的变化,而土地覆盖的变化会对地表反照率、蒸发、温室气体的源汇或气候的其他性质产生影响,进而影响局地或全球气候。森林的砍伐、生物量的燃烧、自然生态系统向农田生态系统的改变以及土地的耕作都会显著增加大气中 CO_2 的浓度。陆地生态系统作为重要的碳库,农业措施及土地利用改变对土壤带来的干扰会加速有机碳的分解速率从而增加 CO_2 向大气中的排放量(Smith 等,2008)。毁林、草地开垦、不合理土地利用等造成的土地沙漠化、土壤侵蚀和退化所引起的土壤碳的损失和大气 CO_2 的净释放,被认为是大气 CO_2 浓度升高的原因之一(Degrayze 等,2004;Lal,2001)。Houghton 等(1983)的研究中认为在皆伐后热带、温带和极地森林枯落物和土壤碳分别减少 35%、50%和 15%。Murty 等(2002)的研究表明,森林开垦为农田后土壤碳损失了 24%;Davidson 和 Ackerman(1993)的研究显示草地开垦成农田后土壤中会损失 30%~50%的碳。

自然生态系统转变为农田生态系统会造成碳的损失,相反,弃耕、造林和再造林可以通过增加地上生物量的蓄积以及土壤碳的输入从而增加碳的固定。通过退化土地的退耕还林还草、恢复多年生植被等土地利用的转变成为国际社会应对全球气候变化缓解大气 CO_2 浓度升高的对策之一(Lal,2001;Marland 等,2001)。研究表明,土地利用方式由农田转变为草地和林地可以分别增加 19%和 18%的土壤碳储量(Guo 和 Gifford,2002)。Post 和 Kwon (2000)报告指出退化土地转为林地或草地后碳固存率分别为 33.8 g/(m^2 · 年)和 33.2 g/(m^2 · 年)。一些区域的研究和实践也证实,严重退化土地的退耕还林还草有巨大的固碳潜力(Lal,2000;Su,2007)。Mensah 等(2003)在加拿大北部平原的研究表明,农田转为牧草地 5~12 年后,土壤有机碳的积累为 0.5~0.8 Mg/(hm^2 · 年)。苏永中等(2009)研究表明退化土地由一年生作物向多年生牧草的转变有显著的固碳效应和潜力。

土地利用转变后土壤有机碳的积累速率与其利用历史、土壤性状如质地、土地利用变化前的有机碳水平以及土地管理等有关(Su,2007)。另外,土地利用方式对有机碳含量影响存在差异的原因主要与不同植被对土壤的贡献存在差异有关。森林土壤有机碳的固定潜力巨大主要来源于森林特性。森林生态系统能够给土壤

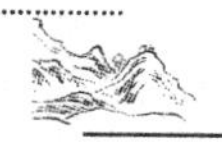

输入足够的枯枝落叶、广阔的根系和大量诸如木质素的难分解复合物(Sharrow 和 Ismail,2004),因此土壤能够吸收足够的有机物质而使森林土壤的有机碳密度提高。草地生态系统则由于存在大量根系生物量在地下层次的累积从而有利于有机碳的蓄积;另一方面,草原土壤与耕地相比由于植被覆盖度的增加而减少土壤侵蚀,增加了归还土壤有机物质,土壤生态条件的改善将促进土壤有机质的形成(朱连奇和许立民,2004),再者,耕地土壤由于植被的收获,其对土壤有机物质的输入量十分微小,长期的翻耕增加了作物残渣的分解,并且使土壤团聚体长期暴露在空气中加快土壤呼吸作用而减少了土壤对有机碳的物理保护从而使土壤有机碳含量减少(Post,Kwon,2000),而草原土壤由于人为扰动较少,可以减少团聚体在地表暴露机会也可以降低土壤呼吸作用引起的 CO_2 释放。

土地利用的改变更多的时候是人类根据自己的需要,按一定的经济社会目的,采取一定的手段,将自然生态系统变为人工生态系统的过程,在社会和经济的不断发展过程中,土地利用在不同地区都发生了巨大的变化,Smith(2008)研究中指出历史上由于变化造成的全球土壤碳储量的减少为(1.6±0.8) Pg C/年。Houghton 等(1999)根据美国土地利用在 1700—1990 年之间的土地利用的变化,发现过去 300 年间土地利用变化使得美国生态系统碳储量总体趋于减小,林地和草地分别减少了 32 Pg C 和 2.3 Pg C。Melillo 等(1988)的研究发现 1850—1980 年期间,土地利用的变化使原苏联地区由净碳汇变为碳的零通量区。Janssens 等(2003)利用不同土地利用类型的碳储量估算方法推算出欧洲陆地生态系统每年能够吸收 7%～12%的人为排放的 CO_2 的量。Kaul 等(2009)对印度 1982—2002 年的森林覆盖的变化进行研究后发现碳通量已经从源变成了汇。Fang 等(2001)也在研究中探讨了近半个世纪以来我国森林覆盖变化及其对陆地生态系统生物质碳储量的影响。由于土地利用侧重于土地的社会经济属性,那么土地利用的改变受人为因素的影响所占的比重就更大,在一定时期,政策的实施和引导是造成土地利用方式发生巨大改变的主要原因,如在我们国家黄土高原地区实施的退耕还林换草政策,造成了黄土高原地区大面积坡耕地向林地和草地的转变,还有我国实行的一系列重大生态工程,都在一定程度上大面积增加了林地和草地,从而提供了土壤碳库巨大的固碳潜力(吴庆标等,2008)。

(二)气候因素

湿润地区开垦损失的土壤碳高于干旱地区,而退耕还林或还草的土壤固碳量在湿润地区较高(Lugo 等,1986;Ogle 等,2005)。同样,Post 和 Kwon(2000)利用

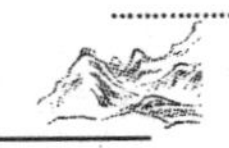

Meta-分析对全球范围内弃耕地造林土壤碳变化进行了估算，结果发现土壤固碳速率从温带到亚热带随着温度和湿度的增加而增加。然而，Laganière 等（2010）同样在 Meta-分析中发现，退耕还林后土壤碳的增加量在温带、亚热带和热带没有明显差异，结论认为气候对土壤固碳作用较小。

（三）土壤性质

土壤质地对土壤固碳的影响主要体现为土壤黏粒对土壤碳的化学保护作用（Krull 等，2003；Six 等，2002）。一般认为土壤黏粒含量与土壤碳储量呈正相关关系（Burke 等，1989；Post 等，1982；Schimel 等，1994；Tan 等，2004）。开垦过程中，土壤黏粒含量高的地区，土壤碳损失较小（Burke 等，1989；McLauchlan，2006b），反映出土壤黏粒在保持土壤碳稳定性中具有重要作用。一些研究同样发现，造林的土壤固碳作用在土壤黏粒含量较高地区（大于 33%）更显著（Laganière 等，2010），说明土壤黏粒在土壤有机碳形成过程中同样也起到了正作用。但也有一些研究认为土壤黏粒对土壤固碳作用影响不大（Foote 和 Grogan，2010；McLauchlan，2006a）。

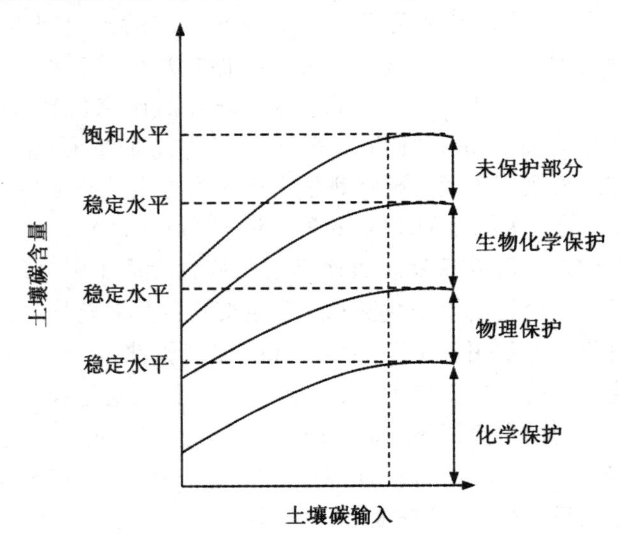

图 2-1　土壤有机碳稳定机制

（Six 等，2002；常瑞英，2012）

注：化学保护（chemical protection）：土壤黏粉粒（clay 和 silt）表面的吸附保护作用；物理保护（physical protection）：土壤微团聚体（microaggregate）对土壤微生物阻隔所产生的保护作用；生物化学保护（biochemical protection）：土壤有机质中难分解组分（如木质素等）所产生的作用。

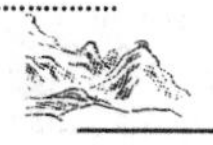

土壤深度是影响土壤固碳估算的一个重要因素。很多研究显示仅考虑表层土壤碳变化会增大估算误差(Davidson 和 Ackerman,1993;Foote 和 Grogan,2010;Harrison 等,2011;Paul 等,2002;VandenBygaart 和 Angers,2006)。例如,Bashkin 和 Binkley(1998)在夏威夷的研究发现,表层 10 cm 土壤有机碳在退耕初期(10～13 年)显著增加,但是下层 10～55 cm 碳储量则显著下降,而整个土壤剖面(0～55 cm)土壤碳变化不明显。Hooker 和 Compton (2003)对弃耕 115 年的北美乔松人工林(white pine)研究表明,退耕还林可以显著提高下层 20～70 cm 有机碳储量,但对表层 20 cm 有机碳无影响。

(四)植被恢复

在退耕还林或草地转变为林地过程中,阔叶林的土壤固碳量一般高于针叶林(Guo 和 Gifford,2002;Laganière 等,2010)。这可能与阔叶林较高的生产力,尤其是较高的细根生产力及其周转速率有关(Li 等,2012;Matamala 等,2003)。固氮植物的土壤固碳效应高于非固氮植物(Binkley,2005;Paul 等,2002;Resh 等,2002)。一方面与固氮植物较高的生产力有关;另一方面固氮植物可以促进土壤碳形成,并且降低土壤碳的矿化损失(Binkley,2005;Resh 等,2002)。

植被恢复过程中整地措施(如黄土高原应用比较广泛的鱼鳞坑、壕沟)可以提高林地生产力(Jandl 等,2007),减少土壤侵蚀(蔡进军等,2009;焦菊英等,2002),但同时也会增强土壤呼吸,进而增加土壤碳的损失(Jandl 等,2007;Johnson,1992)。Laganière 等(2010)认为整地措施对土壤固碳的影响与整地方式的干扰强度有关,作者通过对全球范围内退耕还林土壤碳变化数据进行 Meta-分析发现,高强度的整地方式(如壕沟、树坑等,或利用机械方式种植)对土壤固碳作用不明显,而低强度的整地方式(手工种植但没有挖坑等高强度的干扰)则可以显著提高土壤碳储量。

土壤有机碳随植被恢复年限呈非线性变化。在造林初期,土壤有机碳的变化存在较大争议。一些研究表明在造林初期(＜10 年)土壤碳呈下降趋势(Berthrong 等,2012;Laganière 等,2010;Li 等,2012;Paul 等,2002;Vesterdal 等,2002;Zhang 等,2010)。例如,Zhang 等 (2010)对我国退耕还林还草工程土壤碳变化的 Meta-分析中发现,土壤固碳速率(g/m^2)与退耕时间成指数关系,表现出初期(＜5 年)下降,之后快速增加并达到稳定。Vesterdal 等(2002)发现土壤有机碳含量较高(约 17 g/kg)的农田在退耕还林(橡树和挪威云杉人工林)30 年后其土壤碳储量仍呈下降趋势。然而,也有一些报道显示土壤碳在造林初期显著增加或不变(Binkley 等,2004;DeGryze 等,2004;Yang 等,2011)。Niu 和 Duiker(2006)认为土壤碳在造林初期的变化与耕地土壤碳含量水平有关,耕地土壤碳含量高,土壤碳在造林初期下降,反之则增加。尽管土壤有机碳储量在造林初期可能下降,但随林龄增加,土壤有机碳仍呈增加趋势(Berthrong 等,2012;Li 等,2012;Laganière 等,2010;Niu 和 Duiker,2006;Paul 等,2002;Zhang 等,2010)。

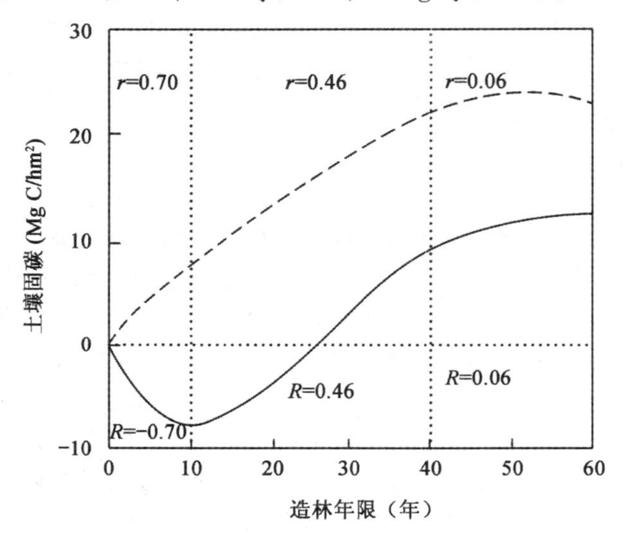

图 2-2 土壤有机碳变化与林龄的关系

(Niu 和 Duiker,2006;Paul 等,2003;常瑞英,2012)

r,R 分别代表低有机碳含量和高有机碳含量耕地退耕后的 SOC 变化速率。

(五)尺度

尺度(scale)具有时间、空间和功能等多维性特点,时间尺度的影响可以通过林龄变化来反映,这里仅讨论空间尺度。不同尺度上,土壤固碳的主要影响因素存在显著差异。例如,在较大尺度上,气候可能是一个主控因素,但是在样地等小尺度上,气候的作用可以忽略不计,而林龄的作用更显著。对于同一个影响因素,其作用强度同样依赖于尺度的变化。例如,在局地尺度(Local scale)上,有报道指出退耕还林的土壤固碳作用高于退耕还草(Del Galdo 等,2003;Martens 等,2004),但是在区域、国家或全球尺度上,二者的土壤固碳量差异不明显(Chang 等,2011;Guo 和 Gifford,2002;Post 和 Kwon,2000;Zhang 等,2010)。因此,土壤固碳具有

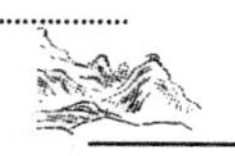

高度的尺度依赖性，对不同尺度的土壤固碳量估算需考虑其尺度特征。

六、黄土高原地区土壤碳的主要研究进展

黄土高原地区位于我国内陆腹地，基本上全为黄土所覆盖，是我国乃至全球水土流失最严重的地区之一，生态环境极其脆弱。黄土高原地区作为我国西北部重要的生态屏障，在我国生态环境建设和全球变化研究中具有重要的地位。中国政府于 1999 年开始推行“退耕还林还草”项目计划，通过“以粮代赈”与资金补助等措施，促使生态环境脆弱区域部分坡耕地的退耕，以增加林草植被覆盖、减少水土流失与改善区域生态环境。大面积的退耕林（草）地对改善当地的生态环境具有重要意义，也势必会影响到土壤的有机碳含量，而土壤有机碳储量是植物生态系统中土壤碳循环研究的基础，它不但决定了退耕后的植物生态系统碳库的大小，而且能直接表征土壤的有机质水平，是评价土壤肥力和植被生态价值的主要指标之一。黄土高原退耕还林还草工程的实施，有效改善了水土流失状况和土壤质量。黄土高原地区土壤碳的研究主要集中在土地利用方式改变、植被恢复以及恢复年限的影响方面。

土地利用方式/覆被的改变对土壤碳的变化具有重要影响。傅伯杰（2002）分析了土地利用在时间上的变化对土壤质量的影响，发现旱作农田退耕为林地、草地后，土壤有机质、全氮、碱解氮、速效磷、速效钾都有显著的提高。彭文英等（2005）对陕西安塞坡耕地退耕还林还草的研究发现，坡地退耕后，随恢复时间的增加，土壤结构不断得到改善，土壤有机质、全碳、全氮以及主要离子含量呈明显增加趋势，土壤速效养分增加更明显。土壤有机质在植被恢复 5 年以上开始明显增加，土壤碳、氮和速效养分则在 10 年以后增加明显。李顺姬等（2010）分析了土地利用在时间上的变化对土壤质量的影响明，发现旱作农田退耕为林地、草地后，土壤有机质、全氮、碱解氮、速效磷、速效钾都有显著的提高。陈晨等（2010）对陕西安塞坡耕地退耕还林还草的研究发现，坡地退耕后，随恢复时间的增加，土壤结构不断得到改善，土壤有机质、全碳、全氮以及主要离子含量呈明显增加趋势，土壤速效养分增加更明显。贾松伟等（2004）比较了退耕 1 年、3 年、5 年、7 年、10 年、15 年和 25 年 7 个不同年限撂荒地的土壤有机碳及其活性的变化，结果表明，耕地撂荒后，表层土壤有机碳及活性有机碳的含量随着退耕年限的增长呈增加趋势。说明耕地撂荒后，土壤中有机碳的含量明显增高，对增加土壤中有机碳的储量具有积极的意义；同时植被恢复后也减少了土壤中有机碳的流失。巩杰等（2005）研究发现农地弃耕（撂荒）有一定的土壤培肥作用。来自黄土高原的其他研究表明，农田撂荒后进行

自然恢复演替，能够提高土壤的有机质含量，改善土壤的物理、化学性状（Li 和 Shao，2006；Wang，2002）。

土壤有机碳对全球变化的响应方面在黄土高原也进行了相关研究，吴金水等（2004）采用计算机模拟方法研究了我国亚热带和黄土高原地区耕作土壤有机碳状况及其对全球气候变化的响应。结果表明，在新鲜有机质输入相同的情况下，亚热带地区的耕作土壤（0～20 cm）有机碳积累量比北温带地区大约低 50%，黄土高原地区的耕作土壤有机碳积累量略高于北温带。预测到 2050 年气温升高 1.5～3℃，而其他条件不变的情况下，亚热带地区和黄土高原地区的耕作土壤有机碳积累水平将分别下降 5.6%～10.9%和 3.6%～9.4%。在保证化肥使用量不变的同时增加有机肥投入，亚热带地区的稻作土壤和黄土高原地区的旱作土壤的有机碳含量都表现出逐步增加的趋势，且大于同期因气温升高所造成的不利影响。

在研究尺度上，黄土高原地区针对土壤碳以及土壤碳库的研究在样地、坡面、流域和区域上均有研究，但多集中在样地尺度，对较大尺度的研究相对较少。汪亚峰（2010）针对羊圈沟小流域研究了土地利用变化对土壤有机碳的影响，研究发现流域范围土壤有机碳的分布规律与土地利用的分布规律有密切关系。徐香兰等（2003）根据第二次土壤普查资料和土壤类型图，计算了黄土高原地区表层土壤有机碳密度和储量，结果表明：黄土高原地区 0～20 cm 土壤有机碳密度变幅为 0.66～12.18 kg C/m^2，其中大部分土壤有机碳密度集中在 1～4 kg C/m^2，土壤有机碳面积平均加权值为 2.49 kg C/m^2，总储量为 1 068 Tg。退耕还林草，不仅能够改变土地覆被。也能够提高土壤养分含量和微生物活性，特别是提高土壤有机质含量。彭文英等（2006）通过野外调查采样分析，结合使用全国土壤普查及黄土高原地区其他土地资源数据资料，研究计算了黄土高原地区的土壤有机碳量，并对实施退耕还林后土壤碳储量变化进行了预测。黄土高原地区土壤有机碳含量较低，平均土壤有机碳密度为 2.49 kg/m^2，仅为全国平均土壤有机碳密度的 23.65%，土壤有机碳总储量为 1 068 Tg，只占全国总有机碳量的 1.16%。实施退耕还林后，土壤有机碳储量将明显增加。分步优化实施退耕 30 年后，黄土高原土壤有机碳储量可增至 1 266.8 Tg，有机碳储量总体可增长 19.21%。

目前我国土壤有机碳矿化研究多在林地（Wu 等，2007）、水稻土（Ren 等，2007）、沙地（Su 等，2004）和湿地（Zhang 等，2005；Yang 等，2005）地区，针对黄土高原地区主要类型土壤有机碳矿化的报道还不多见。在黄土高原沟壑区，塬面上由于侵蚀微弱，土壤有机碳含量较高的“黑垆土”发育成熟，但在侵蚀强烈的塬坡，土壤有机碳含量较低的黄绵土是其主要发育的土壤，在黑垆土的剖面有垆土层的

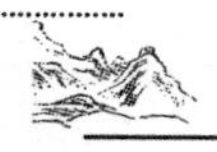

存在，而黄绵土中剖面上下相对较低，但不同地形地貌条件下，深层土壤有机碳含量变化机制了解相对较少。土地利用和管理变化也是影响深层土壤有机碳储量的重要因素（He 等，2008；Wang 等，2001；Chen 等，2007；刘畅等，2008；Yang 等，2009），是目前广泛关注的研究领域，但关于土壤有机碳储量变化的研究集中于 20 cm 以上的表层（Post 等，2000），深层土壤有机碳的储量分布及其影响因素的研究报道较少（张文菊等，2005）。已有研究发现，免耕条件下，从表层到 55 cm 土层都可以观察到土壤有机碳含量高于常规耕作土壤（吴雅琼等，2008）。黄土高原丘陵区由于长期不合理的耕作方式，自然植被遭到破坏，不仅造成土地表土流失，耕地减少，生存环境恶化，还导致土地生产能力下降（陈云浩等，2008）。坡耕地改造梯田作为黄土高原植被恢复与重建的重要措施之一，不仅能够有效地控制水土流失，提高土壤质量，还可以保持该地区农业生产，实现经济与生态的协调健康发展。目前，针对该地区坡改梯田过程中土壤因子的变化虽有一定研究，但大多都集中在土壤水分（汪邦稳等，2007）、理化性质（吴素业等，1994）以及集流减沙（吴素业等，1992）等方面，对于土壤碳库的变化研究较少。

第三章　研究区域基本特征

一、黄土高原概况

黄土高原是世界上水土流失最严重的地区，也是我国生态环境最脆弱的地区之一。造成水土流失严重的因素除黄土的特性、降雨集中等自然因素外，人口增加、植被破坏和土地利用变化是水土流失加剧的主要原因。

（一）黄土高原范围

黄土高原位于我国内陆腹地，地处黄河中上游与海河上游地区。关于黄土高原的范围，至今尚无定论。20 世纪 80 年代，黄土高原地区综合科学考察队所界定的范围是：秦岭山脉以北，阴山山脉以南，太行山脉以西，青藏高原东缘以东，地理坐标为东经 100°52′～114°33′，北纬 33°41′～41°16′，总面积 62.38 万 km^2。根据 2005 年 7 月至 2007 年 5 月由水利部、中国科学院和中国工程院联合开展的“中国水土流失与生态安全综合科学考察”，西北黄土高原区即黄土高原地区，包含青海、甘肃、宁夏、内蒙古、陕西、山西、河南 7 省（自治区），总面积 64.2 万 km^2（约占国土面积的 6.5%）。

（二）自然地理环境

1. 地形、地貌

黄土高原地区地势西北高、东南低，一般均在海拔 1 000～2 000 m，少数石质山岭在海拔 2 000 m 以上。中部的六盘山以西地区海拔 2 000～3 000 m；六盘山以东、吕梁山以西的陇东、陕北、晋西地区为典型的黄土高原，海拔 1 000～2 000 m；吕梁山以东、太行山以西的晋中、晋东北地区由一系列的山岭和盆地构成，海拔 500～1 000 m，个别山岭超过 1 000 m。在长达 200 余万年的地质历史时期中，黄土的不断堆积以及各种侵蚀外营力的交替作用，造成了黄土高原以塬、梁、峁以及不同等级和规格沟壑为主的独特地貌景观。同时，由于黄土高原的水热条

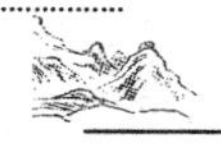

件由南向北的地域分异十分明显，造成黄土高原的各种自然景观均呈由南向北的逐渐分异。黄秉维先生根据黄土高原地区的地形、地貌等自然条件将黄土高原分为黄土丘陵沟壑区、黄土高原沟壑区、黄土阶地区、冲积平原区、高地草原区、干旱草原区、土石山区、风沙区和林区九大类型区，以丘陵沟壑区和高塬沟壑区的分布面积最大且水土流失严重，是黄土高原的主体部分。各分区中，黄土高原（残塬）沟壑主要分布在吕梁山、黄龙山、乔山以南和子午岭西南一带，具有较平的黄土塬面，塬面被沟壑切割得七零八落，呈长条或鸡爪形，侵蚀沟与塬面分布明显，坡陡沟深，一般深达数十米至100多米。沟壑溯源侵蚀逐渐蚕食塬面，使塬面不断缩小，多数已成残塬；黄土丘陵沟壑纵横，不同等级的侵蚀沟壑将地形切割得支离破碎，形成黄土梁、峁和沟壑等典型地貌单元。

黄土高原最具特色的是黄土地貌，其中黄土塬、梁、峁是构成黄土高原的基本地貌类型，其发育经历了极其复杂的过程，主要由第四纪前及第四纪初期的古地形以及第四纪以来的地表侵蚀发生发展的历史决定。特别是塬与台塬的发育，多数受到下伏古地形的控制。形成黄土塬和台塬的下伏基岩地形有四类，即宽广的缓倾斜平原、河流高阶地、断陷盆地两侧梯形抬升的台地和顶面宽缓的丘陵，其共同特点是有较宽广而平缓的地面，切割不强烈，可为形成大范围平坦、完整的黄土堆积地面提供条件。黄土堆积后，由于构造或气候原因，河流下切，从而形成黄土塬和台塬。黄土塬和台塬经流水侵蚀被沟壑蚕食，形成黄土梁塬（或称为残塬、破碎塬等），并可演变成残塬梁峁地形。前者见于陕西省洛川塬和甘肃省董志塬的塬边以及甘肃省环县，陕西省宜川、延长、延川，山西省隰县、大宁、吉县、乡宁等地；后者主要见于陕西省延川、清涧等地。目前，黄土塬面积最大的有洛川塬和董志塬。受下伏古地形控制而形成的黄土梁，以六盘山以西陇中盆地最为典型。绝大多数的黄土即为次生峁，由黄土梁经流水侵蚀切割而成，如陕北绥德、米脂、子洲一带；原生黄土峁分布范围不大。

黄土高原是我国第四纪以来所堆积的黄土分布中心。这里的黄土不仅厚度大而且地层完整。黄土基本上连续覆盖第三系及其他古老岩层，黄土分布面积占全国黄土总面积的70%以上。由于山体阻挡和下伏古地形的影响，黄土沉积厚度在不同区域分异较大，一般在10～200 m之间变化。黄土为风积作用的产物，颗粒分布比较均匀，结构相对疏松，垂直节理十分发育，能够为植被生长和农业发展提供较好的物质基础，但同时，如果利用不合理，也极易产生严重的水土流失。

2. 气候特征

黄土高原位于我国中纬度地带的东部季风区，属高空盛行西风带的南部。冬季西伯利亚大陆气团控制全区，受蒙古冷高压影响，盛行偏北风，风力强劲，气温低于同纬度的华北平原。夏季，在大陆低气压范围内盛行偏南风，亚热带太平洋气团可抵达本区，空气湿润，但受到北方冷气团的扰动时，常常形成较多降水。该区太阳辐射较强，年总辐射在东南部地区为 50×10^{8} J/m^{2}，到西北部增加到 63×10^{8} J/m^{2}，约比同纬度的华北平原高 10×10^{8} J/m^{2}。全年日照时数为 2 000～3 100 h，也较同纬度华北平原地区高 200～300 h。丰富的光能和充足的日照大大促进了粮食和果树品质的提高。区域内不同地区的气温随纬度的增加而降低，地势高低也具有显著的影响。通常高温出现在黄土高原的东南部和低平地区，低温出现在西北部和较高的山区。区内东南部，年均气温一般在 12.5℃以上，局部地区可达 14.3℃，西北部和北部地区一般在 2.5℃以下。7 月平均气温大多超过了 22℃，1 月平均气温各地变化在－1～－16℃之间。黄土高原地区气温的日较差较大，除南部略低于 12℃，北部可达 14℃以上，西部甚至超过了 16℃，反映出气候的大陆性特点比较明显，对于促进植物的高产和品质的提高十分有利。

黄土高原地区降水稀少，气候偏干旱。大多地区年平均降水量在 200～600 mm 之间变化，其中，东南部地区可达 600 mm，西北至呼和浩特—兰州一线，降至 400 mm，到宁夏银川平原，降水量不足 200 mm。由于地形抬升作用，山地降水多于平原。黄土高原地区不仅降水量较少，同时降水季节分配极为不均，一般集中在夏季的 7～9 月，3 个月的降水量通常达到了全年的 60%以上；同时降水年际变化很大，年相对变率在 20%～30%之间，春季更甚。黄土高原地区暴雨多且降水强度较大，常常造成严重的水土流失。

黄土高原地区是我国大风、沙暴较多的地区之一。冬春盛行偏北风，夏季多偏南风。大部分地区大风日数在 10～50 d 之间。冬春季节，在蒙古高压的控制下，冷气团侵袭频繁，寒潮大风较多。春季平均 3～5 d 就有 1 次大风发生，春播时节极易造成风沙危害，形成土地沙化，对农业生产极为不利。

3. 水文特征

黄土高原地区的河流主要属黄河流域及其内陆河流域，位于黄河的中、上游地区。黄河在黄土高原地区绵延行进历程达 3 068 km，占黄河总长度的 56.2%，黄土高原地区面积占黄河流域总面积的 80.8%，涵盖了黄河的上、中、下游地区。从青海的龙羊峡至内蒙古托克托县的河口镇为黄河上游的中、下段，该区间属黄土高原地区的中西部地区，在这一地区，汇入黄河的较大支流有洮河、湟水、庄浪河、祖厉河和清水河等。从河口至花园口属黄河中游地区，也是典型黄土高原地区，这里黄土连绵覆盖，不仅有黄土丘陵、黄土塬，还有黄龙山、白玉山等典型的黄土山地。

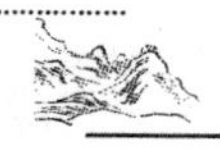

该区域是黄河流域水土流失最严重的地区，沟壑纵横，河流较为发育。直接汇入黄河的支流有浑河（红河）、杨家川、偏关河、皇甫川、县川河、孤山川、朱家川、岚漪河、蔚汾河、昕水河、延河、汾川河、仕望河、汾河、泾河和渭河等，其中渭河是黄河最大的支流。上述诸河中，年均径流量大于 30 亿 m^3 的河流有 4 条，即洮河、湟河、渭河和伊洛河。

黄土高原地区自产地表径流多年平均为 433.62 亿 m^3，保证率 50%的年水量为 430.28 亿 m^3，保证率 75%的年水量为 346.40 亿 m^3，保证率 95%的年水量为 256.72 亿 m^3。其中，黄河流域多年平均水量为 392.75 亿 m^3，占总自产天然水量的 88.5%。海河流域多年平均产水量为 47.50 亿 m^3，占 10.7%；闭流区多年平均产水量为 3.37 亿 m^3，占 0.8%。本地区地表水资源的特点是年内分配集中和年际变化较大，径流的年内分配主要集中在汛期的 7～10 月。以黄河干流为例，7～10 月径流量占全年的 60%左右，径流量最小的 2 月，仅占全年径流总量的 2%。该区地表水资源的另一个特点是水的含沙量较大，且沿程递增。本区地下水主要包括松散岩类孔隙水、碳酸盐岩类岩溶水、结晶岩裂隙水、碎屑岩裂隙孔隙水、黄土及下伏基岩裂隙孔隙水等几大类。松散岩类孔隙水总分布面积近 17 万 km^2，天然水资源为 196.33 亿 m^3/年。岩溶水天然资源占全区天然水资源的 13%；裂隙孔隙水资源约占全区地下水资源的 6%。总括而言，黄土高原地区地下水天然资源量约为 335.98 亿 m^3，而区内适合饮用的地下水量约占全区资源总量的 86%，其分布面积占全区面积的 88%。

4. 植被特征

本区植被类型多种多样，具有明显的过渡性特点。随着气候的带状更迭，植被变化从东南向西北，由森林、森林草原、干草原、荒漠草原、草原化荒漠依次出现。森林主要分布在渭河中下游、泾河下游以及洛河下游。天然植被以栎属、松柏类和榆科为主，小乔木和灌木以桑、黄栌、连翘、丁香等为代表。森林草原主要分布在滹沱河上游、汾河中上游、洛河中游、泾河中游和渭河上游等地区，植被为白羊草、铁杆蒿、艾蒿、长芒草为优势组成的草甸草原或草原。沙棘、荆条、酸枣、狼牙刺等较耐旱的灌木比较发达，侧柏、油松等耐旱树种在林地中分布十分普遍。干草原主要分布在桑干河上游、土默特平原、皇甫川、窟野河、无定河、洛河上游、泾河上游、清水河上游、祖厉河上游、洮河中下游及鄂尔多斯东南部等地区。荒漠草原分布在鄂尔多斯中部、清水河、祖厉河下游、湟水下游、兰州以上黄河干流等地区。草原化荒漠主要分布在乌梁素海以西的河套平原、银川平原、清水河下游以及靖远、白银以北地区。

5.土壤特征

黄土高原地区总土壤面积6 093.26万 hm^2，占总土地面积的97.67%，共划分出褐土、黑垆土、栗钙土、钙土、娄土、灰钙土、棕钙土、淡棕壤、灰漠土、灰褐土、黑钙土、山地草甸土、亚高山草甸土、高山草甸土、冻漠土、黄绵土、新积土、潮土、沼泽土、盐土、碱土、灌淤土、水稻土、红土、紫色土、风沙土、粗骨土、石质土等28个土类，包括85个亚类211个土属。其中黄绵土、风沙土、粗骨土、红土、石质土和盐碱土等退化、贫瘠土壤占总土壤面积的50%以上。

黄土高原地区土壤分布具有明显的水平地带性、垂直地带性和区域性分布特点。在水平方向上的分布，根据土壤地带分布与区域组合关系，全区土壤分布可分为褐土、淡棕壤分布地带；黑垆土、黄绵土分布地带；栗钙土、风沙土分布地带；灰漠土分布地带和甘青高原土壤水平、垂直复式分布带。在垂直方向上，根据基带气候的不同，土壤垂直带谱的结构可分为4种类型：①暖温带半湿润落叶阔叶林褐土带土壤垂直带谱为褐土、娄土—液溶褐土—淡棕壤—山地草甸土；②暖温带半干旱、半湿润森林草原黑垆土带土壤垂直带谱为黑垆土—灰褐土—淋溶灰褐土—山地草甸土；③中温带半干旱草原栗钙土带土壤垂直带谱为栗钙土—暗栗钙土—黑钙土或灰褐土(阴坡片林)—山地草甸土；④中温带干旱荒漠草原土壤垂直带谱为灰钙土—(山地)灰钙土—石灰性灰钙土—山地草甸土或棕钙土—(山地)棕钙土—(山地)栗钙土—黑钙土、灰褐土。

黄土高原地区土地资源具有以下特点：①土地资源类型多样，但土地资源质量相对较低。黄土高原具有丰富的土地资源，它们构成了一个适宜于农林牧综合发展、自然配置的模式，为发展农村经济提供了多种途径；但由于干旱缺水和水土流失严重，全区土地退化十分严重。全区有耕地面积1 691万 hm^2，占全区面积的27.1%，而地形平坦、土层深厚、土壤肥沃、对种植业无限制条件或限制条件较少的一等耕地只有362.31万 hm^2，占耕地面积的21.4%。②土壤资源丰富，土地可塑性大。深厚的黄土层是从事农业生产的物质基础。黄土厚度一般在100 m以上，质地均匀，透水性良好，疏松易耕，适耕期长。但由于水土流失严重，干旱缺水，造成粮食产量较低，一般的川地和坝地粮食产量在3 000 kg/hm^2 左右，坡耕地的粮食产量通常只有500～750 kg/hm^2，然而土地的可塑性较大。通过修筑梯田，改善土地的耕种方式，坡耕地的粮食产量完全可以达到1 500 kg/hm^2 以上；经过精耕细作，增加施肥，适时灌水，川台地的粮食产量可以增加到4 000～4 500 kg/hm^2 左右。③土地资源类型演变迅速，人类活动影响较大。土地资源类型是土地在外

界环境和人为因素影响下不断形成演变过程中的暂时平衡阶段。由于黄土垂直节理发育，该区重力侵蚀，如滑坡、崩塌、泥石流、面蚀和沟蚀十分严重。常常是一场暴雨，可以使坝地、梯田破坏，地貌改观，原本适合于农业发展的土地资源类型，由于水土流失，被切割得支离破碎，而不再适合于农业发展。该区人类活动十分强烈，由于人为破坏，黄土高原现有的林草分布已丧失了连片的地带性规律。人类活动大大加速了水土流失强度和过程。

（三）社会经济特征

黄土高原地区涉及7省（自治区）的50个地（市）317个县（旗），2003年总人口8 877.64万人，其中，农业人口6 786.48万人，占总人口数的76.44%，农业劳动力3 219.42万人，人口密度138.3人/km^2。黄土高原地区总土地面积64.2万km^2，占国土面积的6.7%，人均土地面积0.72 hm^2。其中耕地13.02万km^2，占该区域总土地面积的20.3%；果园0.88万km^2，占该区域总土地面积的1.38%；林地12.07万km^2，占该区域总土地面积的18.8%；草地14.52万km^2，占该区域总土地面积的22.6%；水域面积1.05万km^2，占该区域总土地面积的1.6%；未利用地18.04万km^2，占该区域总土地面积的28.1%。

黄土高原地区社会经济发展在我国属于比较落后的地区，目前在全国贫困人口中，黄土高原地区占1/4以上。黄土高原地区有关省区的主要社会经济指标在全国的地位基本上处于下降趋势。尤其是从20世纪70年代末改革开放以来，下降的趋势更为明显。国内生产总值在改革开放初期，占全国国内生产总值的8.98%，而至90年代末已经下降到6.64%；工农业生产总值在70年代以前，所占的比重还处于上升趋势，从1952年的7.69%上升到1970年的9.28%，1979年改革开放时为8.50%，但至90年代末下降至5.97%。主要经济统计指标在全国的地位均处于不断下降的趋势。人均国内生产总值和人均国民收入自改革开放以来与全国平均水平相比，差距也在不断拉大。

从产业结构分析，黄土高原有关省区主要是以第一产业为主，第二、三产业相对不发达，特别是种植业和能源及矿物质原料生产在该区的国民经济发展中占了极为重要的地位。即使目前发展起来的第二产业（加工制造业），也多以种植业的物质产品为基本原料，开展食品加工。与此同时，该区的工业主要集中在一些大的城镇，在农村主要为种植业和养殖业。由于交通条件较差，该区与我国其他地区之间的经济联系相对较少，导致该区的经济发展处于半封闭状态，社会商品率相对较低。

(四)生态环境特征

黄土高原地区处于半湿润半干旱地区向干旱地区的过渡地带,在气候、土壤、植被上均表现出强烈的过渡性特征,特别是气候因子的不稳定性直接影响到区域国民经济的发展。该区生态环境较为脆弱,主要表现在一是生态环境的变异性较大以及社会经济系统的脆弱性;二是组成黄土高原的物质基础十分脆弱,开发利用不当极易产生水土流失;三是生态系统结构紊乱、功能脆弱,加之气候的波动性直接影响到区域生态系统的脆弱性。

气温。黄土高原地区气温的变化较大,以陕北黄土高原为例,该区1月平均气温-11~-6℃,7月平均气温是22~24℃,年较差在30~34℃之间;且气温年际变化也较大,如榆林1月平均气温最低是-15.1℃(1955年),最高气温是-5.6℃(1940年),两者相差9.5℃。7月平均气温与1月相比,变化幅度相对较小;7月平均气温一般在22.1~26.6℃之间,变化幅度为4.5℃。气温年际变化幅度大的直接后果是影响适合于农作物生长的有效积温和无霜期的长短。该区无霜期最长的年份为200 d、最短的年份只有136 d,两者相差64 d,导致该区积温变化幅度较大,不利于农作物的播种和生长。

降水。作物所需的水分主要依靠大气降水补充,降水量的多少、分配的均匀程度、降水强度和性质,对农作物的产量起到重要影响。陕北黄土高原地区多年平均降水量415.5 mm,属于半干旱地区,降水量无法完全满足农作物的生长需求。除此之外,降水在季节上的分配不均以及年际之间的巨大变化严重地影响着农作物的单产产量。该区降水量一般集中在夏季,占全年的56.7%;秋季次之,占26.7%;春季较少,为14.5%;冬季最少,仅占2.1%。降水在年内分配极为不均,不利于植被的生长和恢复。同时,降水量年际变化大也成为影响农作物产量的重要因子,该区丰水年份为695 mm,缺水年份只有200 mm,最大绝对正变率达到67%,最大绝对负变率为52%;而500~550 mm降水的保证率只有17.7%。由于黄土高原地区气温和降水在时空上的极度变化,导致该区粮食产量呈现明显的不稳定状态,造成该区的经济发展也具有明显的波动性。

由于黄土结构疏松,垂直节理发育,极易发生水土流失,加上该区降雨比较集中且多暴雨,因而,黄土高原地区水土流失十分严重,黄土的易蚀性成为该区生态环境脆弱的基础。目前,在黄土高原62万 km^2 的土地面积中,有43.4万 km^2 为水土流失区,其中较为严重的水土流失面积为25万 km^2,主要分布在黄土丘陵沟壑区和黄土高原沟整区,其中60%以上的区域土壤侵蚀模数在5 000 t/(km^2 ·

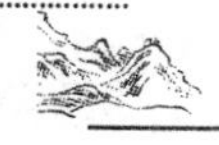

年)以上,入黄泥沙占黄河总泥沙量的90%。在这25万km^2较为严重的水土流失区域中,侵蚀模数介于5 000～30 000 t/(km^2·年)的严重水土流失的面积约达15.6万km^2。由于严重的水土流失,大量肥沃的表层土壤被冲蚀,直接导致土壤贫瘠,影响粮食生产。

土地覆被率低,生态系统结构不合理,抗外界干扰能力十分脆弱,成为区域生态环境脆弱的直接原因。目前该区土地利用结构极为不合理,主要为坡耕地所占面积比例较大;而且森林的覆盖率非常低,林相结构也不合理,在水土保持方面效益较差,导致该区水土流失十分严重。在中国科学院可持续发展研究组进行的2000年中国可持续发展战略研究中,对全国31个省区的地理环境脆弱性和水土资源的匹配程度进行了客观评价,黄土高原地区涉及的几个省区均处于全国靠后位置。

在整体上,黄土高原地区的生态环境特征表现为气候上的波动性、较低的植被覆盖率、功能脆弱的生态系统。在经济上主要依靠区域的种植业和能源开发作为主导产业,其他产业发展非常落后。总体上,该区国民经济的发展在我国比较落后。黄土高原地区生态环境的不稳定性,直接导致种植业生产的不稳定性,由此导致整个国民经济的波动性较大,在一定程度上影响了区域产业结构的调整和优化配置。由于粮食总产量的波动变化,使该区人均粮食占有量也处于明显的波动状态,其结果是导致农民对农业开发丧失信心,导致广种薄收。这种土地利用模式不仅未能从根本上解决农民的温饱问题,而且在较大程度上造成区域生态环境的巨大破坏,使得脆弱生态区的经济发展和生态环境演变走上恶性循环的道路。单一的产业结构和过分依赖于种植业和能源开发的经济发展模式,导致黄土高原地区社会经济抗干扰能力十分低下,从长远角度看,不利于该区的可持续发展战略的实施。

二、黄土丘陵沟壑区的类型及其特征

黄土丘陵沟壑区指地表切割破碎、沟壑密度较大、植被覆盖率较低、水土流失严重的黄土低山区。其主要分布在我国黄河中游和黄土高原的北部地区,包括晋陕蒙接壤区、晋西陕北地区、陇东陕北区和陇中宁南地区,面积22.74万km^2。黄土丘陵沟壑区的一般特征表现为沟壑密度较大、地表破碎、陡坡地形面积较大、水土流失十分严重,成为黄土高原地区水土流失的主要来源区。

(一)晋陕黄河峡谷丘陵区

该区跨陕、晋两省,包括山西的偏关、河曲、保德、神池、五寨、岢岚、兴县、临县、方山、离石、中阳、柳林河石楼,以及陕西省的府谷、佳县、米脂、绥德、吴堡、子洲、清涧、子长、延川和延长等23个县,土地面积4.153 3万km^2,人口405万人、人口密度97.6人/km^2,多年平均降水量395～566 mm,土壤侵蚀模数2 500～24 700 t/(km^2·年),地面年产沙量5.271 6亿t,是黄土高原主要产沙地区。地面支离破碎,沟壑纵横,密度高达5.06～7.01 km/hm^2。土地资源遭到严重破坏,农业产值结构中:种植业占53.5%～81.3%,牧业占10.2%～30.6%,林业占2.3%～23.8%。由于严重的水土流失,按区划耕地面积平均,粮食单产仅818.5 kg/hm^2,人均粮食261.4 kg,人均纯收入174～356元,是全国有名的贫困地区。

区内三川河、黄甫川和无定河为水利部、财政部重点投资治理区,经过多年的治理,现已取得显著的经济效益和水土保持效益。

该区在治理水土流失和开发土地资源的实践中,率先推行以小流域为单元的治理模式。20世纪80年代又倡导户包(或联户承包)治理小流域的新经验。至20世纪90年代,又转变观念,大胆改革,拍卖小流域"四荒地"的土地使用权,进行户包治理,试行50年产权不变,从而大大加快了小流域治理的速度和质量,农民收入也大为增长。在治理水土流失的方略上,贯彻了"全部降水就地拦蓄入渗"。在水土保持措施配置上,遵循了从山顶至沟道的梯层结构配置模式,因地制宜,层层设防。在措施选择上,贯彻了"咬住基本农田不放,抓住经济林大上"的策略。在远近利益结合上,贯彻了近期种草养畜、中期抓经济林脱贫致富、远期抓育林栽树,确保水土保持后劲的原则。

本区煤炭资源和光温资源丰富,是建设能源重化工基地和商品化果业(苹果、红枣)、烟草业的适宜场所。

(二)陕北、陇东、宁东南低山丘陵沟壑区

该区包括延安、甘泉、安塞、志丹、吴旗、华池、环县、固原和彭阳等9县(市),土地面积3.562 7万km^2,人口195万人、人口密度54.86人/km^2,区内多年平均降雨量407～561 mm,土壤侵蚀模数955～15 311 t/(km^2·年)。

该区土地资源丰富,人口稀少,因而牧业在农业产值中占有较大比重,为12.5%～28.5%,大多数县份占22%左右。本区东部靠近劳山和子午岭次生梢林区,植被覆盖率达到23.2%～50.5%,但由于人为的樵、垦活动,森林遭到严重破

坏，林线每年平均后退 0.5 km。

在治理水土流失方面，已治理面积仅占水土流失面积的 22%，年平均治理速度不到 0.5%，且西部不如东部地区。近年来，通过中国科学院、水利部水土保持研究所在安塞试区和固原试区的多年潜心研究，一级杏子河流域世界粮食计划署粮食援助项目的示范推广，在治理模式上从充分利用土地资源和考虑光温水肥资源在坡面上的梯层分布规律出发，提出了土地资源合理利用的镶嵌模式、水土保持措施在坡面上的梯层结构配置模式，以及在梁塔地区的平面三区圈状结构配置模式等，并得到较大范围推广。在农、林、牧业结构优化研究上，正在向仿真、调控等深度方向发展。在土地利用和水土保持管理上，土地利用决策系统、专家系统和水土保持管理信息系统等正在得以使用，以提高各级干部在土地利用和水土保持管理工作中的决策水平。

(三)宁南陇中梁峁丘陵沟壑区

该区分属宁夏和甘肃两省区，包括宁夏的隆德、泾源、西吉 3 县以及甘肃的会宁、定西、静宁、庄浪、通渭、秦安、张家川、陇西、武山、甘谷、清水、天水、兰州、渭源、榆中和永靖等 16 县(市)，土地面积 4.855 7 万 km^2，人口 850.1 万人(含城镇人口)、人口密度 175.2 人/km^2。

该区内年降雨量差异较大，介于 315～650 mm 之间，由东南向西北递减，靠近六盘山、陇山和秦岭一带为降水高值区，达到 530～650 mm，而西部的永靖仅 316 mm。境内除六盘山、兴隆山和秦岭北坡植被较好外，大部分地区植被稀疏，覆盖率多在 5%以下，水土流失严重，土壤侵蚀模数介于 3 300～9 500 t/(km^2·年)之间。

在农业产值结构中，林业脆弱，仅占 1.7%～14.1%，种植业比重多在 60%以上。目前种植业结构有明显变化，苹果已在天水、秦安、甘谷等光温资源丰富的地区广为推广，并成为重要的经济作物。而在武山、甘谷一带的渭河滩地已形成蔬菜基地，发展冬季霜期农业，农民经济收入日益提高。

在治理水土流失方面，本区推广较多的两种模式为坡地梯层结构配置模式和蚕吃桑叶式配置模式。坡地梯层结构配置模式：通俗地讲就是山顶林(灌)草戴帽，坡上梯田缠腰，沟底打坝穿靴。庄浪县堡子沟流域、定西市安定区关川河和官兴岔流域以及榆中县打狼沟流域就是实施这种配置模式的典型代表。蚕吃桑叶式配置模式：即沿流域分水岭配置防风林带，沟岔造林和打坝淤泥，坡面修筑基本农田。这样若从高空俯视全流域，则分水岭和沟岔全为绿色森林覆盖，宛如蚕食桑叶剩下的网状叶脉图形。天水罗裕沟即属于这种配置模式。实践证明,山顶由于风大,蒸发强烈,水分亏缺,营造乔木多成“小老树”,或枯梢死亡,以配置草、灌(柠条、沙棘)较为适宜。除此之外,在定西、会宁、榆中等干旱少雨地区,都高度重视对降水资源的利用,多于道路、场、院旁边布设水窖,收集径流,供人畜饮水和抗旱点灌使用。在坡耕地上,除修隔坡梯田外,正在推广集流坑拦蓄降水技术。

三、陕西省羊圈沟流域基本特征

本项研究工作主要是在陕西省延安市羊圈沟小流域进行的(图 3-1,图 3-2),羊圈沟小流域(36°42′N,109°31′E)位于陕西省延安市宝塔区东北方向 14 km 处,属宝塔区李渠镇辖区,为延河左岸的二级支沟,该流域属于碾庄沟流域的一级支流。小流域南北走向,总面积 2.0 km^2。

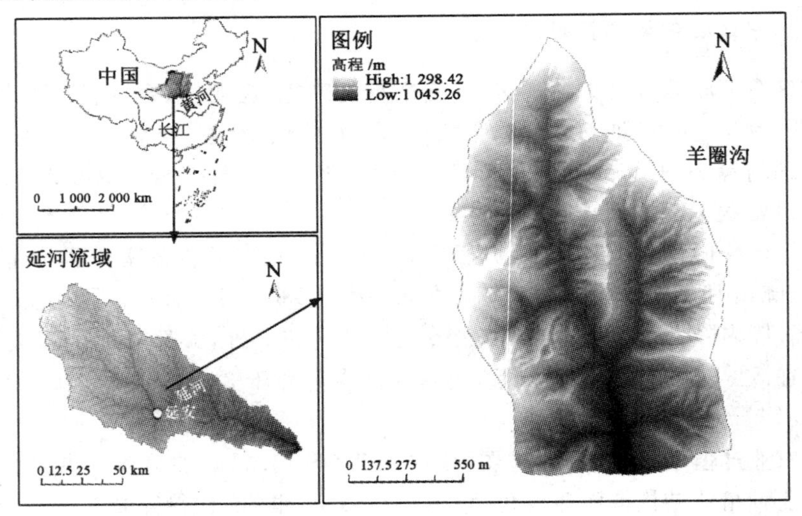

图 3-1 羊圈沟流域位置图

(一)气候

该区域属黄土丘陵沟壑区第二副区,年太阳总辐射量 5 800 kJ/cm^2,年日照时数 2 528.8 h,一般年份能完全满足小麦、玉米、谷类作物的生长要求。年平均气温 9.4℃,7 月平均 22.9℃,1 月平均 −6.5℃,年较差为 29.4℃,≥0℃的活动积温 3 100~3 878 ℃,≥10℃活动积温 2 500~3 400℃,平均无霜期 140~165 d,农作

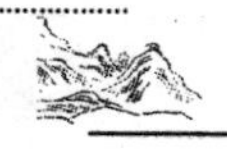

图 3-2　羊圈沟流域概貌图

物一年一熟，两熟则不足。区域气候为暖温带半干旱季风气候，多年平均降水量 550 mm，降雨量年内和年际间变化很大，70％的降雨集中在每年的 7～9 月。

延河流域多年平均水面蒸发量为 897.7～1 067.8 mm，一年内只有 7～9 月湿润度大于 1.0，即降水大于蒸发，干旱指数在 1.57～1.92 之间。延河流域全年以西南风居多，冬季盛行西北风、夏季多为东南风，全年平均风速在 1.3～3.0 m/s 之间。

(二)植被特征

流域植被在区划上属于森林草原过渡带。流域内由于人为活动的干扰，自然植被破坏殆尽，20 世纪 80 年代水土保持工程的建设及 90 年代退耕还林还草政策的实施，小流域内形成了许多人工种植而形成的次生植被，植物种类主要有刺槐(*Robinia pseudoacacia*)、沙棘(*Hippophae reamnoides*)、杏树(*Prunus armeniaca*)、柳树(*Salix*)和杨树(*Populus*)等。阳坡和半阳坡主要分布着艾蒿(*Artemisiaargyi*)＋长芒草群丛(*Stipa bungeana*)、白羊草(*Bothriochloa ischaemum*)＋艾蒿群丛、白羊草＋达乌里胡枝子群丛(*Lespedeza davurica*)、长芒草＋达乌里胡枝子＋翻白草群丛，阴坡和半阴坡主要分布着铁杆蒿(*Artemisia gmelinii*)＋茭蒿群丛(*Artemisia*)。土地利用类型有灌木林地、林地、果园、荒草地、梯田耕地、坝地、水域和居民用地等。果园主要为杏树、苹果树(*Malus*)和核桃(*Juglans regia*)，主要农作物有谷子(*Setaria italica*)、玉米(*Zea may*)、大豆(*Glycine max*)、糜子(*Panicum miliaceum*)、土豆(*Solanum tuberosum*)，近两年坝地兴建大棚蔬菜，发展起了温室农业。

(三)地形地貌

流域内地带性土壤为黑垆土,目前土壤类型以黄土母质上发育的黄绵土为主,质地均一,土质疏松,抗蚀性差,水土流失严重。该区域属黄土丘陵沟壑区第二副区,地表支离破碎,沟壑纵横,水土流失严重。塬、梁、峁是其基本的地貌类型。海拔高程为 1 295～1 050 m,相对高差 245 m。

(四)社会经济条件

延安市面积 36 712 km^2,人口约 210 万人,辖一个市辖区、12 个县,其中宝塔区 3 556 km^2,人口约 40 万人。延安自然、人文资源丰富,具有很大的经济发展潜力。全市土地总面积 370 万 hm^2,天然次生林 17 万 hm^2,木材蓄积量 308 万 m^3;以甘草、五加皮、槲寄生、牛蒡子、柴胡为主的中药材近 200 种。而且土地肥沃,光照充足,适合生长的作物品种多,具有发展种植业、畜牧业、林果业的良好条件。除小麦、玉米、谷子、荞麦、黄豆、绿豆、红豆等粮食作物外,还盛产烤烟、蔬菜、花生、瓜类、薯类等经济作物。在广袤黄土的深处,还蕴藏了十分丰富的矿产资源。已探明石油储量 4.3 亿 t,煤炭储量 71 亿 t,天然气 33 亿 m^3,紫砂陶土 5 000 万 t。

第四章 黄土丘陵沟壑区土地利用/覆被变化及其对地上植被及土壤性质的影响

一、坡面尺度不同植被恢复模式下地上植被、土壤性质及土壤侵蚀过程的变化

生物多样性是当前群落生态学研究中十分重要的内容和热点之一(黄忠良等,2000)。生物多样性是指一个区域、国家乃至全球多种多样活有机体(动物、植物和微生物)有规律地结合在一起的总称(孙吉雄,2000),生物多样性的研究中,物种多样性的研究较多(郭正刚等,2003)。物种多样性代表着物种演化的空间范围和对特定环境的生态适应性,是进化机制的最主要产物及生物有机体本身多样性的体现,所以物种被认为是最直接、最易观察和最适合研究生物多样性的生命层次(李博,2000;Nagaraja 等,2005)。

水土流失造成的土地退化问题在我国非常严重,加强土地退化生态系统生物多样性保护和生态功能恢复具有重要意义。物种多样性的恢复是群落和生态系统恢复过程最重要的特征之一,也是研究植被演替的重要手段之一(漆良华等,2007;王永健等,2006)。但许多研究表明,由于自然界植被构成的复杂性、多变性和对环境的依赖性,物种的多样性在不同环境不同质地下表现不同(王占军等,2005)。人工恢复与自然恢复相比可能不及自然恢复的起伏大,竞争、入侵、生态位分化等差异显著,因此多样性变化的规律可能不同。黄土丘陵沟壑区植被恢复模式多为人工恢复,研究人工植被恢复过程中物种多样性的变化和发展,对于认识群落生态过程,揭示群落生态规律和加速退化生态系统的重建与恢复具有十分重要意义。

土壤侵蚀不但造成水土的大量流失,在径流和泥沙的迁移过程中,也带走了大量的土壤养分,造成土壤质量的下降。人们在认识和研究水土流失过程中,很早就发现植被可以通过降低降雨的动能来有效地减少水土流失(张清春等,2002),从而减少养分的流失。而且研究发现植被演替是推动土壤养分循环的关键因素之一,对土壤的影响表现在植物根系对土壤的挤压、穿插和分割作用;死亡根系和枯枝落

叶产生的有机质及根际分泌物对土壤性质的影响等方面。因为各种植物根系吸收土壤元素的能力及植物枯枝落叶与根系含量不同，因而当枯枝落叶及根系脱落、腐烂、分解后，释放到土壤中的元素含量亦不同，进而导致土壤养分含量差异。同时植被通过有机碳和根系的作用对土壤结构也有重要的影响(苏静和赵世伟，2005)。

植被和土壤是一个相互联系、互相影响的系统，近年来，人们对植被在土壤水分循环中的作用(李玉山，2001；王军和傅伯杰，2000)、植被恢复和退耕还林还草对土壤肥力的影响(张俊华等，2003；贾松伟等，2004；彭文英等，2005)、不同的土地利用方式对土壤质量的影响(刘世梁等，2003)、单一的林地和混交林地对土壤理化性质的影响(邓仕坚等，1994)等各个方面都进行了大量的研究。本节主要针对坡面上四种不同的植被格局(单一刺槐林、单一撂荒草地、坡面自上而下草地-林地-草地和林地-草地-林地的林草搭配模式)下植物多样性和土壤理化性质进行探讨。

(一)研究方法

1. 样地的布设

在羊圈沟小流域内选择四个典型的坡面，单一刺槐林坡面(F)、单一撂荒草地坡面(G)、在上坡、中坡和下坡分别分布为草地、林地和草地的草地-林地-草地搭配坡面(G-F-G)及分布为林地、草地和林地的林地-草地-林地搭配的坡面(F-G-F)。坡面上林地均为恢复年限为 25 年的刺槐林，草地为同期退耕后形成的撂荒地。每个坡面自坡顶到坡趾设置 5～6 个样地，每个样地约 200 m^2。样地具体信息见表 4-1。

表 4-1　四种不同植被格局下的样地特征

	海拔(m)	坡度(°)	坡向(°)	经纬度
刺槐林	1 155～1 235	9～31	东偏南 40	109°31′E36°42′N
撂荒草地	1 205～1 250	8～22	西偏北 37	109°30′E 36°42′N
草地-林地-草地	1 148～1 229	10～30	东偏南 27	109°30′E 36°42′N
林地-草地-林地	1 138～1 217	13～29	西偏南 42	109°31′E36°42′N

2. 植被调查方法

在布设的样地内，设置 1 个 10 m×10 m 的样方，进行乔木层的调查，每木调查的内容包括种名、胸径、冠幅、枝下高、树高。对于灌木层草本层，每个样地设 6 个 1 m×1 m 的样方进行群落调查，调查内容包括：物种名、高度、盖度、多度或株数。

3. 土样采集方法

在布设的每个样地设置三个样方，每个坡面上拥有 15～18 个样方，样方面积为 25 m^2。于 2007 年 8 月用直径为 3.5 cm 土钻在每个样方中采集 5 钻 0～10 cm 和 10～20 cm 土样，分别混合为 1 个土壤样品，一部分土样风干过 2 mm 筛用于 pH 和电导率的测定，过 100 目筛用于有机碳和全氮的测定。另自坡顶到坡趾，在坡面上每个样地内用 3.5 cm 土钻采集 0～20 cm 土壤样品，野外采集的样品带回室内后，先后经过风干、研磨、过筛、称重和装盒等过程后，用于表征土壤侵蚀程度的 ^{137}Cs 的测定。

4. 植被及土壤样品分析方法

由于乔木层均为刺槐林，仅对灌木和草本进行了物种多样性分析。

$$相对高度=\frac{某一物种高度}{全部物种的高度之和}\times 100\%$$

$$相对盖度=\frac{某一物种盖度}{全部物种的盖度之和}\times 100\%$$

$$相对多度=\frac{某一物种个体数}{全部物种的个体数}\times 100\%$$

(1)重要值$=\frac{相对高度+相对盖度+相对多度}{3}$

(2)物种的多样性测度采用以下公式计算：

Shannon-Wiener 多样性指数：

$$H' = -\sum_{i=1}^{S} P_i \log P_i$$

Shannon-Wiener 均匀度指数：

$$E = \frac{H'}{\ln S}$$

Simpson 优势度指数：

$$D_S = 1 - \sum_{i=1}^{S} \frac{N_i(N_i - 1)}{N(N-1)}$$

Jaccard 相似性指数：

$$C_j = \frac{j}{a+b-j}$$

式中：S—物种总数；N—物种总个体数；N_i—第 i 种个体数；P_i—物种 i 的重要值；

j—两个样地共有的物种数；a—样地 A 物种数；b—样地 B 物种数。

土壤含水量采用105℃连续烘干 24 h 后计算得出，容重采用环刀法，pH 用酸度计（土：水=1：2.5），电导率用电导率仪（土：水=1：2.5），土壤有机碳用重铬酸钾氧化外加热法，全氮用半微量凯式法（鲁如坤，1999）。

5. ^{137}Cs 测定方法

土壤中^{137}Cs 测定用高纯锗伽马能谱仪，测量时间不少于 28 000 s，测量相对误差<10%（置信度 95%），土壤样品比活度由标准源相对比较法得到。

土壤侵蚀量计算选用农耕地侵蚀模型（张信宝，1991）

$$A = A_{\mathrm{ref}}\left(1 - \frac{h}{H}\right)^{T-1963}$$

式中：A—采样点^{137}Cs 面积活度（$\mathrm{Bq/m^2}$）；A_{ref}—研究区^{137}Cs 背景值（$\mathrm{Bq/m^2}$）；h—土壤年流失厚度（cm）；H—耕作层厚度（cm）；T—采样年份。

6. 数据分析方法

采用 Excel 2003 和 SPSS 软件进行数据处理和统计分析，采用单因素方差分析（one-way ANOVA）和最小显著差异法（LSD）比较不同数据组间的差异。

（二）不同植被格局下植物物种组成及其重要值

根据四种不同的植被格局下物种的分布情况计算了各物种在整个植被群落中所占的重要值。各物种的重要值可以反映该种植物在群落中的地位和作用，重要值越大，表明该种植物在群落中的地位越重要，对群落的影响越大。由于小流域内乔木主要是人工种植的刺槐林，因此只对灌木和草本进行了综合分析。四种不同的植被格局下，均以豆科、禾本科和菊科植物种类最多，且以草本为主，灌木种类较少。其中刺槐林坡面上调查得到 38 种植物，以达乌里胡枝子（*Lespedeza davurica*）、长芒草（*Stipa bungeana*）、阿尔泰狗娃花（*Heteropappus altaicus*）、铁杆蒿（*Artemisia gmelinii*）为优势物种，重要值分别为 11.6%、13.1%、11.2%、17.2%，总和达到了 53.1%；撂荒草地坡面上共有物种数 46 种，以达乌里胡枝子、长芒草、铁杆蒿为优势物种，重要值分别为 14.6%、12.4%、24%，相加达到 51%；草地-林地-草地坡面共有 36 种植物，铁杆蒿为优势物种，其他物种优势性不明显，林地-草地-林地搭配的坡面共有 33 种物种，以长芒草和茵陈蒿（*Artemisia capillaris*）为优势物种，重要值之和为 33.6%。

(三)不同植被格局下植物群落结构相似性

对四种不同植被格局下的群落组成进行相似性分析,采用 Jaccard 相似性指数来表示,根据 Jaccard 相似性系数原理,当数值为 0.00~0.25 时为极不相似,0.25~0.50 时为中等不相似,0.50~0.75 时为中等相似,0.75~1.00 时为极相似,如表 4-2 所示,经过 25 年的植被恢复之后,四种不同的植被格局下群落结构的相似性存在一定的差异,但差异性未达到极不相似水平,四个坡面植物群落结构的相似性指数均超过了 0.3,其中单一的刺槐林坡面和单一的撂荒草地坡面的相似性指数为 0.56,两种林草搭配的坡面植物群落的相似性指数达到 0.44,与其他坡面之间的相似性指数相比较高。

表 4-2 不同植被格局间 Jaccard 相似性指数

	林地	草地	草地-林地-草地	林地-草地-林地
刺槐林	1.00	0.56	0.37	0.42
撂荒草地		1.00	0.41	0.41
草地-林地-草地			1.00	0.44
林地-草地-林地				1.00

(四)不同植被格局下物种多样性的变化

物种多样性是通过度量群落中植物种的数目、个体总数以及各种多度的均匀程度来表征群落的组织水平,而物种多样性指数是表征群落特性的重要指标,在反映群落的生境差异、群落的结构类型、演替阶段和稳定程度等方面均有一定的意义(余作岳和彭少麟,1996)。群落内组成物种愈丰富,多样性越高;物种均匀度越大,群落多样性值越大(赵洪等,2005)。利用植被调查数据计算出了灌木和草本群落结构和物种变化的生物多样性指数:Shannon-Wiener 多样性指数(H'),Shannon-Wiener 均匀度指数(E)、Simpson 优势度指数(D_S)。Simpson 优势度指数是测定群落组织水平最常用的指标之一,Simpson 优势度指数越大,表示群落受优势物种的影响比较大,主要受建群种控制。Shannon-Wiener 多样性指数是将丰富度和均匀度综合起来的一个量,较全面地测度物种的多样性。

图 4-1 表征了四个不同的植被格局下植物群落 Shannon-Wiener 多样性指数,Shannon-Wiener 均匀度指数、Simpson 优势度指数的变化及其之间的差异。撂荒草地与其他三个坡面相比,Shannon-Wiener 多样性指数的值最高,且方差分析显

示与其他坡面之间的差异达到了显著水平(P<0.05)。人工种植林地及人类的活动干扰一定程度上可以降低植物群落的多样性。Shannon-Wiener 均匀度指数、Simpson 优势度指数四个不同的坡面之间差异均未达到显著水平。刺槐林及林草搭配的两个坡面 Simpson 优势度指数的值均高于撂荒草地,说明与单一的草地相比,其他三种植被格局下植物群落受优势物种的影响较大。

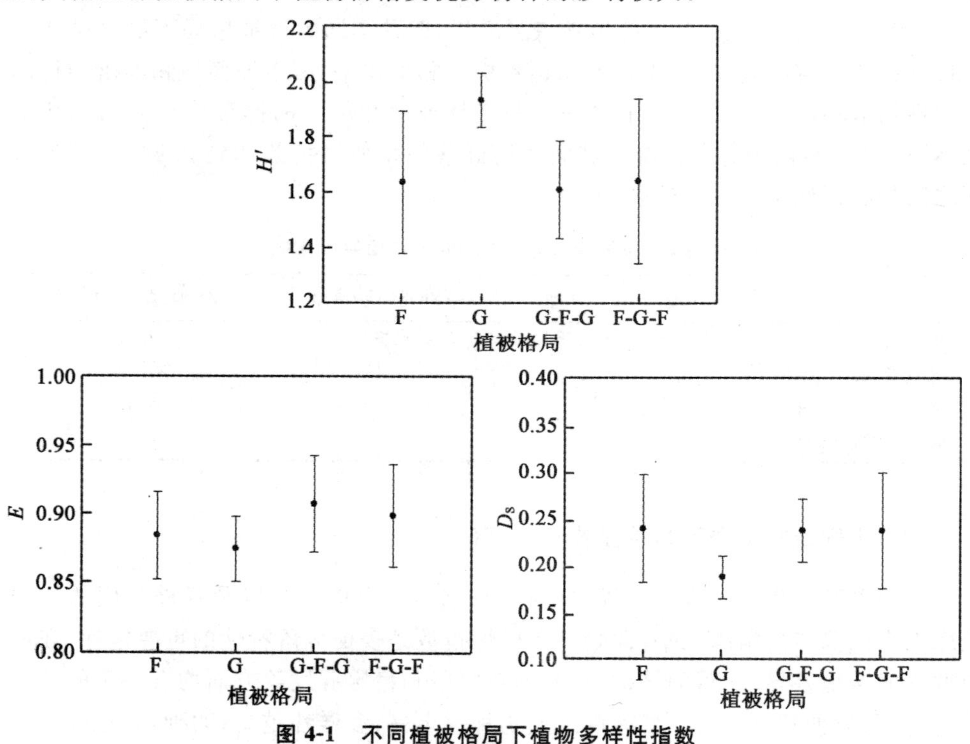

图 4-1 不同植被格局下植物多样性指数

H':Shannon-Wiener 多样性指数,E: Shannon-Wiener 均匀度指数,D_S:Simpson 优势度指数

(五)不同植被格局下土壤理化性质的变化

四种不同植被格局下的土壤理化性质如表 4-3 和表 4-4 所示,F1～F6、G1～G6、G-F-G1～G-F-G6、F-G-F1～F-G-F6 分别代表四种不同的植被格局沿坡面从坡顶到坡趾的不同样地。不同的植被格局之间,坡面上不同的地形部位上,土壤的理化性质均存在差异性。总体来讲,0～10 cm 表层土中土壤养分有机碳和全氮的含量高于 10～20 cm 土壤,而 pH 和土壤水分则 10～20 cm 土层中含量较高。通

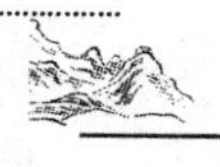

过四个不同植被格局下的坡面上土壤理化性质从坡顶到坡趾的分布规律来看，土壤理化性质在坡面上的分布有一个波浪式的变化趋势，从坡顶向下先降低再升高再降低。对于0～10 cm表层土壤，草地-林地-草地的植被格局下土壤有机碳和全氮含量在四个植被格局中最高且土壤有机碳四个植被格局之间差异达到了显著水平($P<0.05$)。而撂荒草地的容重和土壤含水量则显著高于其他三种植被格局($P<0.05$)。对于10～20 cm的土壤，四个植被格局土壤理化性质之间的大小关系与0～10 cm土层相似，土壤养分含量草地-林地-草地的植被格局最高，而撂荒草地拥有最高的土壤含水量和最低的pH。

表4-3　0～10 cm不同植被格局下的土壤理化性质

植被格局	样地	土壤有机碳(g/kg)	土壤全氮(g/kg)	pH	电导率(μs/cm)	容重(g/cm³)	土壤水分(%)
刺槐林(F)	F1	5.24	0.60	8.15	158.03	1.10	3.91
	F2	8.54	0.85	8.12	192.47	1.14	6.48
	F3	7.29	0.71	8.16	164.83	1.10	5.18
	F4	6.46	0.67	8.31	147.03	1.17	5.43
	F5	5.27	0.51	8.22	148.33	1.20	4.37
	F6	5.03	0.49	8.32	130.57	1.27	4.24
	平均值	6.31	0.64	8.21	156.88	1.16	4.94
	S. D.	1.40	0.13	0.09	20.94	0.06	0.95
	Sig.	B	A	A	A	B	C
撂荒草地(G)	G1	4.25	0.50	8.13	177.00	1.21	9.55
	G2	5.51	0.56	8.16	178.90	1.26	9.82
	G3	5.47	0.58	8.14	152.13	1.24	8.04
	G4	6.13	0.61	8.11	174.33	1.23	8.82
	G5	6.67	0.67	8.13	171.47	1.26	8.57
	G6	6.63	0.65	8.05	289.97	1.28	9.02
	平均值	5.78	0.59	8.12	190.63	1.25	8.97
	S. D.	0.91	0.06	0.04	49.61	0.02	0.65
	Sig.	B	A	B	A	A	A
草地-林地-草地(G-F-G)	G-F-G1	8.02	0.77	8.28	153.93	1.32	6.06
	G-F-G2	6.04	0.56	8.29	153.47	1.15	8.85
	G-F-G3	10.99	0.99	8.28	188.70	1.14	8.95
	G-F-G4	7.20	0.61	8.31	154.53	1.17	8.19

续表 4-3

植被格局	样地	土壤有机碳(g/kg)	土壤全氮(g/kg)	pH	电导率(μs/cm)	容重(g/cm³)	土壤水分(%)
	G-F-G5	7.96	0.70	8.28	138.23	1.10	5.82
	平均值	8.04	0.72	8.29	157.77	1.18	7.57
	S.D.	1.83	0.17	0.01	18.59	0.09	1.52
	Sig.	A	A	A	A	AB	AB
林地-草地-林地(F-G-F)	F-G-F1	5.81	0.65	8.17	171.80	1.24	8.00
	F-G-F2	5.55	0.60	8.14	166.30	1.23	6.29
	F-G-F3	8.38	0.87	8.03	195.47	1.19	6.64
	F-G-F4	4.85	0.49	8.37	164.87	1.20	8.64
	F-G-F5	5.35	0.58	8.18	174.73	1.22	7.96
	F-G-F6	5.53	0.60	8.20	147.23	1.30	4.14
	平均值	5.91	0.63	8.18	170.07	1.23	6.94
	S.D.	1.25	0.13	0.11	15.70	0.04	1.64
	Sig.	B	A	B	A	A	B

表中同一列数据后不同的大写字母代表 0.05 水平四个不同的植被格局间差异显著。F1～F6、G1～G6、G-F-G1～G-F-G6、F-G-F1～F-G-F6 分别代表四种不同的植被格局沿坡面从坡顶到坡趾的不同样地。

表 4-4　10～20 cm 不同植被格局下的土壤理化性质

植被格局	样地	土壤有机碳(g/kg)	土壤全氮(g/kg)	pH	电导率(μs/cm)	容重(g/cm³)	土壤水分(%)
刺槐林(F)	F1	3.75	0.41	8.27	154.13	1.16	7.12
	F2	5.84	0.59	8.26	171.63	1.14	8.05
	F3	5.26	0.53	8.28	149.57	1.08	8.05
	F4	5.46	0.53	8.20	147.50	1.14	7.11
	F5	4.40	0.46	8.31	135.83	1.17	6.70
	F6	4.38	0.45	8.36	126.07	1.18	6.35
	平均值	4.85	0.49	8.28	147.46	1.14	7.23
	S.D.	0.80	0.07	0.05	15.66	0.04	0.70
	Sig.	ab	a	b	b	b	C

续表 4-4

植被格局	样地	土壤有机碳(g/kg)	土壤全氮(g/kg)	pH	电导率(μs/cm)	容重(g/cm³)	土壤水分(%)
撂荒草地(G)	G1	3.61	0.41	8.24	150.50	1.23	9.84
	G2	3.69	0.43	8.22	176.77	1.25	10.56
	G3	4.57	0.51	8.22	161.33	1.18	10.08
	G4	4.46	0.49	8.22	170.90	1.25	9.47
	G5	6.03	0.62	8.15	191.53	1.25	9.83
	G6	5.78	0.62	8.13	181.30	1.23	9.20
	平均值	4.69	0.51	8.20	172.06	1.23	9.83
	S. D.	1.02	0.09	0.05	14.61	0.03	0.47
	Sig.	ab	a	c	a	a	A
草地-林地-草地(G-F-G)	G-F-G1	5.58	0.53	8.36	152.23	1.29	8.66
	G-F-G2	5.18	0.47	8.34	166.90	1.23	10.41
	G-F-G3	5.06	0.52	8.37	179.80	1.24	8.91
	G-F-G4	4.63	0.47	8.39	145.17	1.20	8.40
	G-F-G5	5.98	0.63	8.27	148.07	1.15	8.44
	平均值	5.28	0.52	8.35	158.43	1.22	8.96
	S. D.	0.52	0.06	0.05	14.58	0.05	0.83
	Sig.	a	a	a	ab	a	Ab
林地-草地-林地(F-G-F)	F-G-F1	4.40	0.51	8.23	164.77	1.20	6.69
	F-G-F2	3.91	0.46	8.24	157.93	1.18	6.11
	F-G-F3	4.55	0.55	8.22	171.93	1.27	7.62
	F-G-F4	3.35	0.44	8.21	174.90	1.11	9.73
	F-G-F5	3.56	0.43	8.30	150.40	1.27	10.04
	F-G-F6	4.64	0.50	8.25	145.60	1.34	7.36
	平均值	4.07	0.48	8.24	160.92	1.23	7.92
	S. D.	0.54	0.05	0.03	11.71	0.08	1.61
	Sig.	b	a	bc	ab	a	Bc

表中同一列数据后不同的小写字母代表 0.05 水平四个不同的植被格局间差异显著。F1～F6、G1～G6、G-F-G1～G-F-G6、F-G-F1～F-G-F6 分别代表四种不同的植被格局沿坡面从坡顶到坡趾的不同样地。

(六)坡面尺度不同植被恢复模式对土壤侵蚀过程的影响

^{137}Cs 的含量用来评价土壤侵蚀程度，^{137}Cs 的含量越低，表明土壤侵蚀越严重，如图 4-2 所示，^{137}Cs 的含量在坡面上不同坡位的分布差异十分显著，不同的植被格局下土壤的侵蚀过程存在差异。总体来讲，单一植被坡面刺槐林地和撂荒草地^{137}Cs 含量的分布规律较为相似，中坡位和下坡位的含量比较高，而两种林草搭配的坡面上^{137}Cs 含量的分布规律较为相似，在坡顶和下坡位含量较高。

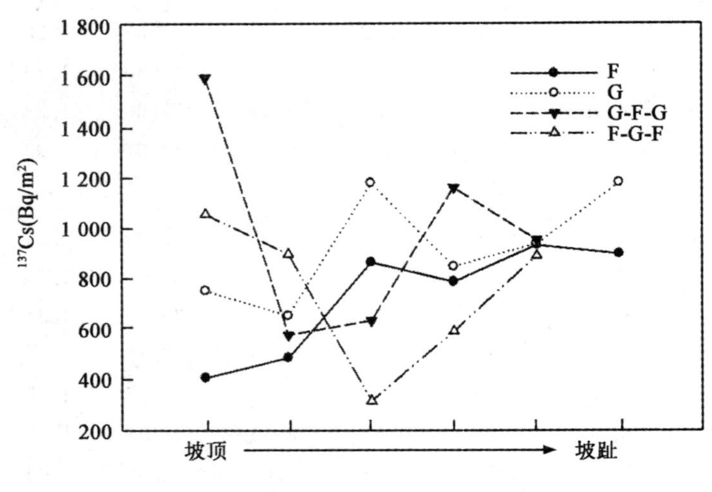

图 4-2 ^{137}Cs 含量在坡面上的分布

将^{137}Cs 含量与土壤理化性质进行相关分析后发现，如图 4-3 所示，^{137}Cs 含量与土壤有机碳、全氮、容重和电导率之间均存在显著的回归关系($P<0.05$)，R^2 值在 0.277 9～0.629 3 之间。土壤侵蚀过程对不同的土壤理化指标影响不同，其中，土壤有机碳、全氮和容重随着^{137}Cs 含量的升高而升高，电导率则随着^{137}Cs 含量的升高而降低。而土壤水分和 pH 与^{137}Cs 的含量之间关系不明显。

(七)讨论

植物物种多样性作为群落早期演替的驱动力，可加速退化生态系统的恢复(Vander 等，2000)，生物多样性增加也被作为评价退化生态系统恢复和重建成功与否的重要指标之一(彭少麟，1996)。植物群落多样性指数是物种丰富度和均匀度的函数(马克平，1994)，多样性指数大小表明了群落复杂的程度(高贤明等，

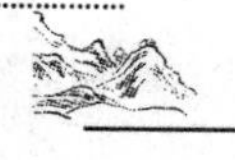

1997)。研究表明,在物种较少的生态区域,物种多样性高的群落其稳定性较大,导致群落稳定发展(Vander,2000);多样性低的群落,其稳定性较差,易受干扰,群落的发展不易确定(Di Castri 和 Younes,1992)。群落的多样性指数增加,群落将不断地趋于复杂,在一定程度上具有高物种多样性的生态系统其稳定性也高(黄建辉和陈灵芝,1994)。研究认为,较高的丰富度可以反映环境的优越性和稳定性;高的均匀度则反映群落或生态系统内各物种之间互相容纳(黄建辉和陈灵芝,1994)。

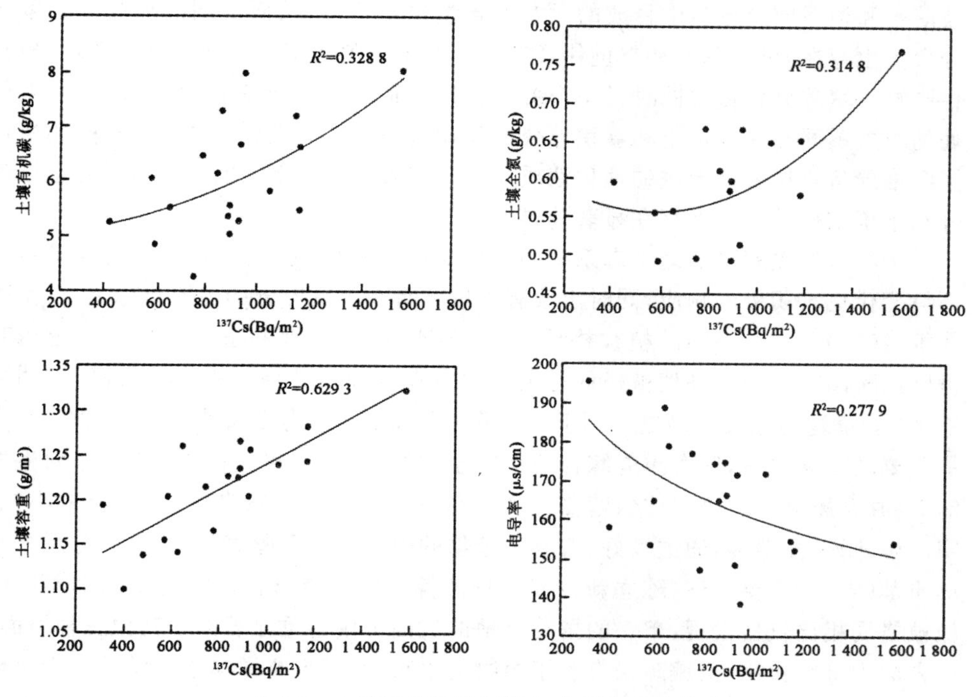

图 4-3　土壤理化性质与^{137}Cs 含量之间的关系

黄土丘陵沟壑区水土流失严重,人们通过退耕还林还草的形式进行植被恢复从而有效抑止水土流失的发生。四种不同的植被格局下植物物种的组成在大的方面存在一定的相似性,均以豆科、禾本科和菊科植物种类最多,以达乌里胡枝子、长芒草和铁杆蒿为优势物种的群落结构与白文娟和焦菊英(2006)研究中 24～26 年恢复年限的植物群落结构存在相似的结果,且群落相似性指数均高于 0.3。但在植物物种的多样性方面仍然存在很大差异,四种植被格局相比较,撂荒草地的植物物种丰富度最高,Shannon-Wiener 多样性指数显著高于其他三种植被格局,说明人工林的建设可以减少植物物种的多样性。撂荒草地的均匀度指数和 Simpson 优势度指数低于其他三种植被格局，说明其植物群落受优势物种的影响较小。

土壤结构改善以及土壤养分的恢复是森林恢复的重要组成部分之一（Plotnikoff 等，2002；Li 和 Shao，2006）。植被通过凋落物和根系及土壤微生物等改变土壤的结构，提供新的碳源，从而提高土壤肥力（杨玉盛等，1999；胡斌等，2002），但各种植物根系吸收土壤元素的能力及植物枯枝落叶及根系的含量不同，因此通过枯枝落叶和根系向土壤当中释放的元素的含量也不相同，从而不同的植被下土壤养分含量也存在差异（苏静和赵世伟，2005）。黄土丘陵沟壑区特殊的侵蚀环境，植被在影响土壤养分含量的同时另一个关键作用是遏制水土流失，而植被在坡面上所处的位置不同对保持水土和蓄积养分的作用也不相同，因此在坡面上不同的植被搭配格局将直接影响土壤的理化性质。本研究表明四种不同的植被格局对土壤养分和土壤结构的影响上存在显著差异。

土壤有机碳库是陆地生态系统的主要碳库之一，表层土壤有机碳的含量对于环境变化也有积极的响应；同时土壤有机碳含量是土壤养分的主要指标之一（贾松伟等，2004）。四个不同的植被格局相比，草地-林地-草地的植被搭配格局土壤有机碳显著高于其他三种植被格局且全氮含量在四种植被格局中也是最高，说明草地-林地-草地的植被格局更有利于土壤养分的提高。土壤容重是土壤物理性质中最重要的因素之一，其大小能综合地反映土壤结构、松紧度、孔隙度和土体内生物活动，并且影响土壤团聚体内营养元素的释放和固定。一般来说，土壤容重小，表明土壤疏松，孔隙多，通透性好，有利于植物的根系生长和营养吸收，因此是反映土壤质量的一个重要指标（陈立新，2004；华涛等，2005；游秀花，2005）。四个不同的植被格局相比较后发现，单一的撂荒草地的坡面土壤容重显著高于其他三种坡面，一方面土壤容重小，土壤疏松有利于植物的生长，但黄土高原属于典型的半干旱环境，土壤孔隙多更有利于土壤水分蒸发，较大的土壤容重可能也是撂荒草地拥有较高土壤含水量的原因之一。另外，林地耗水量远大于草地也是草地含水量较高的原因。

不同的植被格局下土壤的侵蚀过程存在差异，^{137}Cs 的含量与土壤理化性质之间存在显著的相关关系，土壤侵蚀过程之间的差异可以直接影响土壤有机碳、全氮、容重和电导率在坡面上的分布。研究结果与以往的结果相一致，Li 等（2006）研究发现，^{137}Cs 可以直接定量地表示土壤有机碳在坡面上的重新分配；^{137}Cs 和土壤有机碳之间存在显著的正相关关系（Zheng，2006）。土壤当中密度比较小，粒径比较小的黏粒和砂粒在水土流失过程中比较容易随径流流失，而土壤有机碳主要

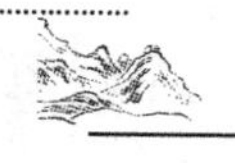

集中分布在表土层且密度较低，因此比较容易受土壤侵蚀的影响(Bajracharya 等，2000；Lal，2003)。然而，也有研究表明，^{137}Cs 含量与全氮之间没有显著的相关关系，土壤全氮的含量主要受植被的影响(华珞等，2006)。对于土壤侵蚀和土壤容重和电导率之间的关系这方面而今得到的研究结果较少。

(八)小结

在植被恢复特别是大量人工林建设过程中，不同的植被恢复模式下植物群落结构及多样性都发生了很大变化。四种不同的植被格局相比较，单一的撂荒草地坡面上植物物种的丰富度最高，而其他三种坡面上植物群落受优势物种的影响较大。四种不同的植被格局下植物群落的组成存在差异，相对而言，刺槐林和撂荒草地两个单一的坡面之间相似性较高，两个林草搭配的坡面之间的相似性较高。

通过对四种不同的植被格局下土壤理化性质测定和比较发现，0～10 cm 土层养分含量高于 10～20 cm 土层，而 pH 则低于 10～20 cm，表层土壤的理化性质更易受植被的影响。四种不同的植被格局相比，单一的撂荒草地保水能力和改善碱性土壤方面优于其他三种植被格局，土壤含水量最高而 pH 最低；草地-林地-草地的植被搭配格局更有利于土壤养分的蓄积，较其他三种植被格局含有较高的土壤有机碳和全氮。

二、流域尺度土地利用/覆被的变化及其对水土保持功能的影响

土地利用/土地覆盖变化不仅改变了自然景观面貌，而且影响景观中的物质循环和能量分配，它对区域气候、土壤、水量和水质的影响极其深刻(郭旭东，1999)。景观的空间结构能够对生态过程产生影响，如水土流失与土壤侵蚀等生态过程(Peterjohn 和 Correll，1984；Fu 等，2000)。区域土地利用与土地覆盖变化能够对环境与生态变化产生重要的影响进而对全球变化产生影响(Turner 和 Meyer，1991)。

羊圈沟所在的碾庄流域，地处黄土高原腹地，属典型的丘陵沟壑区，是延河的一级支流，碾庄流域作为一个精品典型小流域，从 20 世纪 50 年代试验推广至今，几经改造、巩固、提高，已初步形成防洪、拦沙、蓄水、生产综合利用的格局，取得了显著的效益。羊圈沟小流域从 20 世纪 50 年代开始就开展了淤地坝建设，90 年代初实施了退耕还林还草工程，土地利用和地上植被都发生了很大的改变。本节内容主要从流域土地利用变化入手，分析羊圈沟 1984 年、1996 年、2006 年及 2009 年三期土地利用动态变化过程，同时分析土地利用/覆被变化带来的水土保持功能的变化。

(一)研究方法

本研究所用的土地利用基础数据为羊圈沟流域四期土地利用图(1984 年、1996 年、2006 年和 2009 年),土地利用数据由遥感影像数据经人工目视解译结合地面验证得到,所用数据源为 1984 年和 1996 年航片,空间分辨率为 5 m,2006 年为 SPOT 5 m 空间分辨率的遥感图像,2009 年通过 Alos 2.5 m 全色影像和 10 m 的彩色遥感影像进行融合解译而成。解译前后于 2006 年和 2010 年两次到现场实地调查,利用 GPS 与数码相机对典型地物进行验证,通过咨询当地居民和工作人员,修正解译结果。同时还调查了流域内人口、经济发展状况及土地政策变化。并统一将土地利用类型划分为林地、幼林地、灌木林、荒地、草地、坡耕地、果园、坝地、梯田、水域及居民用地。DEM 数据是 1∶1 万地形图通过扫描配准矢量化后生成的数字地形图,栅格大小 5 m×5 m(图 4-4)。降水量数据来自于中国气象科学数据共享服务网(http://cdc.cma.gov.cn/),搜集了来自国家监测台站陕西省延安站从 1984 年到 2009 年的降水数据,并提取产生侵蚀的降水数据。使用的软件包括 ArcGIS9.3,EXCEL 2003 等。

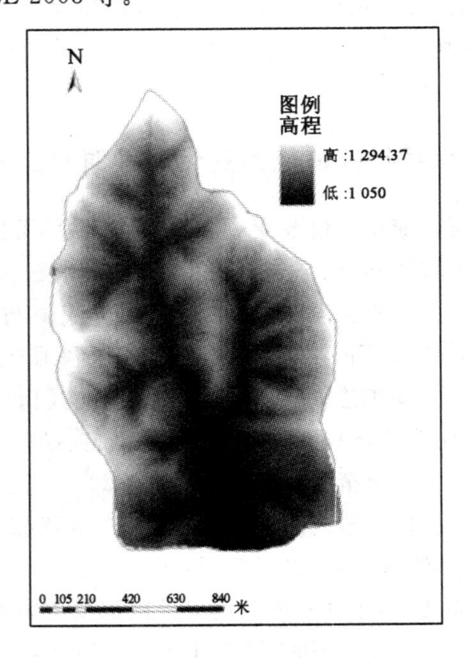

图 4-4　羊圈沟小流域 DEM 图

土壤侵蚀量的计算采用 USLE 模型，其考虑了降雨、土壤可蚀性、作物管理、坡度坡长和水土保持措施五大因子，方程式如下：

$$A = R \times K \times L \times S \times C \times P$$

式中：A—年平均土壤流失量；t/(km² · 年)；R—降雨和径流侵蚀因子 MJ · mm/(km² · hm²)；K—土壤可蚀性因子，此因子是指在标准状态下（小区长 22.1 m，坡度 9%，休闲地且顺坡耕作）每年单位降雨侵蚀指标所产生的侵蚀数量，单位为 t · h/MJ · mm；L，S—地形因子，其中 L 为坡长因子，S 为坡度因子；C—作物管理因子；P—治理措施因子。

（二）羊圈沟小流域土地覆被的时空变化

小流域土地利用类型及数量变化结果见表 4-5。流域土地利用类型主要由坡耕地、梯田、坝地、乔木林地、幼年林地、灌木林地、荒地、草地、果园和水域构成（图 4-5、图 4-6）。1984 年流域内土地利用类型中荒地和坡耕地所占比例最大，两者之和约占整个区域 65%的面积，两种土地利用类型在黄土高原地区都容易导致严重的水土流失，尤其是顺坡耕作的坡耕地；灌木、林地和草地所占比例最少，仅为 0.21%，1.51%和 3.29%，坝地主要是在 20 世纪 50～70 年代修建的淤地坝，用于拦截泥沙，淤满后进行耕种，成为流域内基本农田的一部分同时发挥着调洪、蓄水、拦沙的功能。2009 年流域土地利用类型中，林地、灌木和草地面积所占的比例最大，三者之和约占整个区域的 80%，三种土地利用类型在黄土高原地区对降低土壤侵蚀、保持水土有着良好的效果；坡耕地和荒地面积很小，仅为 0.76%和 3.04%。25 年来除水域、坝地和居住地等的面积变动较小外，其他土地利用类型都发生了剧烈的变化。首先值得注意的是，林地、灌木和草地的大面积增加，2009 年较 1984 年分别增加了2 045.4%，12 209.1%和 607.9%，同时伴随着荒草地，坡耕地和幼林地的大幅度逐渐减少，分别减少了 92.0%，97.4%和 100%；这种土地利用类型有方向性的变化，主要是在人为因素的驱动下产生的结果，尤其是在退耕还林（草）工程的实施中，原来大面积的坡耕地和荒地被新营造的林灌草等人工植被所替代，或者转化为其他土地利用类型，例如梯田等，产生了土地利用格局的变化；而幼林地的减少也主要在于大规模集中的植树造林于 20 世纪 80 年代初开始，经 20 余年的生长，幼林逐步变成成熟林，而自然新发出的树苗不能达到成片幼林地的规模，因此幼林地这种土地利用类型在 2009 年时基本消失。同时，梯田和坝地的面积也在波动增加。梯田在1984年时占有一定的面积，1996年达到最低点，在之后的水土治理的过程中，为保障一定数量的耕地同时防止水土流失，采取了改传统坡耕地为梯田的措施，梯田面积开始逐渐增加，到2009年达到25年的最大面积比例，较1984年增加了6.5%。坝地25年来面积增加了10.3%，主要是由于在2006年时，为了保证骨干坝的耕种需要同时又能拦截上游来水，在原坝尾又建起一个新的淤地坝。果园的面积在波动中下降，1996年是果园发展的峰值，随后面积迅速减小，到2009年果园面积较之减少了96.0%。水域和居住地的面积也都有轻微的减少。水域面积的萎缩与气候变化与人类对水资源的利用密切相关，造成这种变化的具体原因及其对当地未来的农业和生活的影响有待研究，但不作为本研究的重点。居民地25年来有一定的下降，从调查中发现，由于城市化的发展和农田的减少，产生的剩余劳动力部分搬迁至城镇，导致部分居住用地出现废弃并未能再次利用。1996年居住和建设用地的面积达到峰值，到2009年时居住和建设用地较之减少了57.0%。

表4-5 羊圈沟小流域土地利用类型面积分布表

项目	1984年		1996年		2006年		2009年		25年的变化
	面积(hm^2)	(%)	面积(hm^2)	(%)	面积(hm^2)	(%)	面积(hm^2)	(%)	(%)
林地	3.05	1.51	26.14	12.94	64.31	31.84	64.93	32.14	2 028.57
草地	6.65	3.29	0.84	0.42	47.34	23.43	46.72	23.13	602.31
坡耕地	58.11	28.77	35.70	17.67	7.61	3.77	1.54	0.76	−97.35
梯田	17.47	8.65	6.82	3.38	12.54	6.21	18.62	9.22	6.53
水域	0.61	0.30	1.62	0.80	0.30	0.15	0.30	0.15	−51.17
荒草地	76.67	37.96	86.84	42.99	6.14	3.04	6.14	3.04	−92.00
坝地	7.79	3.86	7.87	3.90	8.59	4.25	8.59	4.25	10.28
居住地	5.53	2.74	6.82	3.38	2.95	1.46	2.95	1.46	−46.66
果园	7.37	3.65	26.65	13.19	1.07	0.53	1.07	0.53	−85.52
灌木	0.42	0.21	1.69	0.84	51.15	25.32	51.15	25.32	12 112.466
幼林地	18.32	9.07	1.01	0.50	0.00	0.00	0.00	0.00	−100

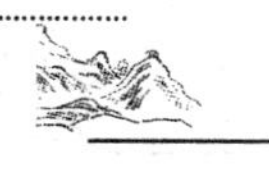

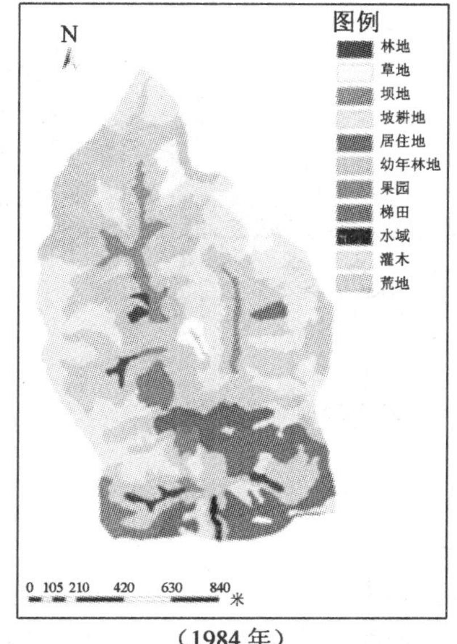

（1984年）

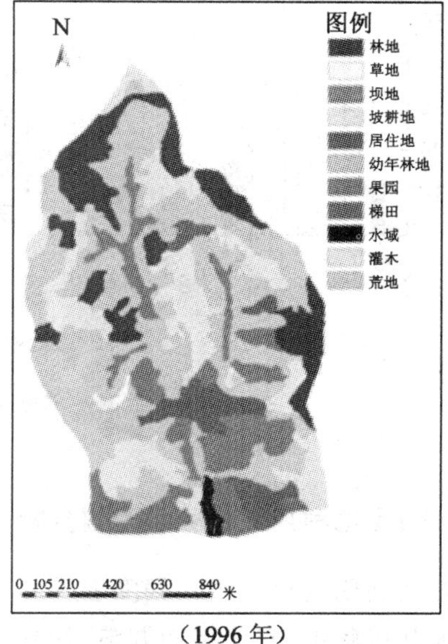

（1996年）

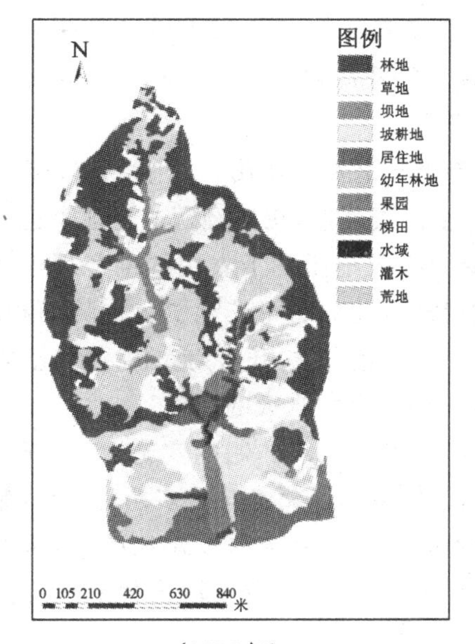

（2006年）

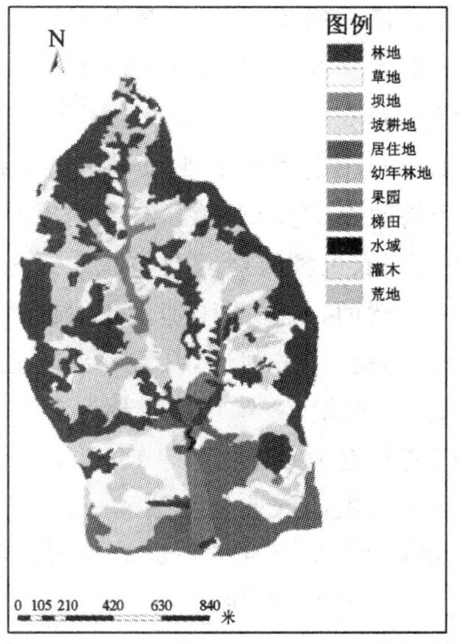

（2009年）

图 4-5　羊圈沟小流域土地利用类型及数量变化

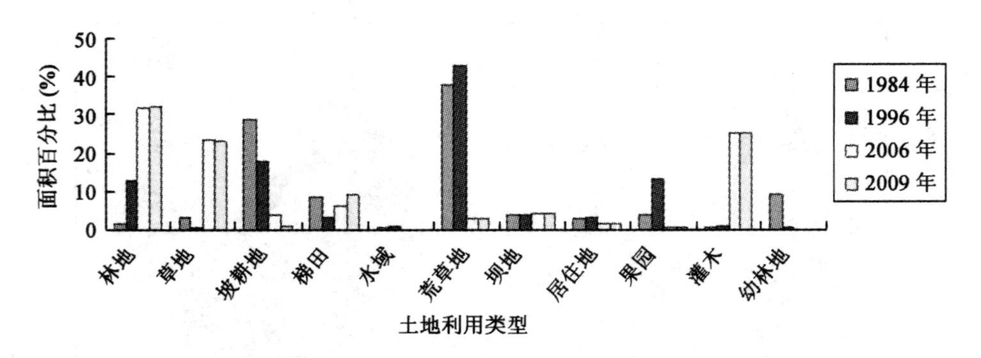

图 4-6　羊圈沟小流域土地利用类型面积分布图

(三)土地利用变化驱动因素分析

土地利用变化在很大程度上受政策、经济技术和人口因素变化的影响。由于受土地利用政策、农业结构调整、计划生育政策的实施以及社会经济发展和政府大规模生态恢复措施的驱动,特别是 20 世纪 80 年代初,黄土高原水土流失综合治理措施的实施和 90 年代末退耕还林还草政策的实施,使 1984—2009 年间流域土地利用结构和农业景观格局产生了较大的变化。

土地利用政策在土地利用变化中起着十分重要的作用。20 世纪 80 年代随着国家经济政策的变革,国家在农村推行了生产责任制,集体经营的土地承包给了农户,并允许农民拥有经营自主权。这一变化极大地激发了农民的生产积极性和劳动效率。然而,农民为了追求更大的经济利益,他们尽可能地扩大农田面积,一部分草地、林地、干枯河道,甚至一些不宜耕种的陡坡也被开垦为农田。因此,在羊圈沟流域,20 世纪 80 年代的土地利用中坡耕地占有相当大的比例。

随着社会发展,尤其是 1992 年社会主义市场经济体制的实施,极大程度地影响了当地人民的农业经济活动,土地利用结构由单一化走向了多元化,经济果园林在 20 世纪 90 年代有了一定的发展。因此,90 年代流域内坡耕地减少,转变为果园林。90 年代以来,水土保持治理措施也逐步加大,导致流域内林地和梯田地面积上升较快。

随着退耕还林工程的实施,流域内土地利用发生了巨大变化,最为明显的是坡耕地急剧降低,由于以粮代赈,流域内几乎不存在坡耕地,因此导致坡耕地转变为林地或自然撂荒地。同时为了保证一定的粮食生产,流域内梯田建设力度加大。

城市化进程的发展也是一个影响土地利用变化的因素，流域内年轻劳动力输出程度大，因此即使一些缓坡耕地也被弃耕。同时当地人民对水土流失问题认识的提高和对土地生产力认识的提高也是导致坡耕地减少的因素之一，因为流域内有相当比例的坝地，而坝地种植作物的高产和稳产极大程度改变了农民对于坡耕地的认识。

(四)羊圈沟小流域水土保持功能变化综合分析

以 1984 年、1996 年、2006 年、2009 年四年的土壤侵蚀数量与土地利用类型结合，计算出每一年土壤侵蚀量与土地类型的关系(图 4-7)，并进一步平均(图 4-8)(表 4-6)，发现除水域外，水土保持功能从最好到最差的排列依次为：林地>坝地>果园>灌木>幼林地>梯田>草地>居住地>坡耕地>荒草地。林地的水土保持功能最好，荒草地最差。如表 4-6 所示，林地、坝地覆盖下的土壤侵蚀仅为 768.07 t/(km^2 · 年)和 1 659.47 t/(km^2 · 年)，属于轻度侵蚀范围；果园与灌木覆盖下的土壤侵蚀为 3 331.25 t/(km^2 · 年)和 5 345.65 t/(km^2 · 年)，属于中度侵蚀范围；而荒草地、坡耕地覆盖下的土壤侵蚀量属于剧烈侵蚀等级，居住地与草地覆盖下的土壤侵蚀量也属于极强侵蚀等级。

从以上不同类型的土地利用的平均侵蚀模数可以看出，由大面积的荒草地和坡耕地，少量的林地和灌木构成的土地利用格局，是造成 1984 年水土流失严重的重要原因；而 2009 年和 2006 年流域侵蚀量大面积减少，与林地、灌木和草地的增加，坡耕地与荒草地的明显减少有密切关系，经过 20 多年的水土流失综合治理，改变了流域内的土地利用格局，有效地减少了土壤流失。由此可见，土

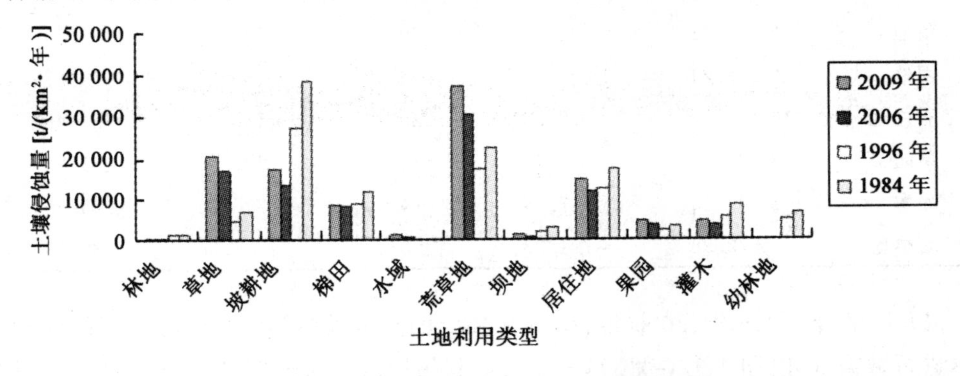

图 4-7 羊圈沟小流域土壤侵蚀量与土地利用类型的关系

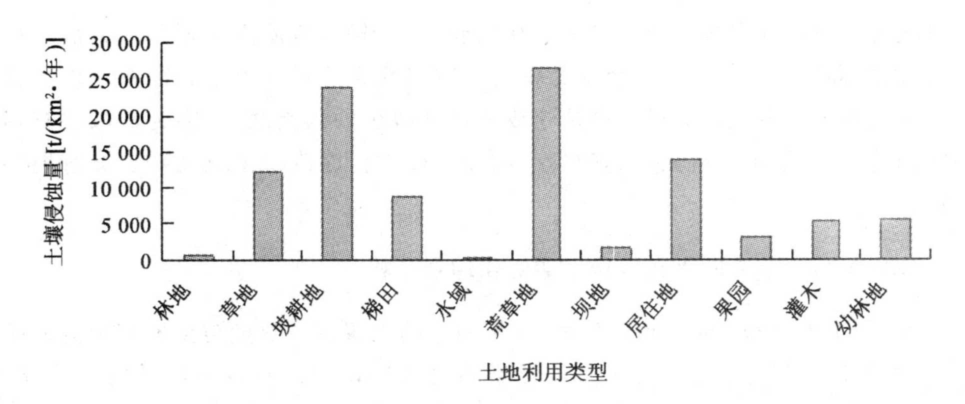

图 4-8　羊圈沟小流域不同土地利用类型的土壤侵蚀量排序图

地利用方式直接影响土壤流失量。同时淤地坝的建设，也很好地将流失的水土有效的保持下来。

表 4-6　羊圈沟小流域土壤侵蚀量与土地类型的关系表　t/(km^2·年)

土地利用类型	土壤侵蚀量				
	1984 年	1996 年	2006 年	2009 年	平均
林地	1 012.55	1 046.19	457.65	555.92	768.07
草地	6 909.64	4 544.10	16 802.86	20 343.85	12 150.11
坡耕地	38 264.76	27 016.83	12 913.89	17 122.33	23 829.45
梯田	11 313.59	8 814.65	7 858.18	8 181.01	9 041.86
水域	2.32	3.44	836.41	1 016.62	464.70
荒地	22 312.62	16 878.49	30 279.32	36 803.12	26 568.39
坝地	2 718.24	1 823.13	946.32	1 150.21	1 659.47
居住地	17 174.62	12 379.58	11 625.49	14 130.24	13 827.48
果园	3 136.62	2 359.42	3 533.80	4 295.17	3 331.25
灌木	8 302.13	5 387.44	3 474.30	4 218.74	5 345.65
幼林地	6 372.98	4 791.28	0.00	0.00	5 582.13

以 1984 年、1996 年、2006 年、2009 年四年的土地利用类型与地形坡度叠合分析，进行数据统计(图 4-9)，得出每一年土地利用模式下每一级坡度范围内的土壤侵蚀量(表 4-7)；进而对每级坡度梯度下的土壤侵蚀量进行排序(表 4-8)。

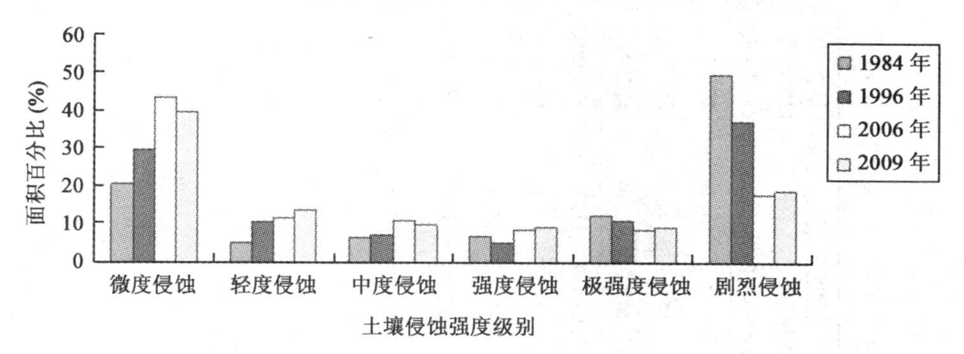

图 4-9　羊圈沟小流域土壤侵蚀强度分级的面积统计结果

从表 4-7 中可以看出，不同坡度等级下的土地利用类型发生了明显的变化。

林地在 1984—2009 年间在整个坡度等级上均有分布，在坡度较缓的 0°～3°和较陡的 25°～90°的坡度范围内分布最多，退耕还林后更多的集中于容易发生土壤侵蚀的 25°～90°的陡坡上(2009 年时面积达到 66.0%)。而从侵蚀量排序表(表 4-8)中可以看出，在各个坡度等级下，林地的水土保持功能都是最好的，但黄土高原地区更多发生的是陡坡侵蚀，因此，林地在陡坡上面积的增加，对陡坡防治水土流失有着积极的作用。

草地在 1984—2009 年整个区域均有分布，更主要分布在 0°～3°的缓坡沟道中和 25°～90°的陡坡上，总体的草地分布格局的变化不大。但在 2006 年后 45°～90°最陡的坡度级别上草地分布数量有所增加(从 1984 年时面积的 20.5%增加到 2006 年的 30.1%和 2009 年的 30.5%)。而从侵蚀量排序表中可以看出，草地的水土保持功能较差，不及林地和灌木，但是均优于荒地和坡耕地，而这两类土地利用类型在缺乏必要的管理措施时很容易在小流域内出现，例如土地复垦和陡坡的粗放管理，因此陡坡草地的增加对发挥草地的水土保持功能，防止荒地和坡耕地加剧水土流失起到一定的作用。

坡耕地在 1984 年和 1996 年主要分布在 0°～3°的沟道和 15°～90°的陡坡上，2006 年后总量减少的同时分布格局也发生了很大的改变，在>35°的陡坡上鲜有出现，而主要集中在了 0°～35°之间相对较缓的坡度上。从侵蚀量排序表中可以看出，在各个坡度等级上坡耕地都是极易造成黄土高原水土流失的土地利用类型，因此坡耕地的减少，尤其是在陡坡分布面积的减少对防治水土流失有着积极的作用。

表 4-7　羊圈沟小流域不同土地利用模式不同坡度下的土壤侵蚀量

土地类型	坡度(°)	1984 年		1996 年		2006 年		2009 年		总平均
		侵蚀模数 [t/(km² · 年)]	面积 (%)	侵蚀模数 [t/(km² · 年)]	面积 (%)	侵蚀模数 [t/(km² · 年)]	面积 (%)	侵蚀模数 [t/(km² · 年)]	面积 (%)	侵蚀模数 [t/(km² · 年)]
林地	0～3	1 056.64	18.53	292.79	12.39	235.45	13.18	285.68	13.18	467.64
	3～8	72.21	4.01	746.68	3.73	306.85	3.70	398.48	3.73	381.05
	8～15	629.65	6.58	441.13	5.72	374.58	5.95	455.88	5.97	475.31
	15～25	140.49	11.48	645.37	11.76	282.47	11.15	343.61	11.16	352.99
	25～35	2 905.72	12.83	631.88	20.21	452.89	18.57	569.27	18.72	1 139.94
	35～45	1 143.91	19.39	555.57	27.43	392.51	26.14	474.34	26.09	641.58
	45～90	1 641.57	27.19	694.51	18.76	998.70	21.31	1 212.89	21.15	1 136.92
草地	0～3	4 245.86	13.06	59.94	13.35	13 480.05	12.85	16 214.58	12.84	8 500.11
	3～8	6 776.23	3.02	1 816.24	2.14	9 921.26	3.40	12 033.05	3.35	7 636.69
	8～15	3 671.64	6.30	1 669.90	5.24	12 103.45	5.01	14 635.65	4.98	8 020.16
	15～25	5 124.21	11.89	2 865.61	6.92	12 368.35	10.61	14 823.97	10.59	8 795.53
	25～35	6 851.07	19.46	4 865.90	9.22	14 737.20	16.70	17 694.89	16.47	11 037.27
	35～45	8 213.81	25.72	5 632.94	19.99	20 855.82	21.29	25 203.77	21.29	14 976.59
	45～90	9 080.07	20.55	5 941.74	43.15	22 326.22	30.14	27 117.91	30.49	16 116.49

续表 4-7

土地类型	坡度(°)	1984 年		1996 年		2006 年		2009 年		总平均
		侵蚀模数[t/(km²·年)]	面积(%)	侵蚀模数[t/(km²·年)]	面积(%)	侵蚀模数[t/(km²·年)]	面积(%)	侵蚀模数[t/(km²·年)]	面积(%)	侵蚀模数[t/(km²·年)]
坡耕地	0～3	31 490.76	12.53	18 843.22	14.24	6 887.56	16.57	10 715.65	16.03	16 984.30
	3～8	20 970.84	3.57	18 772.69	3.52	7 992.14	7.75	11 705.69	6.75	14 860.34
	8～15	30 130.51	5.45	24 207.66	5.50	9 492.25	15.41	9 750.27	9.67	18 395.17
	15～25	30 611.36	12.24	21 181.54	11.17	13 329.15	35.64	13 758.62	33.81	19 720.17
	25～35	40 584.92	21.02	26 330.02	19.64	16 855.87	16.48	17 529.71	16.49	25 325.13
	35～45	51 426.41	26.55	34 442.32	25.50	23 164.14	5.75	34 516.49	7.27	35 887.34
	45～90	52 446.13	18.64	32 755.98	20.43	22 579.23	2.39	22 524.28	9.99	32 576.40
梯田	0～3	9 242.27	14.94	6 285.60	13.56	5 994.08	14.61	5 975.02	15.29	6 874.24
	3～8	6 252.19	5.55	5 256.35	3.81	5 526.93	4.56	5 223.35	5.69	5 564.71
	8～15	6 541.23	11.72	7 071.79	6.75	5 703.93	8.39	5 551.38	11.16	6 217.08
	15～25	9 780.49	23.62	7 460.69	18.50	6 242.85	20.32	6 724.47	25.47	7 552.13
	25～35	14 541.91	21.36	9 207.51	23.39	8 121.22	25.45	9 102.69	22.52	10 243.33
	35～45	17 242.86	13.42	12 436.06	18.60	11 813.44	18.01	13 812.94	13.88	13 826.32
	45～90	23 262.73	9.38	14 465.90	15.39	13 622.44	8.65	16 495.13	5.98	16 961.55

续表 4-7

土地类型	坡度(°)	1984年		1996年		2006年		2009年		总平均
		侵蚀模数 [t/(km^2·年)]	面积 (%)	侵蚀模数 [t/(km^2·年)]	面积 (%)	侵蚀模数 [t/(km^2·年)]	面积 (%)	侵蚀模数 [t/(km^2·年)]	面积 (%)	侵蚀模数 [t/(km^2·年)]
水域	0～3	4.43	100.00	4.15	82.29	2.04	44.07	2.48	44.07	3.27
	3～8	0.00	0.00	0.51	2.17	0.21	9.05	0.25	9.05	0.24
	8～15	0.00	0.00	20.68	4.73	1 398.49	7.89	1 699.80	7.89	779.74
	15～25	0.00	0.00	62.83	7.37	25.30	8.97	30.75	8.97	29.72
	25～35	0.00	0.00	202.68	2.47	2.59	14.18	3.15	14.18	52.11
	35～45	0.00	0.00	176.13	0.97	1 952.45	9.60	2 373.12	9.60	1 125.42
	45～90	0.00	0.00	0.00	0.00	9.39	6.25	11.42	6.25	5.20
荒地	0～3	14 490.57	13.84	9 580.21	12.70	2 515.19	11.55	3 057.10	11.55	7 410.77
	3～8	11 136.50	3.16	8 932.25	3.30	9 464.81	3.22	11 504.04	3.22	10 259.40
	8～15	9 873.36	4.67	10 380.97	4.89	17 019.34	4.28	20 686.22	4.28	14 489.97
	15～25	16 705.96	8.78	12 540.38	9.33	23 176.45	8.91	28 169.91	8.91	20 148.17
	25～35	19 780.02	13.64	15 284.01	15.75	29 469.13	15.15	35 818.37	15.15	25 087.88
	35～45	26 508.99	19.96	18 463.64	22.14	35 431.07	20.79	43 064.84	20.79	30 867.13
	45～90	32 808.75	35.95	23 641.23	31.89	31 299.92	36.10	38 043.62	36.10	31 448.38

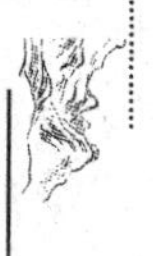

续表 4-7

土地类型	坡度(°)	1984年 侵蚀模数[t/(km²·年)]	1984年 面积(%)	1996年 侵蚀模数[t/(km²·年)]	1996年 面积(%)	2006年 侵蚀模数[t/(km²·年)]	2006年 面积(%)	2009年 侵蚀模数[t/(km²·年)]	2009年 面积(%)	总平均侵蚀模数[t/(km²·年)]
坝地	0～3	1 320.24	27.59	361.26	31.25	258.18	48.55	313.80	48.55	563.37
	3～8	1 198.18	5.49	692.82	6.63	547.63	5.67	665.62	5.67	776.06
	8～15	1 956.11	7.73	821.77	9.14	551.32	7.63	655.21	7.63	996.10
	15～25	2 134.02	12.53	1 283.22	13.32	1 052.53	11.59	1 279.30	11.59	1 437.27
	25～35	3 334.49	13.34	1 554.78	13.19	1 805.97	10.16	2 165.70	10.16	2 215.23
	35～45	4 758.00	15.66	2 722.12	13.43	1 808.73	7.99	2 198.42	7.99	2 871.82
	45～90	7 576.71	17.66	5 866.26	13.04	3 997.82	8.40	4 859.17	8.40	5 574.99
居住地	0～3	10 386.78	16.92	9 145.67	15.27	6 511.40	11.49	7 914.31	11.49	8 489.54
	3～8	9 328.08	4.93	6 454.04	3.94	2 010.32	3.53	2 443.45	3.53	5 058.97
	8～15	11 210.91	8.14	5 430.20	6.84	7 199.69	8.07	8 750.89	8.07	8 147.92
	15～25	14 502.92	16.02	9 996.79	13.50	8 120.82	17.74	9 869.56	17.74	10 622.52
	25～35	17 515.87	20.75	11 988.22	20.43	11 701.18	25.62	14 222.24	25.62	13 856.88
	35～45	22 717.34	19.15	14 595.08	20.64	15 174.75	23.50	18 444.21	23.50	17 732.84
	45～90	31 568.31	14.09	18 538.02	19.39	19 683.19	10.05	23 924.01	10.05	23 428.38

续表 4-7

土地类型	坡度(°)	1984 年		1996 年		2006 年		2009 年		总平均
		侵蚀模数[t/(km² · 年)]	面积(%)	侵蚀模数[t/(km² · 年)]	面积(%)	侵蚀模数[t/(km² · 年)]	面积(%)	侵蚀模数[t/(km² · 年)]	面积(%)	侵蚀模数[t/(km² · 年)]
果园	0～3	2 215.03	13.42	1 589.75	14.35	3 476.22	8.96	4 225.19	8.96	2 876.55
	3～8	1 969.13	4.88	1 892.65	5.31	2 522.62	2.26	3 066.12	2.26	2 362.63
	8～15	1 749.89	7.43	1 405.68	10.08	1 347.26	2.37	1 637.53	2.37	1 535.09
	15～25	2 783.82	20.46	1 733.30	21.96	2 385.59	9.11	2 899.58	9.11	2 450.57
	25～35	3 333.72	25.26	2 263.21	19.36	3 002.69	17.63	3 649.63	17.63	3 062.31
	35～45	4 264.94	16.20	3 772.75	14.23	3 947.00	33.34	4 797.40	33.34	4 195.52
	45～90	4 975.44	12.34	4 122.66	14.70	5 216.96	26.33	6 340.97	26.33	5 164.01
灌木	0～3	11 106.21	10.12	2 088.51	9.76	2 261.47	11.74	2 747.89	11.74	4 551.02
	3～8	0.00	0.90	2 315.35	1.83	2 497.42	3.24	3 035.50	3.24	1 962.07
	8～15	1 890.12	1.65	2 542.63	2.52	1 372.30	4.98	1 667.97	4.98	1 868.26
	15～25	4 836.26	8.63	2 851.86	4.81	2 535.07	9.51	3 072.46	9.51	3 323.91
	25～35	9 038.01	15.11	3 701.09	10.31	3 257.86	16.62	3 944.83	16.62	4 985.45
	35～45	5 501.98	20.24	4 868.33	20.68	3 623.99	22.04	4 404.79	22.04	4 599.77
	45～90	6 805.16	43.35	6 160.63	50.09	4 604.80	31.87	5 596.92	31.87	5 791.88

续表 4-7

土地类型	坡度(°)	1984 年		1996 年		2006 年		2009 年		总平均
		侵蚀模数[t/(km²·年)]	面积(%)	侵蚀模数[t/(km²·年)]	面积(%)	侵蚀模数[t/(km²·年)]	面积(%)	侵蚀模数[t/(km²·年)]	面积(%)	侵蚀模数[t/(km²·年)]
幼林地	0～3	1 983.32	12.58	3 392.93	9.60	0.00	0.00	0.00	0.00	1 344.06
	3～8	4 071.22	3.52	1 428.74	2.64	0.00	0.00	0.00	0.00	1 374.99
	8～15	6 998.57	5.76	1 806.04	3.96	0.00	0.00	0.00	0.00	2 201.15
	15～25	4 465.59	10.08	3 353.51	4.83	0.00	0.00	0.00	0.00	1 954.77
	25～35	6 420.33	18.77	3 251.37	11.44	0.00	0.00	0.00	0.00	2 417.93
	35～45	8 141.00	28.52	4 022.78	18.68	0.00	0.00	0.00	0.00	3 040.94
	45～90	8 808.66	20.76	6 312.88	48.86	0.00	0.00	0.00	0.00	3 780.38

表 4-8　不同坡度等级下各土地利用类型的土壤侵蚀量排序

t/(km²·年)

坡度 0°～3°	林地	坝地	幼林地	果园	灌木	梯田	荒地	居住地	草地	坡耕地
侵蚀模数	467.64	563.37	1 344.06	2 876.55	4 551.02	6 874.24	7 410.77	8 489.54	8 500.11	16 984.30
坡度 3°～8°	林地	坝地	幼林地	灌木	果园	居住地	梯田	草地	荒地	坡耕地
侵蚀模数	381.05	776.06	1 374.99	1 962.07	2 362.63	5 058.97	5 564.71	7 636.69	10 259.40	14 860.34

续表 4-8

坡度 8°～15°	林地	坝地	果园	灌木	幼林地	梯田	草地	居住地	荒地	坡耕地
侵蚀模数	475.31	996.10	1 535.09	1 868.26	2 201.15	6 217.08	8 020.16	8 147.92	14 489.97	18 395.17
坡度 15°～25°	林地	坝地	幼林地	果园	灌木	梯田	草地	居住地	坡耕地	荒地
侵蚀模数	352.99	1 437.27	1 954.77	2 450.57	3 323.91	7 552.13	8 795.53	10 622.52	19 720.17	20 148.17
坡度 25°～35°	林地	坝地	幼林地	果园	灌木	梯田	草地	居住地	荒地	坡耕地
侵蚀模数	1 139.94	2 215.23	2 417.93	3 062.31	4 985.45	10 243.33	11 037.27	13 856.88	25 087.88	25 325.13
坡度 35°～45°	林地	坝地	幼林地	果园	灌木	梯田	草地	居住地	荒地	坡耕地
侵蚀模数	641.58	2 871.82	3 040.94	4 195.52	4 599.77	13 826.32	14 976.59	17 732.84	30 867.13	35 887.34
坡度 45°～90°	林地	幼林地	果园	坝地	灌木	草地	梯田	居住地	荒地	坡耕地
侵蚀模数	1 136.92	3 780.38	5 164.01	5 574.99	5 791.88	16 116.49	16 961.55	23 428.38	31 448.38	32 576.40

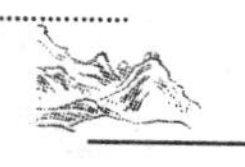

梯田在1984—2009年间，主要都分布在0°～3°和8°～45°之间的地区，期间在1996年梯田发展到了45°～90°的陡坡上，但随后又主要在原坡度处分布。从侵蚀量排序表中可以看出，在大部分的坡度等级上，梯田的水土保持功能可以达到中等水平并优于草地，是能够保持水土同时还能产生经济效益的一种较好的土地利用类型，因此梯田的增加和在较陡坡面上的分布有助于水土保持功能与经济效益的共同发挥。但是当坡面太陡时，可行性随着工程资金的投入和施工难度的增加而降低。

荒地在25年间都主要分布在0°～3°和25°以上的陡坡难利用地上，总量大幅度减少，总体分布没有明显的变化。从侵蚀量排序表中可以看出，荒地的水土保持功能很差，是产生侵蚀的主要土地利用类型之一，尤其在粗放管理过程中容易在陡坡上大量分布，对水土保持功能造成消极的影响。因此，对荒地的管理是防止水土流失的重要环节。

坝地的分布发生了明显的变化。1984年和1996年时，坝地以0°～3°和15°～90°为主，而2006年后坝地所在的坡度逐步降低，到2009年，一半左右的坝地都处于0°～3°之间，少部分分布在15°～35°之间。从侵蚀量排序表中可以看出，除大于45°的陡坡外，坝地在各个坡度等级下都具有很好的水土保持功能，仅次于林地，但是由于坝地的产生和淤积都与河道、地形等密切相关，并且不容易短时间内产生较大的变动，因此位置和面积相对固定。

居住地的空间分布没有显著的变化。多年来居住地都主要分布在15°～45°之间的地形上，虽然在1996年期间，45°～90°的区域有少量分布，但15°～45°仍是居住地分布较多的区域。更改居住地成本较高，一旦形成变动性就很小。居住用地在陡坡地有所分布，主要与当地的民俗有关，陕北地区的农村住房多为窑洞，尤其在延安，窑洞为农村最为常见的建筑，黄土高原的土崖畔上，正是开掘洞窟的天然地形。土窑洞省工省力，冬暖夏凉，十分适宜居住生活。但是居住地的水土保持功能较差，缺少植被的场院容易发生水土流失。

果园的分布发生了较为明显的变化，有逐步向陡坡迁移的趋势。1984年果园主要分布在0°～3°(面积为13.4%)和25°～45°(面积为63.2%)之间；而2006年和2009年的数据显示，果园主要分布在25°～90°之间(面积为77.2%)，从侵蚀量排序表中可以看出，果园的水土保持功能很好，同时又能创造很高的经济价值，因此是一种保障经济发展的重要农业手段和保障水土保持功能的生态手段。果园向陡坡迁移的趋势，对保持水土起到积极的作用。

灌木的地形分布变化基本不大，主要在0°～3°，25°～90°之间生长较多。灌木的水土保持效果较好，而且是适合生长在黄土高原半干旱气候的本地物种。由于全球气候变暖，林地有向灌木演替的趋势，因此灌木面积的扩大和在陡坡的大面积分布对提高该地区的水土保持功能起到重要的作用。

幼林地主要分布在0°～3°、15°～90°之间，水土保持效果强于果树，也是一种能够产生一定的经济效益，并具有很好的水土保持功能的土地利用类型。但是幼林地的发展方向是林地，如果大面积发展林地，有可能加重当地的土壤干层等生态问题，因此在种植幼林地的时候需要经过充分的调研。

（五）小结

研究主要基于USLE模型，通过考察土壤侵蚀量进而评价了小流域水土保持功能状况。1984—2009年，羊圈沟小流域的水土保持功能得到了显著提升，平均土壤侵蚀量从1984年的21 943.56 t/(km^2·年)，下降到2009年的8 292.47 t/(km^2·年)。同时水土保持功能空间分布结构发生了很大变化。原来侵蚀程度较轻的区域只存在于坡度较缓的沟道中，位于坡上的侵蚀通常很剧烈；到2009年时，程度较轻的侵蚀类型分布在整个区域，剧烈侵蚀的范围仅存在于地形很陡的地区。25年来，侵蚀等级结构发生了很大的变化，1984年土壤侵蚀主要以剧烈侵蚀为主，面积占到49.0%，2009年以微度侵蚀为主，面积占39.2%。羊圈沟小流域的土壤侵蚀得到了有效的控制，土壤侵蚀级别下降，水土保持功能得到改观。

从1984年到2009年期间羊圈沟小流域土地利用格局发生了巨大变化。水土流失综合治理使坡耕地变化最为明显，所占面积从1984年的28.8%下降到1996年的17.7%，再降到2006年的3.8%、2009年的0.8%。果园下降幅度也比较大，从1984年的3.6%下降到2009年的0.5%。坡耕地主要转变为灌木、林地和草地，也有部分进行撂荒。流域内林地和灌木增幅较大，林地由1984年的1.5%增加到2009年的32.1%；灌木由1984年的0.2%增加到2009年的25.3%。

不同土地利用类型下水土保持功能差别很大，由大到小排列的次序为：林地＞坝地＞果园＞灌木＞幼林地＞梯田＞草地＞居住地＞坡耕地＞荒草地。林地的水土保持功能最好，仅为768.07 t/(km^2·年)，属于轻度侵蚀；荒地的水土保持功能最差，达到26 568.39 t/(km^2·年)，属于剧烈侵蚀。从1984年到2009年，羊圈沟小流域土地利用方式由单一化向多元化转变，林、灌、草有了一定发展，流域内土地利用结构趋于合理，土地利用强度进一步降低，而这种变化驱动当地的水土保持功能发生转变，使得流域生态环境得到进一步改善，是水土保持功能提高的重要原因之一。

第五章　黄土丘陵沟壑区植被恢复对土壤碳释放的影响

土壤作为一个巨大的碳库，是大气 CO_2 重要的源或汇。全球陆地生态系统通过土壤呼吸排放的总碳量约为 76.5 PgC/年，比全球陆地净初级生产力的量还要高 30～60 PgC/年（Raich 和 Potter，1995），因而土壤碳库即使发生较小的变化也会导致大气 CO_2 浓度明显的改变（曹裕松等，2004），由此可见，研究土壤呼吸对于探讨全球变化及其影响都具有十分重要的意义。

土壤呼吸是指土壤释放 CO_2 的过程，主要包括土壤微生物、植物根系以及土壤动物呼吸和土壤中含碳物质化学氧化过程（Hanson 等，2000；马秀梅等，2004），其中土壤微生物呼吸和植物根系呼吸所排放的二氧化碳占土壤呼吸总量的绝大部分，因而土壤呼吸还常常被作为土壤生物活性（Fu 等，2002）和土壤肥力以及透气性的指标（Neilson 和 Pepper，1990）。土壤呼吸不仅受土壤温度、土壤含水量、降水、凋落物，以及土壤 C、N 含量等非生物因子的影响，而且受植被类型和盖度的影响。不同的植被下，温度、湿度、土壤有机质含量、凋落物的质量和储量、根系的密度和分布深度不同，这些都会对土壤呼吸产生不同的影响（张东秋等，2005）。了解土壤呼吸与影响因子之间的关系，能够为估计和预测陆地生态系统土壤呼吸的变化奠定基础，能为探索陆地生态系统在碳循环方面的源－汇功能提供有力证据（陈全胜等，2003；Buchmann，2000）。

目前，在全球气候变化背景下，土壤 CO_2 释放是陆地生态系统碳循环研究的核心内容之一。虽然我国相应的研究开展得比较晚，但在近年来已引起了足够的重视，相继进行了不同区域以及不同生态系统方面的研究，然而这些工作主要集中在热带、亚热带和温带森林（吴仲民等，1997；易志刚等，2003；刘绍辉等，1993）、典型草原（崔晓勇等，2002）以及荒漠植被（张丽华等，2007；黄湘等，2007）等自然生态系统土壤呼吸规律的探讨。与自然状态下相比较，人类活动对土壤 CO_2 释放的影响非常严重，尤其是在我国，大量的人工林建设，不仅改变了原有的下垫面状况，同时也对生态系统的碳循环产生了一定的影响，因此，为了全面评价我国人工林的固碳潜力，有必要对人工林建设过程中土壤 CO_2 的释放进行研究。本章节主要针对样地尺度和坡面尺度上不同的恢复植被对土壤 CO_2 释放的影响进行探讨。

一、样地尺度不同植被恢复物种对土壤 CO_2 释放的影响

（一）研究方法

1. 样地概况

在羊圈沟小流域内，选择同一坡向，同一坡位恢复年限的为 5 年的杏树（*Prunus armeniaca*）、沙棘（*Hippophae reamnoides*）和刺槐（*Robinia pseudoacacia*）三种人工林为研究对象，划分三块样地，样地的基本特征为经纬度 36°42′07N，109°31′24E，海拔 1 143 m，坡向东偏南 20°，坡度为 30°。样地面积约 200 m^2，林下草本主要有茵陈蒿（*Artemisia capillaris*）、太阳花（*Portulaca grandiflora*）、紫花地丁（*Viola philippica*）、长芒草（*Stipa bungeana*）等。

2. 土壤样品的采集及分析

于 2007 年 8 月、2007 年 10 月及 2008 年 5 月用直径为 3.5 cm 的土钻在每个样地采集 0～10 cm 的三个混合土样，一部分风干用于土壤理化性质的测定，一部分 4℃保存用于土壤微生物量的测定。另外在每个样地用环刀法采集三个土样用于测定土壤容重。具体的测定方法为：土壤有机碳用重铬酸钾氧化外加热法；全氮用半微量凯式法（鲁如坤，1999）；土壤微生物生物量碳采用氯仿熏蒸—0.5 mol/L 的 K_2SO_4 浸提法，用 0.5 mol/L K_2SO_4 溶液浸提氯仿熏蒸和未熏蒸土壤中的可溶性碳，土液比为 1∶4，浸提溶液中的有机碳采用 UV-Persuate 全自动有机碳分析仪（Tekmar-Dohrmann Co. USA）测定，换算系数 kc＝0.45（Wu 等，1990）。

3. 土壤 CO_2 释放的测定方法

采用动态箱式法测定土壤 CO_2 释放（LI-8100 红外分析仪及 10 cm 短期监测气室；LI-COR Biosciences，Lincoln，Nebraska）。于 2007 年 8 月（夏季）、2007 年 10 月（秋季）及 2008 年 5 月（春季）对三个样地土壤 CO_2 释放进行测定。在测定的前一天，将 7 个 PVC 垫圈埋入样地较为平坦的地段，随机分布，去除地表的草本和

凋落物。于第二天上午 9:00 至下午 5:00 监测土壤 CO_2 释放的日变化,分析时采用 7 个样点的平均值。

测定土壤 CO_2 释放的同时,测定 0～5 cm 深度内的土壤温度(LI-8100TC,LI-COR Inc,Nebraska,USA,±1.5℃,0～5℃)、土壤体积水分含量(ML2X,England,±0.01%,0～40℃;±0.02%,40～70℃)以及地表附近(地上 5 cm)的空气温湿度(Testo-615,Germany,±0.5℃)。

4.数据分析方法

采用 Excel 2003 和 SPSS 软件进行数据处理和统计分析,采用单因素方差分析(one-way ANOVA)和最小显著差异法(LSD)比较不同数据组间的差异,用 Pearson 相关系数评价不同因子间的相关关系,采用非线性回归法拟合和检验回归方程。

(二)不同人工林土壤 CO_2 释放速率的日变化及季节变化

杏树、沙棘和刺槐三种人工林土壤 CO_2 释放速率在春季和夏季具有相似的日变化趋势(图 5-1),夏季和春季白天的最高值出现在上午 10:00 左右,除刺槐林和 5 月的沙棘林在午后出现另一个峰值外,土壤 CO_2 释放速率的值从 10:00 后便呈现递减的趋势。秋季的日变化趋势与春季和夏季不同,土壤 CO_2 释放速率最高值推迟出现在 12 点到 14 点之间的中午时分,夏季和春季太阳辐射强,温度较高,土壤水分较低,土壤水分抑止了土壤呼吸随温度升高而升高的趋势,到了秋季,温度降低,水分的蒸发减少,土壤 CO_2 释放的日变化趋势与温度变化趋势趋于一致。如图 5-2 所示,三种人工林相比较,三个季节杏树林全天的土壤 CO_2 平均释放速率均低于沙棘林和刺槐林,其中 8 月份和 5 月份刺槐林的土壤 CO_2 释放速率最高,10 月份沙棘林最高,但方差分析显示,三种人工林之间除 5 月份差异显著外其他 2 个月份差异均未达到显著水平($P>0.05$)。三种人工林存在相似的季节变化趋势,均表现为夏季>春季>秋季,三个月份间差异均达到显著水平($P<0.05$)。

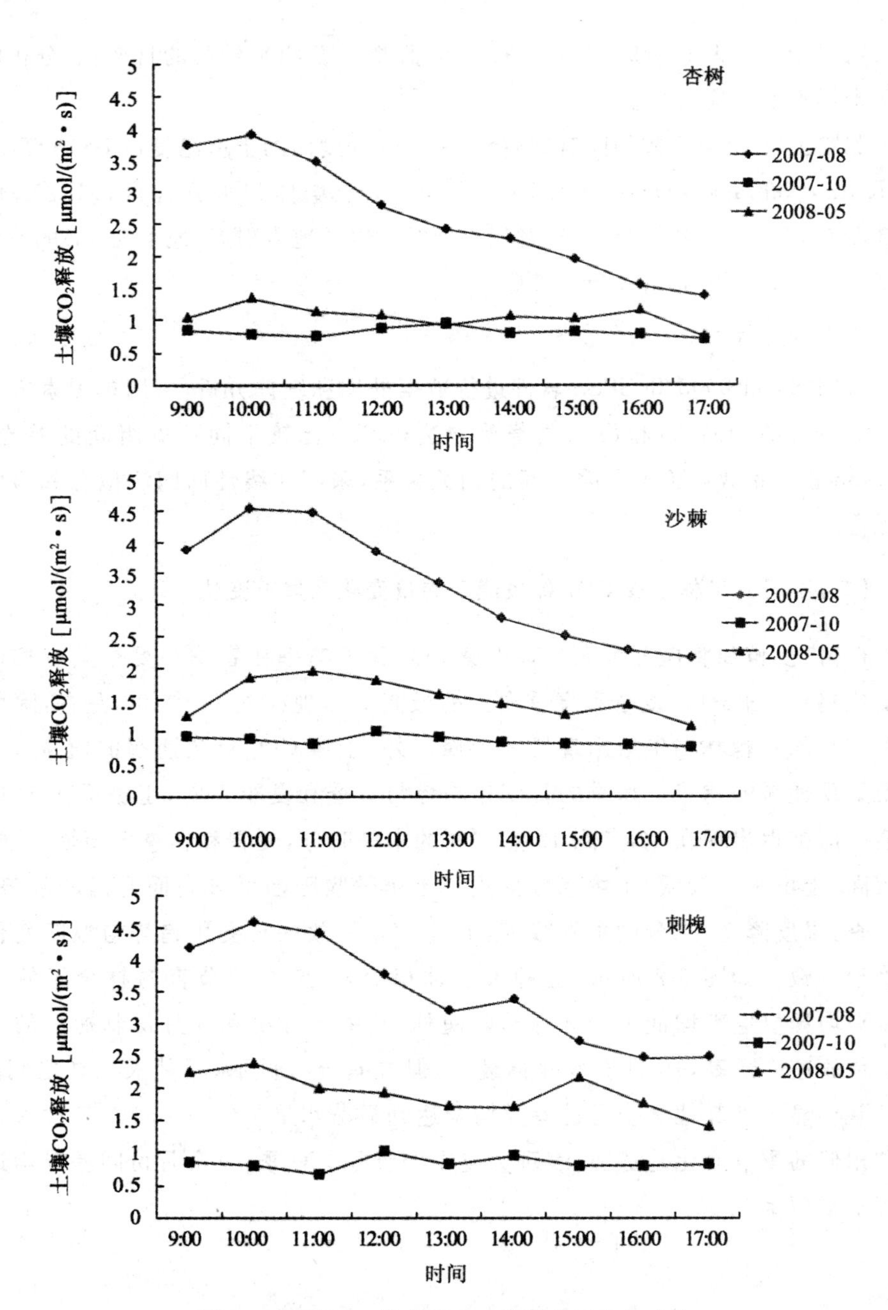

图 5-1　不同人工林土壤 CO_2 释放的日变化动态

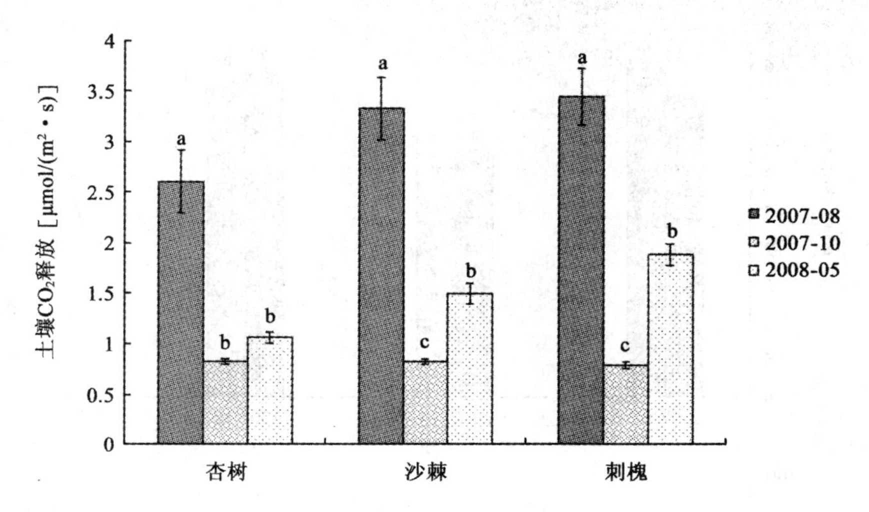

图 5-2　不同人工林土壤 CO_2 释放的季节变化

图中小写字母不同代表不同月份之间的差异显著($P<0.05$)。

(三)不同人工林土壤基础理化性质及土壤微生物生物量的变化

如表 5-1 所示,沙棘林具有相对较高的土壤全氮和容重,但三种人工林之间未有显著性差异。pH 的大小顺序为杏树林＞沙棘林＞刺槐林。土壤有机碳和微生物生物量碳均存在明显的季节性变化(图 5-3),但季节性变化趋势不同,有机碳 8 月份和 5 月份高于 10 月份,但在不同的月份三种人工林间均无显著性差异($P>0.05$),微生物生物量碳 10 月份最高,且在 8 月份和 10 月份三种人工林间差异性显著($P<0.05$)。

表 5-1　不同人工林的土壤理化性质

林型	全氮(g/kg)	容重(g/cm³)	pH
杏树林	0.45±0.005 A	1.14±0.020 A	8.47±0.028 A
沙棘林	0.45±0.006 A	1.21±0.019 A	8.43±0.035 A
刺槐林	0.43±0.010 A	1.18±0.055 A	8.39±0.006 A

表中同一列数据后不同大写字母代表相同年份不同的人工林之间的差异显著($P<0.05$)。

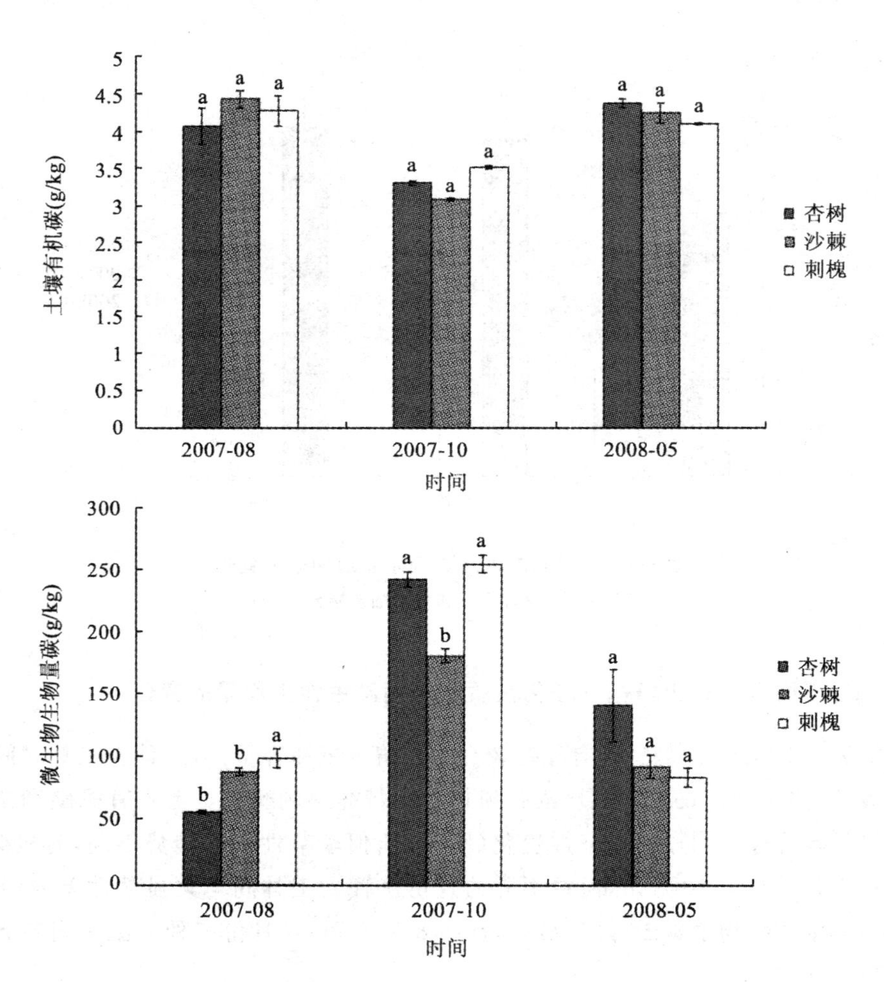

图 5-3　不同人工林有机碳及微生物生物量碳的变化

图中小写字母不同代表在 $P<0.05$ 水平上差异显著。

(四)不同人工林环境因子的变化特征

三种人工林土壤温度在不同的月份日变化趋势较为相似,8 月份的土壤温度最高值出现在 12 点左右,10 月份和 5 月份土壤温度的日变化曲线的峰值出现在中午 2 点钟左右,总体来说土壤温度的季节变化明显,表现为 8 月份最高,变化范围为 25～40℃,5 月份其次,变化范围为 15～25℃,10 月份最低,在 10～15℃之间

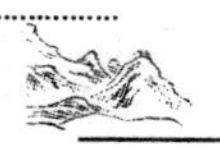

变化，三种人工林相比，杏树林和沙棘林的土壤温度稍高于刺槐林。三种人工林土壤水分10月份最高，5月份最低，从日变化趋势来看8月份土壤水分呈递减趋势，而其他2个月份变化幅度较小，表现相对平稳。在水分含量相对较高的8月和10月，刺槐林的土壤含水量高于沙棘林和杏树林，而在干旱的5月，沙棘林的水分则相对较高(图5-4)。空气温度8月份>5月份>10月份，空气湿度则为10月份>8月份>5月份，空气温度在中午及午后相对较高，而空气湿度在上午及傍晚相对较高(图5-5)。

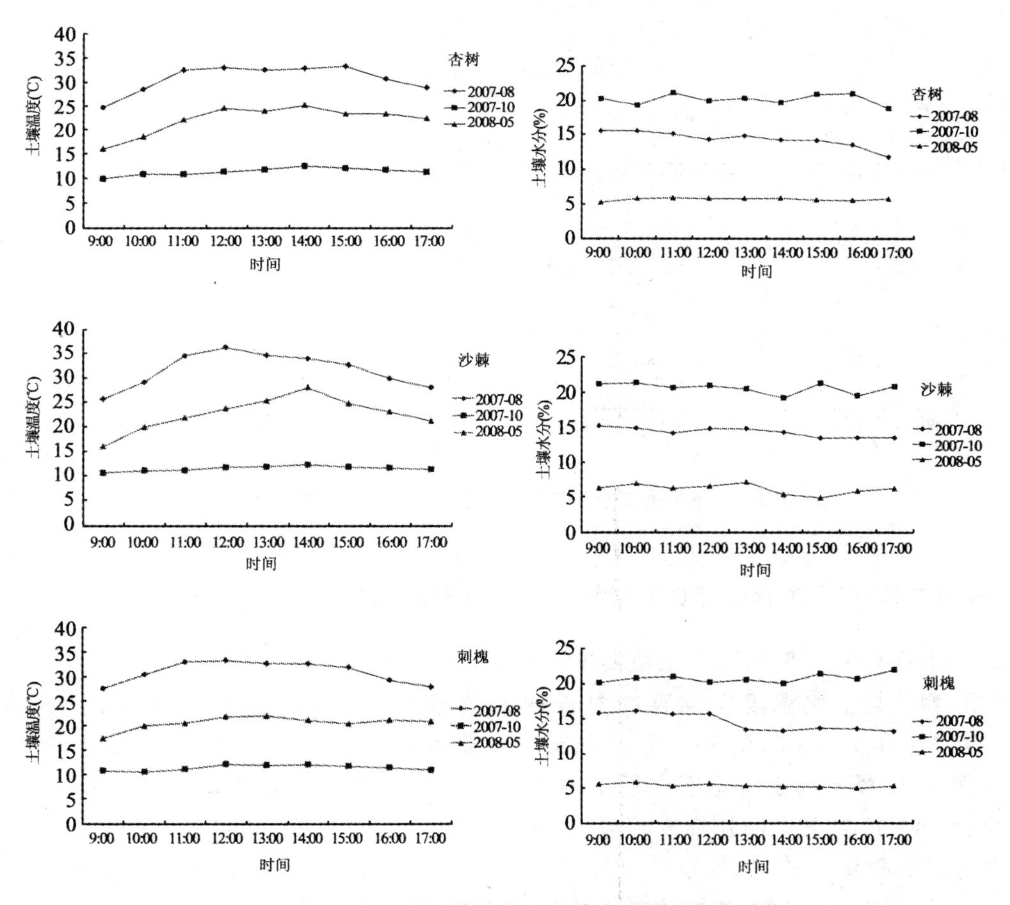

图 5-4 不同人工林土壤温度和土壤水分的日变化动态

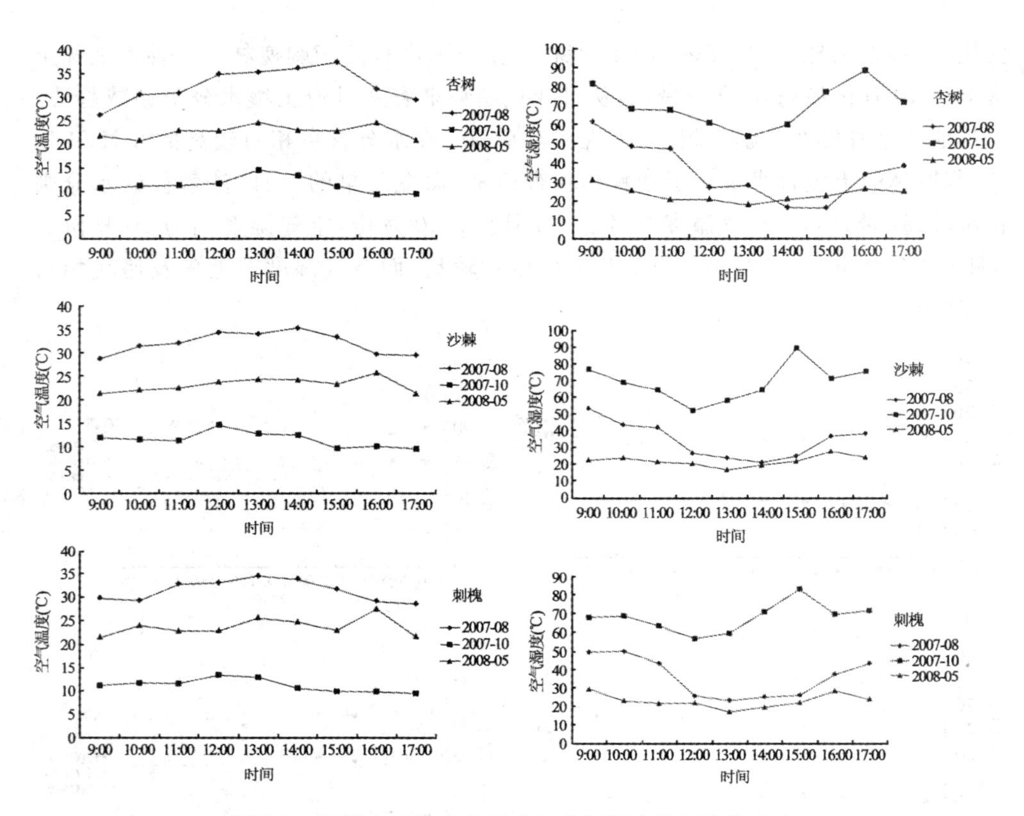

图 5-5　不同人工林空气温度和空气湿度的日变化动态

(五)不同人工林土壤 CO_2 释放与影响因子之间的关系

土壤 CO_2 释放速率与土壤温度进行回归分析后发现,三种不同人工林土壤 CO_2 释放与土壤温度间均存在显著的指数回归关系,R^2 值分别为 0.581 6、0.782 8 及 0.793 5,全年来看,土壤温度对土壤呼吸的变化具有很高的贡献率。土壤 CO_2 释放与土壤温度进行指数拟合后计算温度敏感系数 Q_{10} 值($R=\alpha e^{\beta T}$,$Q_{10}=e^{10\beta}$,R 为土壤 CO_2 释放,T 为土壤温度,α 及 β 是常数)。杏树、沙棘和刺槐三种人工林整体来看 Q_{10} 值分别为 1.54、1.78 及 1.91,刺槐林对温度的敏感性稍高,但从不同的月份来看,杏树林在 8 月份,沙棘林在 10 月份及三种人工林在 5 月份随着温度的升高土壤 CO_2 释放并没有显著增长(图 5-6)。

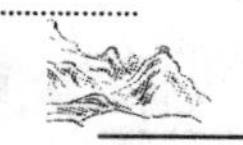

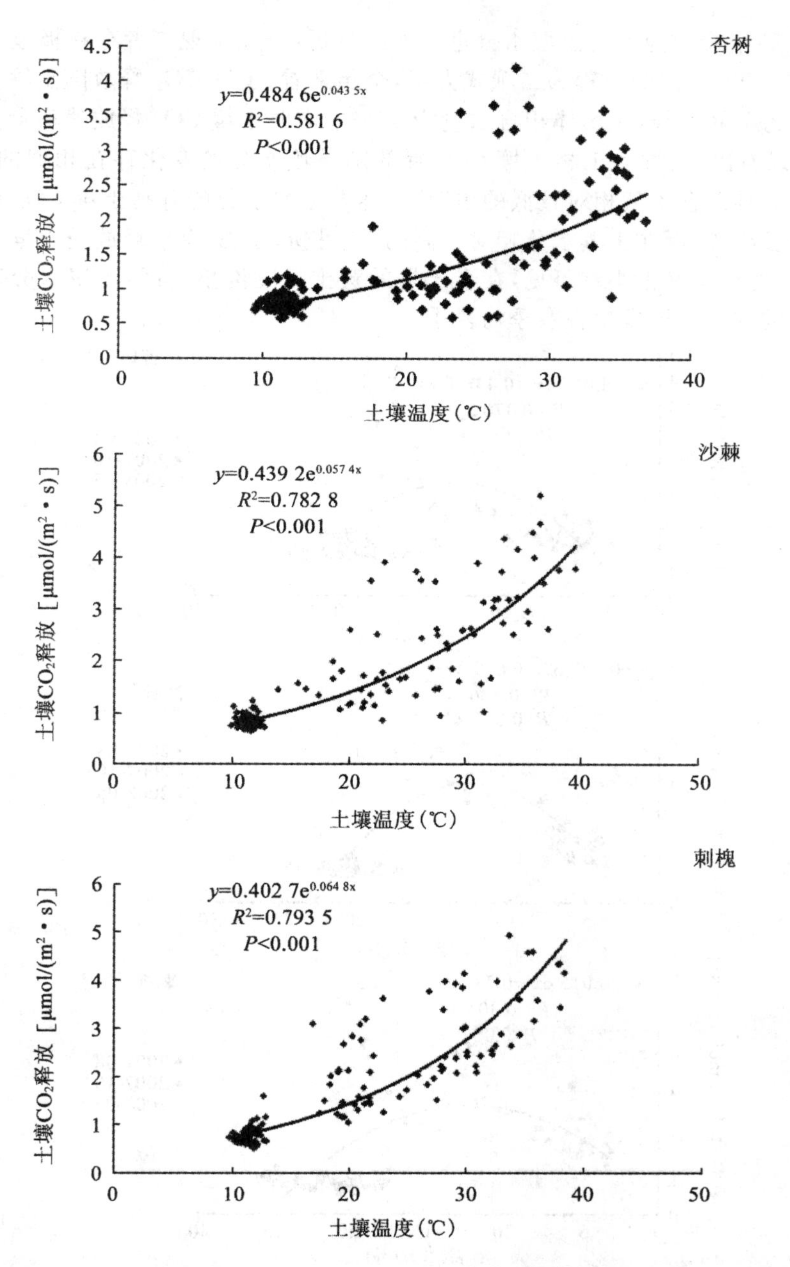

图 5-6　不同人工林土壤 CO_2 释放与土壤温度之间的关系

土壤 CO_2 释放速率与土壤水分进行回归分析，研究发现二者存在极显著相关关系（$P<0.001$），回归方程为二项式方程，全年来看，土壤 CO_2 释放随土壤水分的变化曲线为单峰曲线，土壤体积含水量为15%左右时土壤 CO_2 释放速率最高。由图 5-7 可以看出，三种人工林土壤 CO_2 释放随土壤水分的变化存在相似的趋势，在 5 月和 8 月份含水量相对较低的情况下，随着土壤水分的升高土壤 CO_2 释放速率呈现增长趋势，而在土壤水分相对较高的 10 月份，土壤 CO_2 释放受土壤水分的影响较小，变化幅度很小。可见，在半干旱的黄土丘陵沟壑地区，土壤水分对土壤 CO_2 释放的抑止主要发生在春季与夏季。

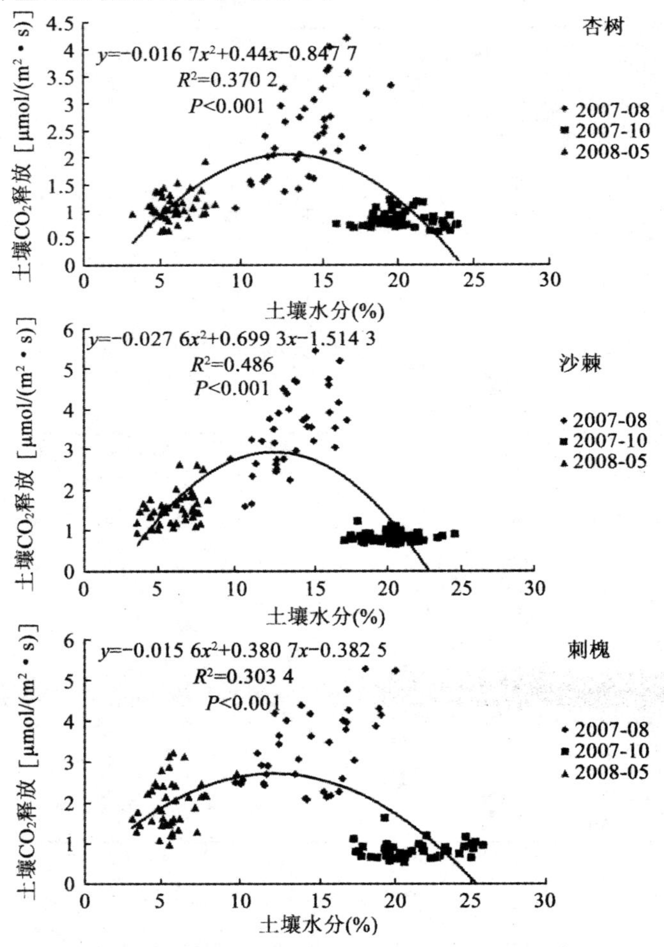

图 5-7 不同人工林土壤 CO_2 释放与土壤水分之间的关系

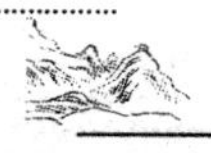

利用三种人工林不同月份土壤 CO_2 日平均释放速率，计算出人工林下土壤的日碳通量，日碳通量(gC/m²)＝日平均释放速率[μmol/(m²·s)]×24×3 600(s)×10^{-6}×12 (g/mol)。将日碳通量与有机碳及微生物生物量碳进行回归分析，如图 5-8 所示，日碳通量与有机碳和微生物生物量碳都存在显著的回归关系，但随着有机碳的升高，土壤日碳通量显著升高，随着土壤微生物生物量碳的增加，土壤日碳通量却呈现递减的趋势。

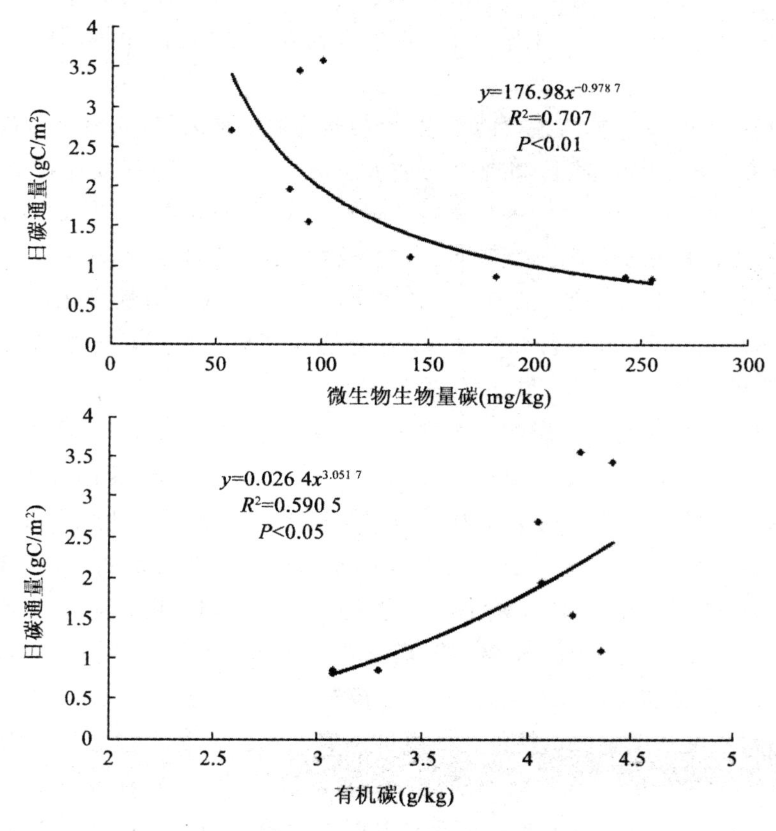

图 5-8　土壤日碳通量与土壤有机碳及微生物生物量碳之间的关系

(六)讨论

黄土丘陵沟壑区人工林的恢复，一方面通过水土流失的减少增加了土壤养分的固着量，另一方面植被通过根系及凋落物为土壤生态系统提供了更多的有机质

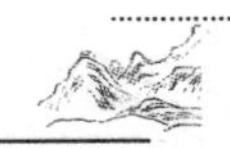

的输入。张景群等(2009)对黄土高原刺槐人工林幼林的固碳效应的研究表明黄土高原营造刺槐人工林与对照荒地相比具有明显的碳吸存效应。戴全厚等(2008)的研究表明侵蚀环境下植被恢复后土壤碳库各组分含量都得到显著改善,有机碳、活性有机碳及非活性有机碳均得到了大幅度提高,总体来讲,混交林比纯林的固碳效果更好。本研究中选择的三种人工林属于恢复初期的幼林,恢复年限较短,林下植被稀少,有机物质的输入量上没有太大差异,另外,三种人工林处于相同的坡位和坡向,水土流失程度相当,因此,在恢复初期,三者之间土壤碳的含量没有差异。

植被是影响土壤呼吸的主要因子之一,虽然在同一区域气候、地貌等差异不是很大,但研究发现,刺槐、沙棘和杏树三种人工林土壤 CO_2 的释放存在显著的差异,刺槐与沙棘高于杏树,这种差异主要出现在干旱季节(5 月)。相关的研究也表明在该区域不同的植被群落土壤呼吸存在显著性差异(李红生等,2008)。但是,由于区域的气候条件相对一致,三种人工林的土壤 CO_2 释放季节性变化规律具有相似性,8 月份显著高于 10 月份和 5 月份,土壤 CO_2 释放存在明显的季节变化与影响土壤呼吸的环境因子的季节性变化关系密切。

土壤温度和土壤水分是影响土壤呼吸的主要环境因子,其中土壤温度能够直接影响气体扩散速率,对土壤 CO_2 释放的影响较其他环境因子更为直接(Schlesinger,1977);土壤水分含量则因其对生态系统代谢具有重要的生理、物理影响效应而成为生态系统水平上影响土壤 CO_2 释放的重要因素之一。对杏树、沙棘和刺槐三种人工林土壤 CO_2 释放规律的研究发现,土壤温度在全年尺度上是土壤 CO_2 释放的主要控制因子,土壤 CO_2 释放与土壤温度的季节性变化相同且回归分析显示土壤温度能够解释全年土壤 CO_2 释放 58%～80%的变异,其中,三种人工林相比,对温度的敏感性刺槐林>沙棘林>杏树林。但是土壤温度作为影响土壤 CO_2 释放的主要因子,在相对干旱的春季和夏季,土壤 CO_2 释放速率的变化与土壤温度的变化并不同步,最高值出现在温度相对较低的 10 点,随着温度的升高土壤 CO_2 并未显著增长,而递减的趋势与土壤水分的日变化趋势则十分相似。继而对土壤 CO_2 释放和土壤水分进行回归分析,研究发现三种人工林下土壤 CO_2 释放和土壤水分间均存在显著相关性,8 月份和 5 月份随着土壤水分的增加土壤 CO_2 释放显著增加,而在水分含量相对较高的 10 月,土壤 CO_2 释放随水分的增加变化幅度较小,这表明在半干旱的黄土丘陵沟壑地区,土壤温度较高,土壤水分相

对较低的季节，土壤水分应该是土壤 CO_2 释放的主要限制因子，过低的土壤水分使得根系或微生物缺乏必需的生存环境，从而产生的 CO_2 量会减少，这也与前人的研究结果相符合(李嵘等,2008)。以往的研究表明当土壤水分含量适中时，温度是土壤呼吸最重要的影响因子；而在干旱的夏季和热带的干季，土壤水分是显著影响土壤 CO_2 释放的因子。温度较高时，水分限制降低了本应随温度上升的土壤 CO_2 释放量，尤其在干旱、半干旱地区，干旱胁迫导致的根系呼吸降低程度在高温地区比低温地区更加明显(Bryla 等,2001)。Conant 等(1998)的研究也表明，对于半干旱生态系统而言，温度影响土壤 CO_2 释放的季节变化，但是在干旱的夏季，较低的土壤水分是其主要限制因子。

微生物的呼吸是土壤呼吸的重要组成部分，微生物是影响土壤 CO_2 释放的重要生物因子，相关研究表明土壤微生物的呼吸在土壤呼吸中占 50%左右，在有些地区可以达到 65%～82%(易志刚等,2003)。本研究中杏树、沙棘和刺槐三种人工林土壤微生物对土壤 CO_2 释放速率也表现出一定影响，微生物生物量碳的含量 8 月份和 10 月份刺槐林高于沙棘林和杏树林，与土壤 CO_2 释放速率的大小关系一致，但是土壤 CO_2 释放与土壤微生物未见相似的季节性变化趋势，且二者的回归关系也表明随着微生物生物量碳的增加，土壤 CO_2 释放量呈降低趋势，这说明土壤微生物的呼吸总量一方面与微生物生物量有关，还与其他方面诸如微生物的生物活性有关，微生物易受环境因素的影响，10 月份微生物的量最高，但 10 月份较低的温度有可能抑止微生物的活性，因此随着微生物生物量的增加土壤呼吸并没有呈现明显的增加趋势。

研究中选择的三种人工林处在相同的坡位和坡向，受侵蚀的影响程度相似，且种植的年限相对较短，土壤的养分含量三种人工林间未见显著差异，总体来讲，土壤 CO_2 释放随着有机碳的增加而增加，这与相关研究中随着有机碳和全氮含量的增加，土壤 CO_2 释放速率呈现增高的趋势(吴雅琼等,2007)相似，但也有一些研究表明土壤 CO_2 释放随着 pH 的增加而增加，随着土壤有机碳的增加却降低(Kemmitt 等,2006)。研究发现三种人工林土壤呼吸高低与容重的变化没有相似的趋势，以往的研究表明，土壤容重用来定性衡量土壤透气性及其孔隙度，土壤容重的增加，降低氧气由空气向土壤中扩散的速率，影响土壤的含氧量，从而降低土壤微生物和土壤酶的活性，抑制土壤呼吸(Bauer 等,2006；Tejada 等,2007)，这说明对于该区域三种植被的土壤 CO_2 释放，容重并不是主要的抑止因子。研究中刺槐林

pH 最低，杏树林最高，而土壤 CO_2 释放则刺槐林最高，当地的土壤偏碱性，过高的 pH 有可能抑止微生物的生长，造成土壤呼吸值较低。

通过对土壤 CO_2 释放各影响因素的研究和分析表明，在黄土丘陵沟壑区，不同人工林土壤 CO_2 释放主要受土壤温度和水分的协同作用，在相对干旱的季节主要是受土壤水分的胁迫，温度作用相对较小，而在土壤水分相对较多的季节，则主要是受土壤温度的影响。此外，土壤微生物对土壤 CO_2 的影响也比较大。

（七）小结

通过对黄土丘陵沟壑区典型人工林杏树、沙棘和刺槐不同季节土壤 CO_2 释放及相关影响因子的监测，研究结论如下：

不同人工林下土壤 CO_2 释放存在差异，总体来看刺槐林最高。土壤 CO_2 释放速率日变化的最高值不同的季节出现时间不同，在土壤水分较低的干旱季节出现在上午 10 点左右，在土壤水分较高的 10 月份出现在中午及午后。土壤 CO_2 释放季节变化敏感，夏季和春季高于秋季。

土壤温度和水分是影响土壤 CO_2 释放的主要环境因子，对于黄土丘陵沟壑区，在干旱的夏季和春季土壤水分是主要抑制因子，在秋季，土壤温度是主要抑制因子，三种人工林相比，刺槐林土壤 CO_2 释放对温度的响应更为敏感。

土壤理化性质的差异和土壤微生物也对 CO_2 释放有着显著的影响，具体的影响机制还有待进一步的探索和分析。

二、坡面尺度不同恢复植被对土壤 CO_2 释放的影响

（一）研究方法

1. 样地概况

在羊圈沟小流域内选择恢复年限为 25 年的刺槐林（F）和撂荒草地（G）两个坡面为研究对象，坡面信息如表 5-2 所示。每个坡面自坡顶到坡趾设置 6 个样地，每个样地间隔 35～45 m，每个样地设置 3 个样方作为重复，样地面积为 200 m^2，样方面积为 25 m^2。

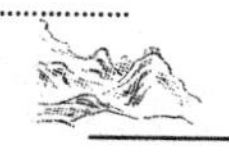

表 5-2　样地特征

样地	海拔(m)	坡度(°)	坡向(°)	经纬度
刺槐林	1155～1 235	9～31	东偏南 40	109°31′E36°42′N
撂荒草地	1 205～1 250	8～22	西偏北 37	109°30′E 36°42′N

2. 土壤 CO_2 释放的监测

于 2007 年 8 月(夏季)、2007 年 10 月(秋季)和 2008 年 5 月(春季)利用 LI-8100 (LI-COR Biosciences, Lincoln, Nebraska)测定土壤 CO_2 的释放。每个样方设置 5 个垫圈,每个样地共计 15 个垫圈,测定前去除地上植被。测定时间为上午 9:00 至下午 5:00,每小时测定一次,样地土壤 CO_2 释放速率采用 15 个点的平均值表示。

测定土壤 CO_2 释放的同时,测定 0～5 cm 深度内的土壤温度(LI-8100TC, LI-COR Inc, Nebraska, USA, ±1.5℃, 0～5℃)、土壤体积水分含量(ML2X, England, ±0.01%, 0～40℃; ±0.02%, 40～70℃)以及地表附近(地上 5 cm)的空气温湿度(Testo-615, Germany, ±0.5℃)。

3. 数据分析方法

采用 SPSS 和 CANOCO 软件进行数据处理和统计分析,采用非线性回归分析土壤 CO_2 释放与土壤温度和水分之间的关系,采用相关分析表述土壤 CO_2 释放与其他影响因子之间的关系。

(二)坡面上不同植被类型下土壤 CO_2 的释放

除了在干旱的春季,两种植被类型下土壤 CO_2 释放的日变化存在相同的规律,均表现为从早上 9:00 到下午 5:00 释放速率递减,在其他的季节,林地和草地土壤 CO_2 释放的日变化存在一定差异。夏季,林地除了 F2 样地碳释放的最大值出现在下午 4 点,其他样地均表现为从早上至下午时间段内递减的趋势,最大值出现在 9:00～11:00。秋季,林地土壤 CO_2 释放日变化基本呈现先增加,在 11:00～13:00 之间达到释放高峰,之后再下降的趋势(图 5-9)。而对于草地生态系统,土壤 CO_2 释放的日变化在夏季和秋季呈现相似的规律,释放速率的最大值出现在 12:00～14:00(图 5-10)。另外,较草地,林地沿坡面不同的样地之间土壤 CO_2 释放的变异更大。

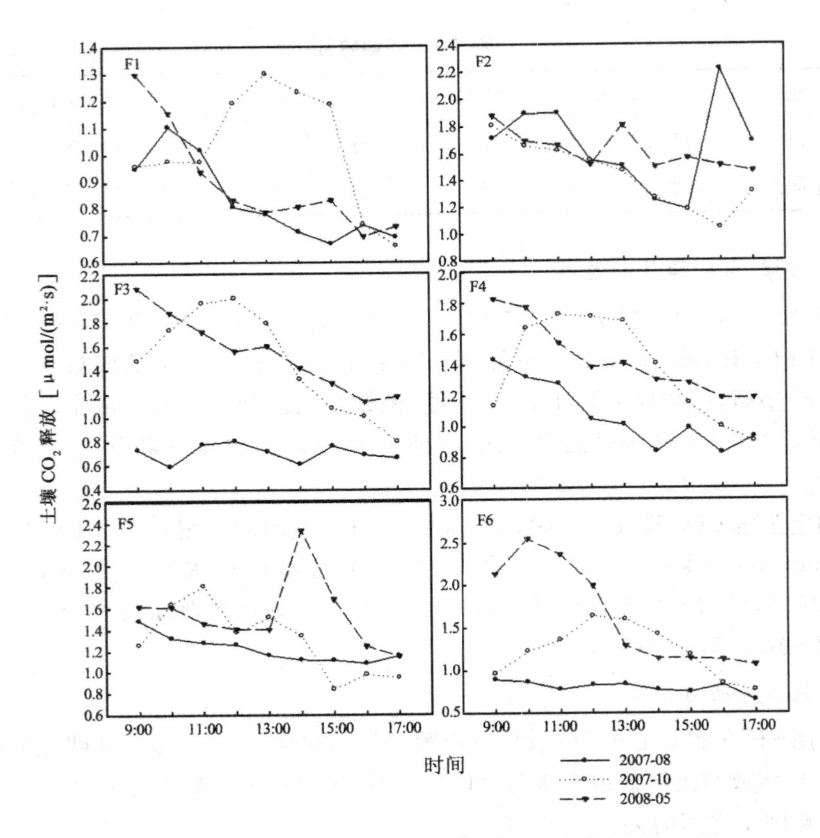

图 5-9　林地土壤 CO_2 释放的日变化

图中 F1～F6 代表林地坡面上自坡顶到坡趾分布的样地。

土壤 CO_2 释放的季节变化如图 5-11 所示，林地土壤碳释放在春季较高，且三个季节之间无太大变异，而草地碳释放的最高值出现在夏季且三个季节间存在较大差异，夏季 CO_2 释放速率约为春季和秋季释放的 3 倍。在坡面尺度上，林地和草地土壤 CO_2 释放的日平均速率分别为 1.27 μmol/(m^2 · s)和 1.39 μmol/(m^2 · s)，但是，草地 CO_2 释放较高主要来源于夏季，在春季和秋季，林地的土壤 CO_2 释放均高于草地。沿着坡面，两种生态系统土壤碳释放均表现为从上坡位至下坡位递减的趋势，但是，在不同的季节，土壤 CO_2 释放沿坡面的变化规律存在差异。夏季，林地表现为上坡位 CO_2 释放较高而中坡位较低，草地则表现为自上坡位到下坡位递增的趋势；春季，林地土壤 CO_2 释放沿坡面呈现单峰曲线的变化规律，而草地在下坡位碳释放较高而中坡位释放较低；秋季，两种植被类型下均表现为中坡位碳释放较高而上坡位碳释放较低。

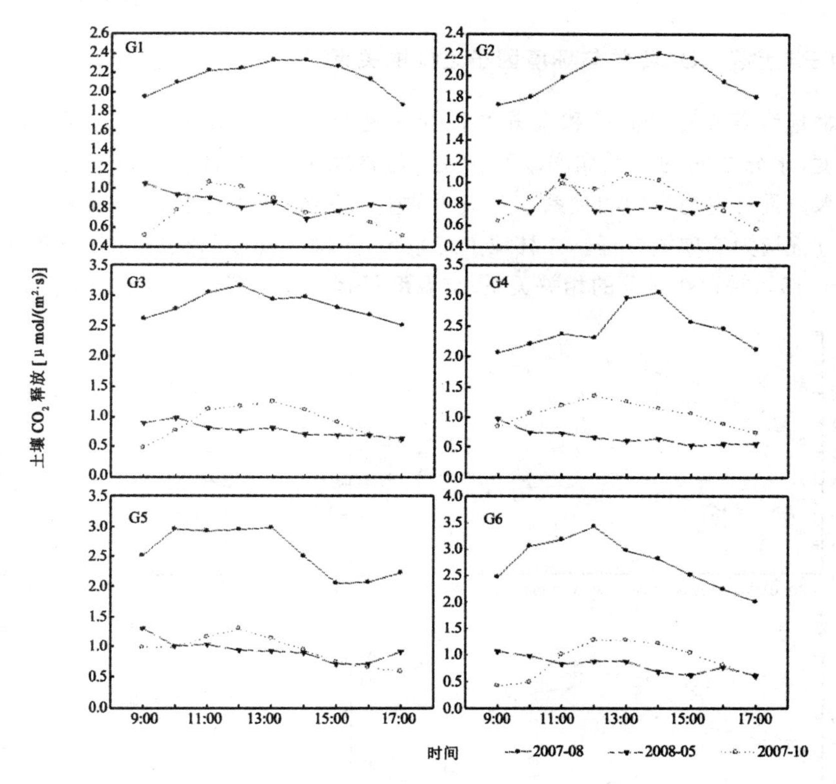

图 5-10　草地土壤 CO_2 释放的日变化

图中 G1～G6 代表草地坡面上自坡顶到坡趾分布的样地。

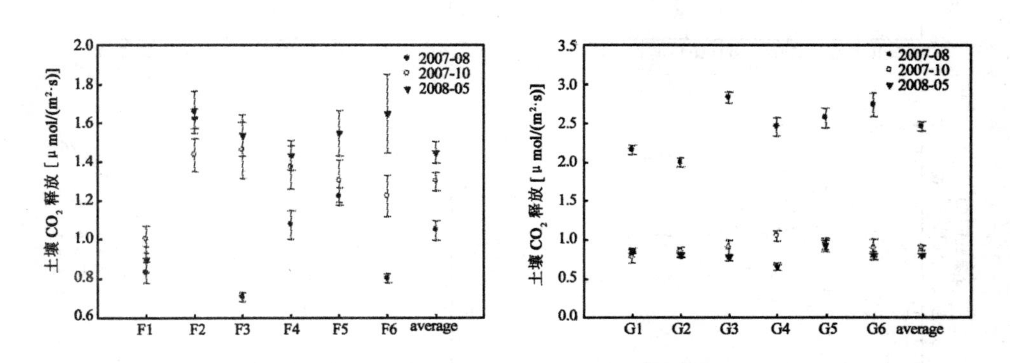

图 5-11　林地和草地土壤 CO_2 释放的季节变化

图中 F1～F6 和 G1～G6 分别代表林地和草地坡面上自坡顶到坡趾分布的样地。

(三)土壤 CO_2 释放与环境因子之间的关系

林地和草地土壤温度和水分的日变化见图 5-12 和图 5-13。土壤碳释放与土壤温度、水分之间的关系如图 5-14 所示，与林地相比，草地土壤 CO_2 释放与土壤温度和水分具有更为密切的关系。对于两种生态系统，土壤碳释放与温度之间的最佳拟和方程均为二项式方程。在林地生态系统，土壤碳释放与土壤水分只有在水分含量大于 15%时存在显著的相关关系，与温度只有在春季存在显著的相关关系。

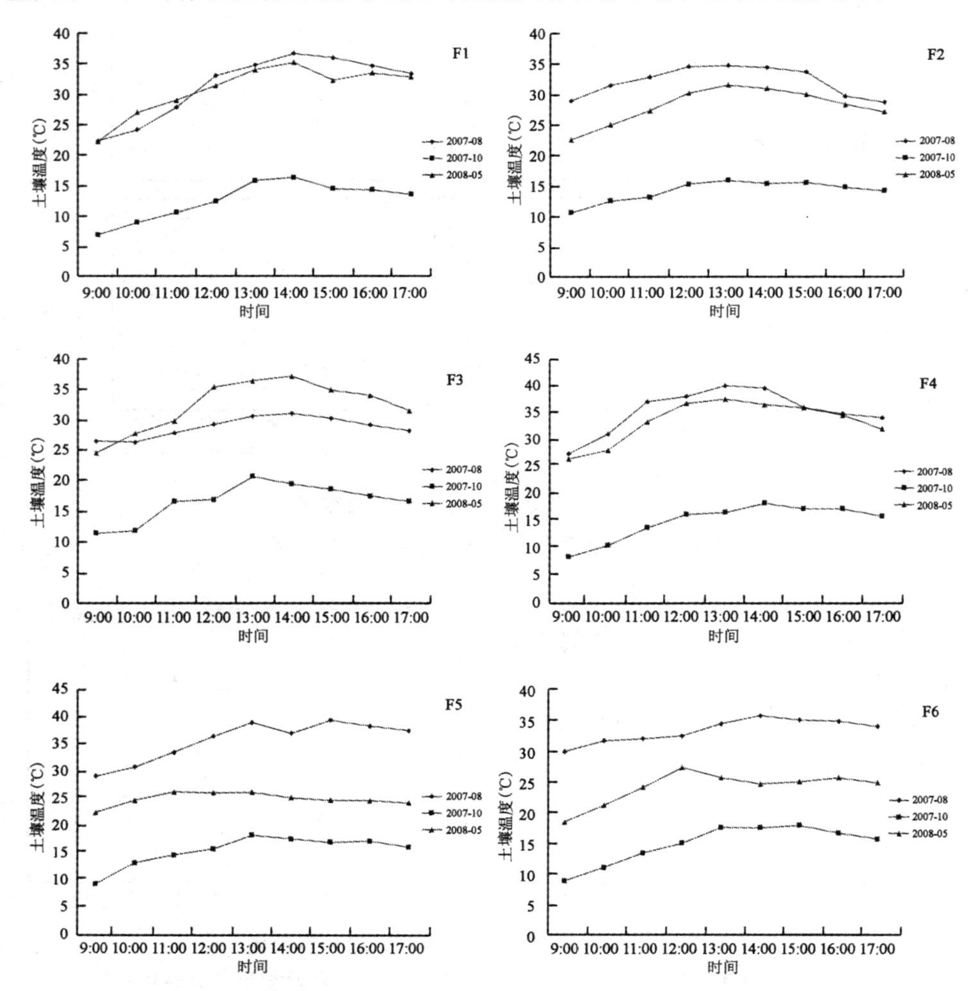

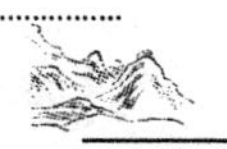

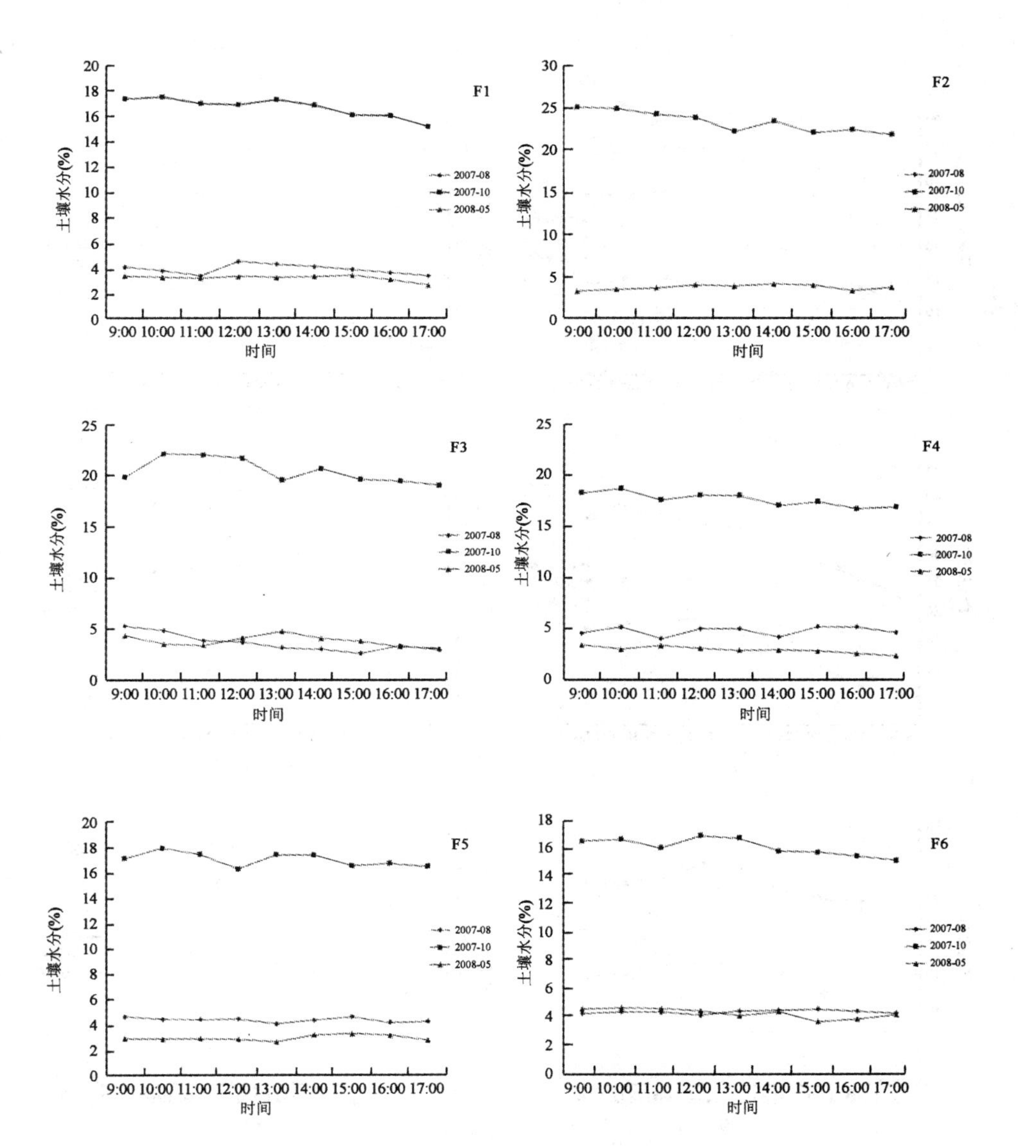

图 5-12　林地土壤温度和土壤水分的变化

图中 F1～F6 代表林地坡面上自坡顶到坡趾分布的样地。

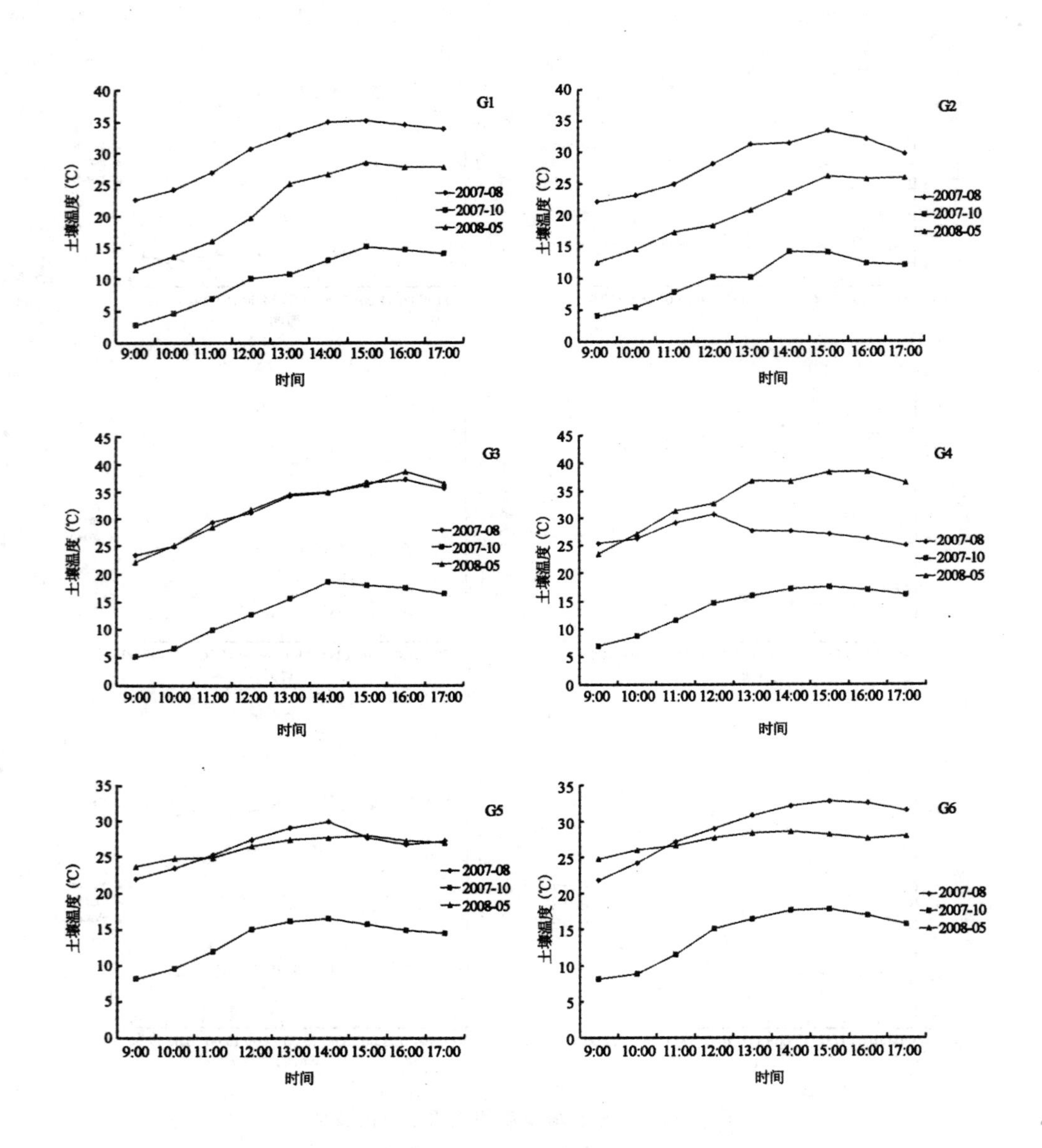
G1
G2
G3
G4
G5
G6
土壤温度（℃）
时间
2007-08
2007-10
2008-05
9:00 10:00 11:00 12:00 13:00 14:00 15:00 16:00 17:00

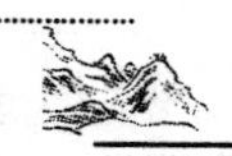

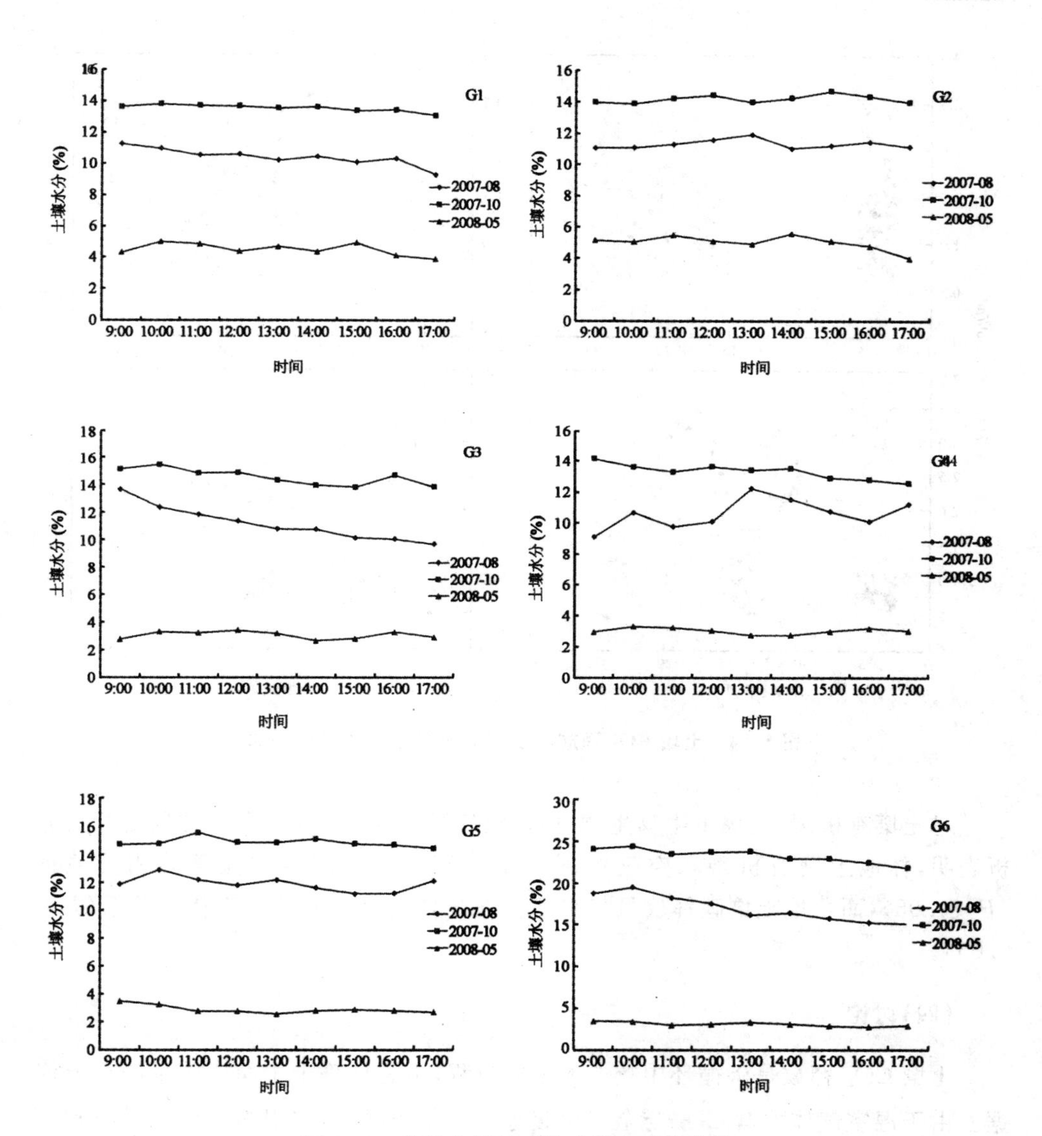

图 5-13　草地土壤温度和土壤水分的变化

图中 G1～G6 代表草地坡面上自坡顶到坡趾分布的样地。

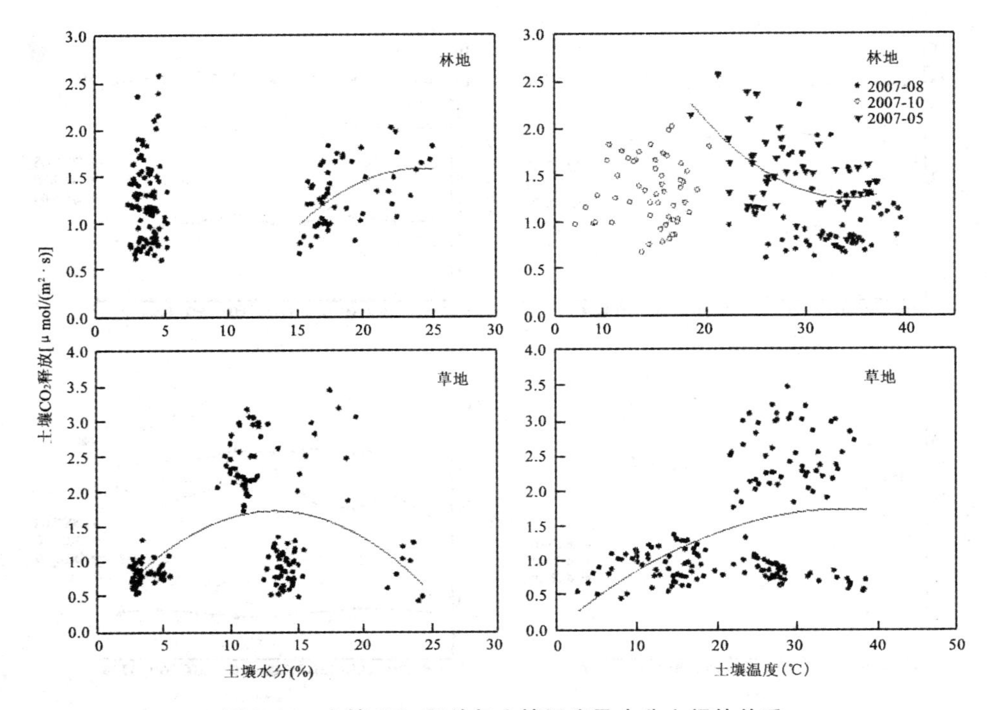

图 5-14　土壤 CO_2 释放与土壤温度及水分之间的关系

对土壤有机碳、土壤微生物生物量碳、空气温湿度与土壤碳释放之间的相关分析表明，林地土壤有机碳和空气湿度与土壤碳释放之间存在显著的相关关系（$P<0.05$），而草地土壤碳释放只与空气温湿度之间存在显著的正相关关系（$P<0.05$）。

（四）讨论

土壤 CO_2 释放是碳循环中重要的中间过程，也是计算土壤净固碳量的重要依据。由于温室气体尤其 CO_2 与全球变暖存在的紧密联系，在很多的生态系统和区域都对土壤碳的释放进行了研究，然而，半干旱地区该方面研究的基础数据还相对贫乏。本研究对黄土高原地区两种植被类型下土壤碳释放的比较不但可以为半干旱地区提供相关的基础数据，同时也为退耕还林还草后土壤固碳量的评估提供依据。对于土地利用的改变退耕还林可以显著减少大气中 CO_2 的量已经成为大家的共识（IPCC，2000；Vesterdal 等，2002）。刺槐林地和草地是黄土高原地区退耕

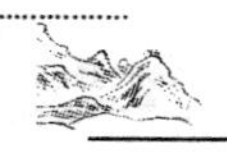

还林还草政策的实施过程中两种主要的土地利用方式，对于该区域不同植被类型下土壤 CO_2 释放的研究表明，不同植被类型土壤碳释放之间存在差异（李红生等，2008），本研究的结果表明草地土壤碳的释放高于林地的。Corre 等（2002）的研究指出下坡位由于排水不畅与上坡位相比一般具有更高的土壤呼吸。黄土高原地区不同的坡位上土壤呼吸也存在显著的差异（李嵘等，2008）。本研究中发现土壤碳释放沿坡面不同的变化规律不但存在于不同的植被，同时还存在于不同的季节。

土壤呼吸包括根系呼吸、土壤微生物呼吸及土壤动物呼吸，易受植被和其他环境因子的影响。本研究中草地 CO_2 释放与林地相比具有更为显著的季节变异，草地高的碳释放出现在夏季而林地出现在春季。Davidson 等（2000）研究报告中指出草地在湿润的季节生长力比较旺盛而在干旱的季节生长受限因此土壤呼吸季节间具有较大的变异，而林地根系较深，在干旱的季节保持了较为平稳的土壤碳释放量。本研究区草本植物多为一年生植物，在夏季生长旺盛，而草地的微生物生物量低于林地，因此夏季草地根系的旺盛生长应该是导致夏季草地高的土壤碳释放的主要原因。微生物呼吸是土壤呼吸的重要组成部分，尤其在干旱地区微生物呼吸所占的比例相对更为突出，林地春季高的微生物生物量应该是春季较高土壤碳释放的重要原因。

环境因子、土壤理化性质及生物学性质对土壤 CO_2 释放有着显著的影响。前人的研究表明温度、土壤水分以及营养基质的性质比植被因子对土壤呼吸的影响更为显著（Raich and Tufekcioglu，2000）。土壤温度和水分是导致土壤时间变异的主要因子。通常来讲，温度的升高会增加土壤 CO_2 的释放，且温度增长与 CO_2 释放之间存在指数关系（Lloyd，Taylor，1994；Wu 等，2006）。然而，在本研究中，土壤碳释放与温度之间未见显著的指数关系。草地生态系统碳的释放与温度之间的最佳拟合方程为二项式方程，而林地只有在春季土壤碳释放与温度之间存在显著的相关关系。对干旱区华盛顿州的研究中指出，温度对土壤 CO_2 释放只有在水分相对充足能够满足根系和微生物的生长时存在显著的影响（Wildung 等，1975）。在半干旱地区，土壤水分含量抑制了土壤 CO_2 的释放（Raich，Tufekcioglu，2000）。黄土高原地区降雨量不足，水分经常成为植被生长的主要限制因子。从本研究中两种植被类型下土壤 CO_2 释放的日变化和与温度、水分之间的关系可以看出，土壤水分限制了土壤碳的释放。在干旱的春季，两种植被类型下土壤 CO_2 的释放白天均未随温度的增长而增长，而呈现递减的趋势，这与水分的变化趋势相一致。与林地相比，相同的条件下草地的生长消耗的水分相对较低，草地的土壤含水量高于林地，因此，与林地相比，根系与微生物的活动受水分因子的限制较小，土壤碳的释放与温度之间存在更为显著的相关关系。在夏季和秋季，土壤水分相对充足，林地和草地两种植被类型下土壤 CO_2 释放速率的最大值均出现在温度较高的时段。在该研究中，土壤水分与土壤 CO_2 释放之间的关系与以往的研究相似，最佳拟合方程为二项式方程。对于林地，土壤水分较低且在水分含量小于 5%时水分和碳释放之间没有显著的相关关系。凋落物的量、土壤碳以及微生物均为土壤 CO_2 的释放重要的影响因子。本研究中，对于林地生态系统，土壤碳释放与温度和水分之间并没有像草地一样存在显著的相关关系，但是土壤碳和土壤碳释放之间关系显著。该区域林地生态系统中土壤碳含量对于表层土壤碳释放的影响超过了环境因子如温度和水分的影响。

(五)小结

在半干旱的黄土丘陵沟壑区，坡面尺度上林地和草地土壤 CO_2 释放的日平均速率分别为 1.27 $\mu mol/(m^2 \cdot s)$和 1.39 $\mu mol/(m^2 \cdot s)$，但是，草地 CO_2 释放较高主要来源于夏季，在春季和秋季，林地的土壤 CO_2 释放均高于草地。与林地相比，草地土壤碳的释放具有更高的季节变异且与土壤温度和水分之间具有更为密切的关系。

第六章　黄土丘陵沟壑区植被恢复对土壤微生物的影响

土壤系统和地上植被系统是一个有机的整体，二者相辅相成，互为影响。土壤系统为植被的生长提供必需的营养物质，而植被的生长又可改善土壤系统的结构和养分。在土壤生态系统中，土壤微生物作为土壤有机质和养分(N、P、S 等)转化和循环的动力，参与有机质的分解、腐殖质的形成、养分的转化和循环等地球生物化学过程，在土壤生态系统的能量流动和养分转化中起着重要作用(Harris 和 Birch，1989)。土壤微生物对外界条件诸如土地利用的变化、管理措施、耕作和肥力水平等的变化十分敏感，与土壤生态系统的稳定和健康息息相关，能够及时地反映土壤质量状况的变化(Miller 和 Dick，1995；Pascual 等，2000；Steenwerth 等，2002；Bucher 和 Lanyon，2005)。土壤微生物生物量、功能多样性及群落结构等是在土壤质量的表征中应用最多的生物学指标，其与来源于植物残体、有机物质以及植物根系分泌物等的 C、N 等营养元素的数量和质量密切相关(Doran，1987；Smith 和 Paul，1990；Gunapala 和 Scow1998)。

黄土丘陵沟壑区地形支离破碎，土壤侵蚀严重，是我国乃至全球水土流失最为严重的地区(傅伯杰等，2002)，而植被恢复是治理该地区水土流失的关键措施(Zheng，2006)。长期以来，该区实施的植被恢复及退耕还林还草政策构建了不同的植被格局，而且在水土流失治理方面也取得了良好的效果，但以往对植被恢复的研究和评价多集中在减少径流泥沙及养分流失上(Zhang 等，2004)，有关植被恢复以及不同植被格局对土壤生态系统特别是土壤微生物影响的研究相对薄弱。Harris(2003)的研究表明，在植被恢复过程中，土壤微生物的量、活性及群落结构都发生了很大的变化。一方面植物凋落物增加了有机物质的输入，使土壤有机质等养分含量提高(谢锦升等，2008)，为微生物提供更为丰富的碳源；其次植物根系可以为微生物栖息提供良好的场所，且根系分泌物可以作为营养基质被微生物利用；另外，植物根系的生长活动也可以改变土壤的物理环境，使其有利于微生物生长(夏北成等，1998)。但是不同的植被由于其自身的生长方式不同，对土壤生态系统的影响存在差异，且在植被恢复过程的不同阶段，土壤生态系统发生的改变也不尽相同。

传统的微生物多样性研究方法多采用选择性培养基从土壤样品中分离出纯菌株后利用显微技术进行鉴定，获得可培养微生物的种类和数量信息。但土壤当中能够被培养的微生物只占总量的1%～10%，有将近90%以上微生物的信息被埋没，因此通过传统的培养方法只能得到微生物群落信息的极小部分且不能对大多数土壤微生物定量研究，对于微生物群体相互作用研究的贡献很小(McCarthy 和 Murray，1996；White 等，1997)。目前，微生物的群落结构和多样性的研究方法应用比较多的主要有 BIOLOG 微孔板法、磷脂脂肪酸法(PLFA)以及分子生物学方法(Hill 等，2000)，BIOLOG 微孔板法是测定土壤微生物对不同 C 源的利用能力和代谢差异，从而用以表征土壤微生物代谢功能多样性或结构多样性的一种方法(章家恩等，2004)，该方法由于其简单、快速等优点被广泛应用于评价不同土壤类型、不同植物物种下、不同管理策略下和不同植被的根际土壤微生物群落的功能多样性(Garland 和 Mills，1991；Zak 等，1994；郑华等，2007；滕应等，2003)。磷脂脂肪酸(PLFA)分析方法是基于非培养的生物化学分析方法，PLFA 是磷脂的重要构成部分，而磷脂是所有生物活细胞重要的膜组分，因此 PLFA 存在于除古细菌外所有的活细胞的细胞膜上，且磷脂在细胞死亡后快速分解，因此环境样品中的 PLFA 图谱可以代表整个活的微生物群落(Ringelberg 等，1989)，此外，PLFA 具有结构多样性和生物特异性，土壤中 PLFA 的存在及其丰度可揭示特定生物或生物种群的存在及其丰度。总之，通过对 PLFA 的定量测定可完成对微生物活细胞生物量的了解，并可通过 PLFA 种类的分析了解土壤微生物群落结构。

本章节主要以黄土丘陵沟壑区羊圈沟小流域为研究区域，利用 BIOLOG 微孔板法及磷脂脂肪酸图谱分析法等研究方法，研究了样地尺度及坡面尺度上不同的人工林在生长过程中土壤微生物生物量、功能多样性和群落结构的变化规律。

一、样地尺度不同植被恢复物种和恢复年限对土壤微生物的影响

(一)研究方法

1. 样地概况

在研究区域内，选择同一坡向，同一坡位恢复年限为5年的杏树(*Prunus armeniaca*)、沙棘(*Hippophae reamnoides*)和刺槐(*Robinia pseudoacacia*)三种人工

林为研究对象，划分三块样地，样地的基本特征为经纬度 36°42′07N，109°31′24E，海拔 1 143 m，坡向东偏南 20°，坡度为 30°。样地面积约 200 m^2，林下草本主要有茵陈蒿（*Artemisia capillaris*）、太阳花（*Portulaca grandiflora*）、紫花地丁（*Violae philippica*）、长芒草（*Stipa bungeana*）等。对于不同恢复年限的人工林，选择 2002 年种植的刺槐（5 年）、1992 年种植的刺槐林（15 年）以及 1982 年种植的刺槐林（25 年），样地面积为 200 m^2，具体样地信息如表 6-1 所示。

表 6-1　样地概况

恢复年限	海拔（m）	纬度	经度	坡向(°)	坡度(°)
5 年	1 143	N 36°42′07	E 109°31′24	ES20	30
15 年	1 191	N 36°42′18	E 109°30′59	ES27	28
25 年	1 175	N 36°42′28	E 109°31′03	ES41	26

2. 土壤样品的采集及分析

于 2007 年 8 月在每个样地设置 3 个样方作为重复，每个样方面积为 25 m^2，用直径为 3.5 cm 土钻在每个样方中采集 5～7 钻表层（0～10 cm）土样，混合为 1 个土壤样品，一部分新鲜土壤样品过 2 mm 筛 4℃保存用于土壤微生物量及土壤微生物群落功能多样性的测定，另一部分土样风干过 2 mm 筛用于 pH 和电导率的测定，过 100 目筛用于有机碳和全氮的测定。土壤微生物生物量碳采用氯仿熏蒸浸提法，氯仿熏蒸和未熏蒸土壤用 0.5 mol/L K_2SO_4 溶液浸提，土液比为 1∶4，浸提溶液中有机碳含量采用 UV-Persuate 全自动有机碳分析仪（Tekmar-Dohrmann Co. USA）测定，转换系数 k_C 取值 0.45（Wu 等，1990）；土壤微生物生物量氮测定参照 Brookes 等（1985）的方法，转换系数 k_N 取值 0.54。

土壤微生物多样性用 BIOLOG 方法进行测定（Zak 等，1994；Staddon 等，1998；Schutter 等，2001）：称取相当于 10 g 干土重量的新鲜土样于灭过菌的 250 mL 三角瓶中，加入 90 mL 无菌 NaCl 溶液（0.85%），封口后，在摇床上震荡 15 min（200～250 rpm），然后静置 15 min，取上清液，在超净工作台中用无菌 NaCl 溶液（0.85%）稀释到 10^{-3}，用 8 通道加样器将稀释液接种到 BIOLOG 生态板培养板上，每孔分别接种 150 μL 稀释后的悬液。将接种好的培养板放在生化培养箱中，25℃培养 7 d。每隔 24 h 用 BIOLOG 微平板读数器读取培养板在 590 nm 波长的吸光值。

土壤微生物的代谢活性用每孔颜色平均变化率(Average well Color Development,AWCD)来描述,计算公式如下:

$$\mathrm{AWCD} = \sum \frac{(C-R)}{n}$$

式中,C 为有碳源的每个孔的光密度值,R 为对照孔的光密度值,n 为碳源的数目,BIOLOG 生态板的 C 源数目为 31。培养 96 h 的数据用于计算土壤微生物群落功能多样性,计算公式如下:

Shannon-Wiener 多样性指数:$H' = -\sum_{i=1}^{S} P_i \log P_i$

丰富度指数:S=被利用碳源的总数目

Shannon-Weiner 均匀度指数:$E = \dfrac{H'}{\ln S}$

Simpon 优势度指数:$D_s = 1 - \sum P_i^2$

式中,P_i 为第 i 个孔的相对吸光值与整个微平板相对吸光值的比值,计算公式为 $P_i = \dfrac{C-R}{\sum(C-R)}$。

3.数据分析方法

采用 Excel 2003 和 SPSS 软件进行数据处理和统计分析,采用单因素方差分析(one-way ANOVA)和最小显著差异法(LSD)比较不同数据组间的差异,用 Pearson 相关系数评价不同因子间的相关关系。

(二)不同人工林土壤微生物生物量的变化

杏树、沙棘和刺槐人工林土壤微生物生物量碳分别为 56.61、88.73 和 99.56 mg/kg,结果表明土壤微生物生物量碳含量为刺槐林>沙棘林>杏树林,其中刺槐林和沙棘林土壤微生物生物量碳显著高于杏树林($P<0.05$),但刺槐林与沙棘林之间差异未达到显著水平。土壤微生物生物量氮分别为 20.40、16.41 和 28.81 mg/kg,与微生物生物量碳变化趋势不同,三种人工林土壤微生物量氮表现为刺槐林最大,沙棘林最小,经过方差分析比较,刺槐林显著高于其他两种林地,沙棘林和杏树林间差异未达到显著水平($P>0.05$)(图 6-1)。

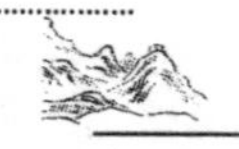

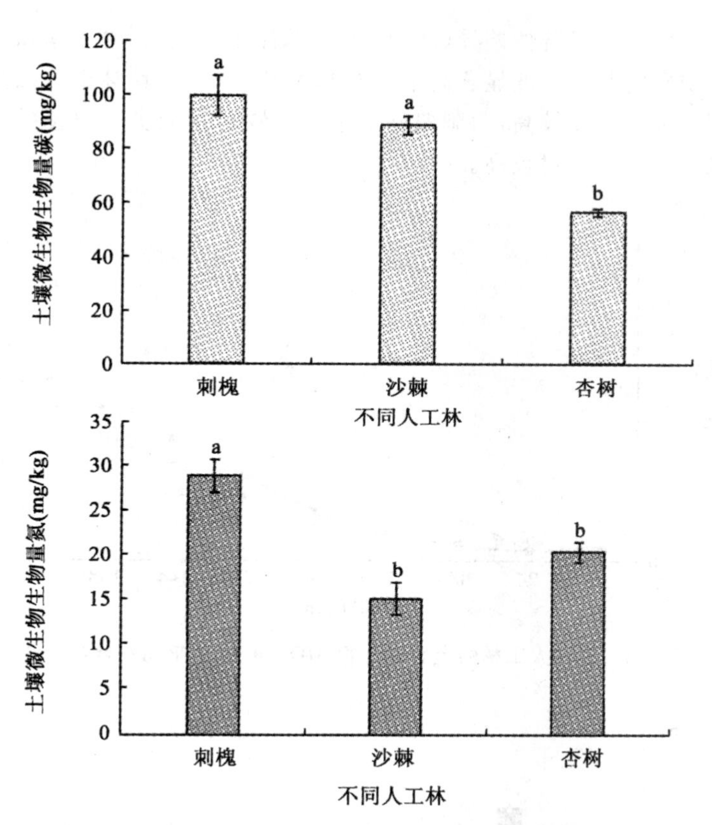

图 6-1 三种人工林的土壤微生物生物量碳和氮的含量

图中小写字母不同代表在 $P<0.05$ 水平上差异显著。

(三)不同人工林土壤微生物代谢活性的变化

平均颜色变化率(AWCD)是反映土壤微生物利用碳源的整体能力及微生物的代谢活性,是评价利用单一碳源能力的一个重要指标。从图 6-2 可以看出,三种人工林土壤微生物 AWCD 值随着时间的延长而升高,其中刺槐的 AWCD 值明显高于沙棘和杏树,三种人工林中,杏树林土壤微生物的代谢活性最低。

通过三种人工林下土壤微生物对六种主要碳源类型的利用程度的分析,由图 6-3 可以看出,三种人工林土壤微生物对碳源的利用主要集中在聚合物类、糖类、羧酸类和氨基酸类等四大类物质,对胺类物质的利用程度相对较低。不论单一人工林下土壤微生物对不同碳源的利用还是三种不同人工林下土壤微生物对同一碳源的利用程度均存在显著性差异($P<0.05$),总体来讲,杏树林土壤微生物对聚合物类及糖类物质的利用程度显著高于杏树林和沙棘林,沙棘林土壤微生物对氨基酸类物质相对利用程度较高,而刺槐林土壤微生物对羧酸类及氨基酸类物质的利用率较其他几种碳源相对较高。

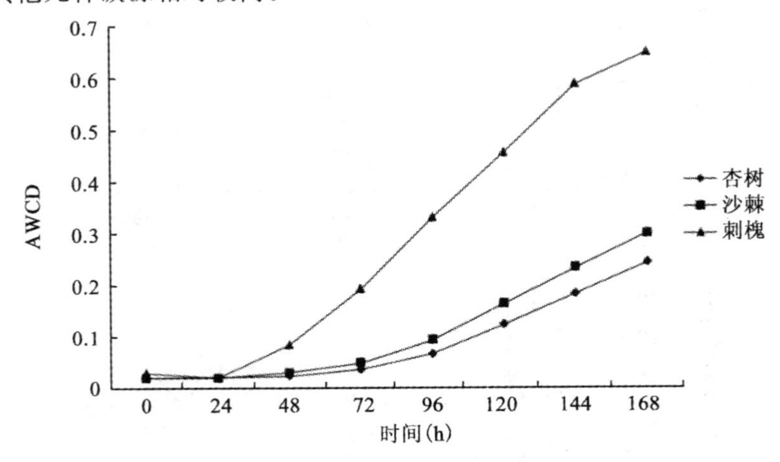

图 6-2 三种人工林的土壤微生物 BIOLOG 碳源平均颜色变化率

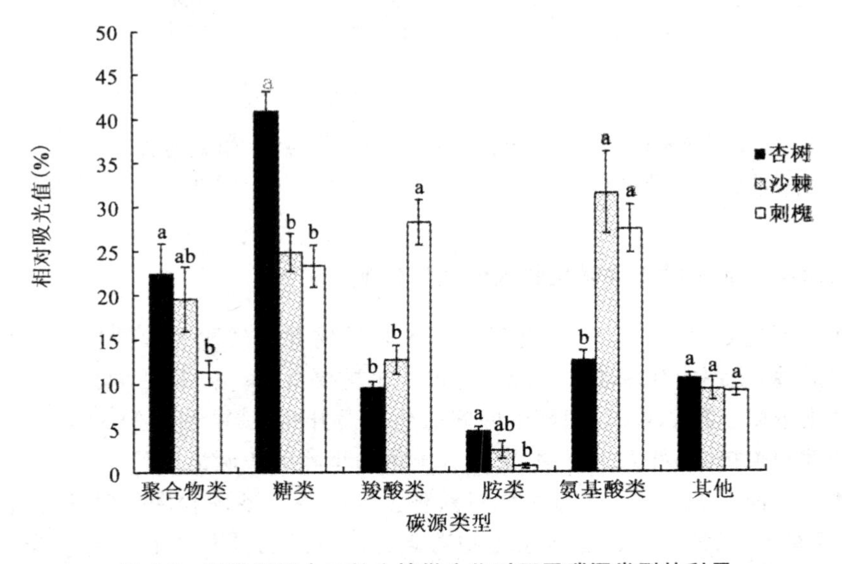

图 6-3 三种不同人工林土壤微生物对不同碳源类型的利用

图中小写字母不同代表不同人工林对同一类型碳源的利用程度在 $P<0.05$ 水平上差异显著。

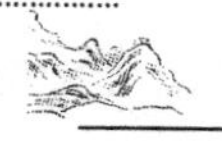

(四)不同人工林土壤微生物多样性的变化

刺槐林 Shannon-Winner 多样性指数(H'),丰富度指数(S)均高于杏树林和沙棘林,杏树林均匀度指数(E)较高,Simpson 优势度指数(D_s)较低,而沙棘林则拥有较高的优势度和较低的均匀度。对于三种不同的人工林,多样性指数间的差异均未达到显著水平(表 6-2)。

表 6-2　土壤微生物群落功能多样性的变化

林型	H'	E	D_s	S
杏树林	2.54a±0.125	0.84a±0.023	0.11a±0.010	21.00a±3.512
沙棘林	2.31a±0.106	0.76a±0.076	0.20a±0.096	21.67a±5.044
刺槐林	2.59a±0.070	0.79a±0.012	0.10a±0.010	26.67a±2.404

表中同一列不同的小写字母代表不同的人工林间差异显著($P<0.05$),H':Shannon-Wiener 多样性指数,E:Shannon-Wiener 均匀度指数,D_s:Simpson 优势度指数,S:丰富度指数,下同。

(五)微生物功能多样性与环境因子的相关性

将 Shannon-Wiener 多样性指数,96 h AWCD 值与微生物生物量及土壤理化性质各指标(表 6-3)进行相关性分析后发现,如表 6-4 所示,多样性指数与全氮和土壤水分的相关性较其他指标稍高,但与各个指标间均未达到显著相关。AWCD 与土壤微生物生物量碳、氮、土壤全氮、土壤水分及电导率之间的相关性均达到了显著水平。

表 6-3　三种不同人工林的土壤理化性质

林型	有机碳(g/kg)	全氮(g/kg)	容重(g/cm^3)	pH	电导率(μs/cm)	土壤水分(%)
杏树林	4.06A±0.24	0.45A±0.005	1.14A±0.020	8.47A±0.028	178.37B±2.39	6.32C±0.016
沙棘林	4.42A±0.12	0.45A±0.006	1.21A±0.019	8.43A±0.035	178.83B±5.19	4.83B±0.008
刺槐林	4.27A±0.20	0.43A±0.010	1.18A±0.055	8.39A±0.006	203.23A±2.47	7.14A±0.012

表中同一列数据后大写字母不同代表相同年份不同的人工林之间的差异显著($P<0.05$)。

表 6-4 微生物多样性指标与微生物量及土壤理化性质的相关关系

Index	AWCD	MBC	MBN	SOC	TN	SM	BD	pH	EC
H'	0.472	0.046	0.624	−0.464	−0.544	0.635	−0.439	−0.073	0.386
AWCD	1.00	0.778*	0.817**	0.042	−0.713*	0.675*	−0.079	−0.632	0.871**

表中*代表 $P<0.05$ 水平显著相关，**代表 $P<0.01$ 水平显著相关，AWCD：平均颜色变化率，H'：Shannon-Wiener 多样性指数；MBC：土壤微生物生物量碳，MBN：土壤微生物生物量氮，SOC：土壤有机碳，TN：土壤全氮，SM：土壤水分，BD：土壤容重，EC：土壤电导率。

(六)不同恢复年限刺槐林土壤微生物生物量碳氮含量的变化

分别对 5 年、15 年和 25 年龄刺槐林土壤微生物生物量的测定发现，在 25 年的恢复过程中，刺槐林土壤微生物生物量碳(MBC)和土壤微生物生物量氮(MBN)都随着恢复年限的增长而呈增加趋势，且不同年份之间差异达到了显著水平($P<0.05$)，如图 6-4 所示。MBC 15 年龄的刺槐林比 5 年龄的刺槐林提高了 136.4%，25 年龄的刺槐林比 15 年龄的刺槐林 MBC 提高了 9.8%，表现为在植被的恢复初期，MBC 急剧增加，随着恢复年限的增加，增加速率降低慢慢趋于稳定。MBN 与 MBC 的增长趋势不同，15 年龄的刺槐林较 5 年龄的刺槐林 MBN 的含量增加了 32.3%，而 25 年龄的刺槐林较 15 年龄的刺槐林则增加了 50.5%，表现为随着恢复年限的增长，其增加速率不断提高。

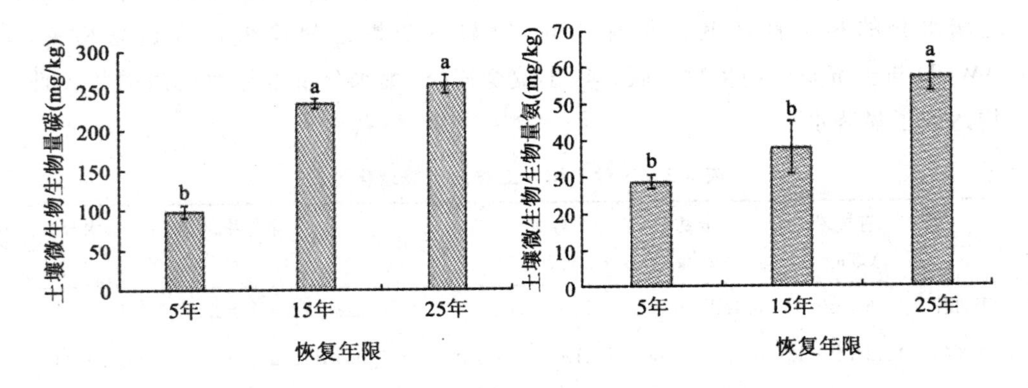

图 6-4 不同恢复年限刺槐林的土壤微生物生物量碳和氮的含量

图中小写字母不同代表在 $P<0.05$ 水平上差异显著。

(七)讨论

一个完整的生态系统其地上群落和地下系统是相互关联的,不同的植被对土壤生态系统特别是土壤微生物有着显著的影响,而且随着植被的恢复,其影响的程度也有着显著的差异。有关研究表明,植被覆盖与裸露地相比,植被下土壤微生物生物量碳显著高于裸露地且随着恢复年限的增长差异越来越大(Harris,2003)。Waid(1999)也认为植被的类型、数量和化学组成可能是土壤生物多样性变化的主要推进力量。他分析指出,植被是土壤生物赖以生存的有机营养物和能源的重要来源,此外活的植被影响土壤生物定居的物理环境,包括影响植物凋落物的类型和堆积深度、减少水分从土壤表面的损失率等。在黄土丘陵沟壑区,长期的植被恢复已取得了较好的效果,不但大量地减少了水土及养分的流失,而且也有效地改善了土壤质量。刺槐、沙棘和杏树是该地区主要种植的人工林,由于种植时间不长,三种人工林土壤养分之间未见显著差异。刺槐林的微生物生物量碳和微生物生物量氮都高于沙棘和杏树,与土壤养分的变化并不完全一致,与pH和电导率的关系较为明显,植被根系的生长方式的不同可能是造成该结果的原因,刺槐相较与其他两种树种,其根系较浅且成扩散状分布于浅土层,这样更有利于改善表层土壤的结构,且根系分泌物可以为主要分布于土壤表层的微生物提供更多的营养基质,从而有利于微生物的生长。

随着恢复年限的增长,土壤微生物生物量也呈现显著增加的趋势,这与一些前人的研究表现出一致的结果(Santruchova,1992;薛箑等,2007)。MBC的变化有一个急剧增加而后趋于平稳的过程,MBN在恢复过程中与MBC的变化趋势一致,均表现为随着恢复年限的增长而增加的趋势,但增长速率与MBC不同,呈现出稳定增长的趋势。植被恢复过程中,养分流失的降低和有机物质的大量输入为微生物的生长提供更多的营养基质是促使微生物生物量大幅度提高的主要原因。微生物生物量碳的增长速率的变化与微生物的自然生长规律表现一致,当外界营养物质大量增加时,微生物急剧增长而后当群落趋于稳定后增长速度也随之降低。植被恢复过程中土壤养分与微生物量关系密切(Arunachalam和Pandey,2003)。

土壤微生物群落多样性反映了群落总体的动态变化,而研究土壤微生物对不同碳源利用能力的差异,可深入了解微生物群落的结构组成,以BIOLOG微孔板碳源利用为基础的定量分析为描述微生物群落功能多样性提供了一种更为简单和快速的方法(郑华等,2004)。AWCD值可以反映微生物的总体代谢活性,由三种人工林土壤微生物对不同碳源的总体利用程度的结果看出，刺槐林土壤微生物的总体代谢活性显著高于沙棘林和杏树林，相关分析表明微生物的代谢活性与微生物量、水分和电导率关系密切，再次说明在半干旱地区，水分作为主要的环境胁迫因子限制了微生物的活性，刺槐林下表层土的水分含量相对较高，这应该是其拥有较高的微生物活性的原因。与一些研究不同（Grayston 等，2003；White 等，2005），微生物对碳源的利用率与 pH 关系不明显，并未随 pH 的升高而增加，原因可能是大多的研究土壤呈酸性，酸性抑制了微生物种群对碳的利用，而在黄土高原地区，土壤多为碱性土壤。以往的研究表明，微生物群落结构和功能的差异与来源于不同优势树种的枯枝落叶的量和生物化学组成有关，同时与根系分泌物的关系也十分密切（Johansson，1995；Grayston 和 Campbell，1996）。通过对杏树、沙棘和刺槐三种人工林土壤微生物对不同类型碳源的相对利用程度的分析可以看到不同人工林对相同碳源的利用上存在明显的差异，杏树林、沙棘林和刺槐林的土壤微生物利用率最高的碳源分别为糖类、氨基酸类和羧酸类物质，这应该与不同树种对土壤输入的有机物质的组成和根系分泌物质的不同有关。

H'、E、D_s 和 S 指数都是比较常用的表征物种多样性的指数。D_s 是测定群落组织水平最常用的指标之一，其值越大，表示群落受优势物种的影响比较大。H' 是将丰富度和均匀度综合起来的一个量，能较全面的测度物种的多样性。S 表示群落的物种丰富度，其值越大，群落中的物种越丰富。从研究结果来看，三种人工林微生物多样性指数间未见显著性差异，H' 虽然与微生物生物量氮和土壤水分间相关性相对较高，但均未达到显著水平。由此看出，在人工林恢复初期，土壤条件相对一致的条件下，不同的树种下土壤微生物的量和优势种群虽然发生了很大的改变，但总体的群落多样性未产生显著性的差异。

（八）小结

通过在黄土丘陵沟壑区对三种典型的人工林的土壤微生物多样性和微生物活性的研究，得到以下结论：

（1）植被恢复初期，不同的人工林下土壤微生物的变化与土壤理化性质的改变相比更为敏感，微生物的总量不同树种间呈现显著性差异。

（2）不同人工林下微生物群落的结构和功能在恢复过程中发生改变，对不同碳源的利用上存在显著差异性。树种的不同对微生物群落多样性的影响不明显，微生物总体代谢活性主要由微生物的量决定。

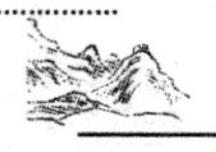

二、坡面尺度不同恢复植被对土壤微生物的影响

(一)研究方法

1. 样地概况

在羊圈沟小流域内选择四个典型的坡面，单一刺槐林坡面(F)、单一撂荒草地坡面(G)、在上坡、中坡和下坡分别分布为草地、林地和草地的草地-林地-草地搭配坡面(G-F-G)及分布为林地、草地和林地的林地-草地-林地搭配的坡面(F-G-F)。坡面上林地均为恢复年限为25年的刺槐林，草地为同期退耕后形成的撂荒地。每个坡面自坡顶到坡趾设置5到6个样地，每个样地约200 m^2，每个样地设置3个样方。每个样方面积约25 m^2。样地具体信息见表6-5。

表6-5　四种不同植被格局下的样地特征

	海拔(m)	坡度(°)	坡向(°)	经纬度
刺槐林	1 155～1 235	9～31	东偏南40	109°31′E36°42′N
撂荒草地	1 205～1 250	8～22	西偏北37	109°30′E 36°42′N
草地-林地-草地	1 148～1 229	10～30	东偏南27	109°30′E 36°42′N
林地-草地-林地	1 138～1 217	13～29	西偏南42	109°31′E36°42′N

2. 土样采集方法

于2007年8月、2007年10月和2008年5月用直径3.5 cm土钻在每个样方中采集5钻0～10 cm和10～20 cm土样，分别混合为1个土壤样品。其中一部分新鲜土样过2 mm筛后于4℃保存，用于土壤微生物生物量及微生物代谢活性和功能多样性的测定，一部分－20℃保存用于土壤微生物群落结构的测定。

3. 土壤微生物生物量分析方法

微生物生物量碳的测定采用氯仿熏蒸浸提法(Wu等，1990)。氯仿熏蒸和未熏蒸土壤用0.5 mol/LK_2SO_4溶液浸提，土液比1∶4的浸提溶液中有机碳含量采用UV-Persuate全自动有机碳分析仪(Tekmar-Dohrmann Co. USA)测定，土壤微生物生物量碳＝$(C_F-C_{UF})/K_{EC}$，式中C_F为熏蒸土壤浸提液的总有机碳量，C_{UF}为未熏蒸土壤浸提液中的总有机碳，K_{EC}为熏蒸提取法的转换系数，转换系数取值 0.45。土壤微生物生物量氮参照 Brookes 的方法测定(Brookes，1985)，转换系数 k_N 取值 0.54。

4.土壤微生物代谢活性和功能多样性分析方法

土壤微生物代谢活性和功能多样性用 Biolog 方法进行测定(Zak 等，1994；Staddon 等，1998；Schutter 和 Dick，2001)：称取相当于 10 g 干土重量的新鲜土样于灭过菌的 250 mL 三角瓶中，加入 90 mL 无菌 NaCl 溶液(0.85%)，封口后，在摇床上震荡 15 min(200～250 r/min)，然后静置 15 min，取上清液，在超净工作台中用无菌 NaCl 溶液(0.85%)稀释到 10^{-3}，用 8 通道加样器将稀释液接种到 Biolog 生态板培养板上，每孔分别接种 150 μL 稀释后的悬液。将接种好的培养板放在生化培养箱中，25℃培养 7 d。每隔 24 h 用 Biolog 微平板读数器读取培养板在 590 nm 波长的吸光值。Biolog-Eco 板上碳源的分布情况及碳源分类见表 6-6 和表 6-7。

土壤微生物的代谢活性用每孔颜色平均变化率(Average Well Color Development，AWCD)来描述，计算公式如下：

$$AWCD = \sum \frac{(C-R)}{n}$$

式中：C—有碳源的每个孔的光密度值，R—对照孔的光密度值，n—碳源的数目，Biolog 生态板的碳源数目为 31。培养 96 h 的数据用于计算土壤微生物群落功能多样性，计算公式如下：

Shannon-Wiener 多样性指数：$H' = -\sum_{i=1}^{S} P_i \log P_i$

丰富度指数：S=被利用碳源的总数目

Shannon-Wiener 均匀度指数：$E = \frac{H'}{\ln S}$

Simpson 优势度指数：$D_s = 1 - \sum P_i^2$

式中：P_i 为第 i 个孔的相对吸光值与整个微平板相对吸光值的比值，计算公式为 $P_i = \frac{C-R}{\sum(C-R)}$。

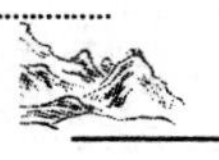

表 6-6　BIOLOG-ECO 微孔板上 31 种碳源的分布

A1 水	A2 β-甲基-D-葡萄糖苷	A3 D-半乳糖酸 γ-内酯	A4 L-精氨酸
B1 丙酮酸甲酯	B2 D-木糖/戊醛糖	B3 D-半乳糖醛酸	B4 L-天门冬酰胺
C1 吐温 40	C2 i-赤藓糖醇	C3 2-羟基苯甲酸	C4 L-苯丙氨酸
D1 吐温 80	D2 D-甘露醇	D3 4-羟基苯甲酸	D4 L-丝氨酸
E1 α-环式糊精	E2 N-乙酰-D 葡萄糖氨	E3 γ-羟丁酸	E4 L-苏氨酸
F1 肝糖	F2 D-葡糖胺酸	F3 衣康酸	F4 甘氨酰-L-谷氨酸
G1 D-纤维二糖	G2 1-磷酸葡萄糖	G3 α-丁酮酸	G4 苯乙胺
H1 α-D-乳糖	H2 D,L-α-磷酸甘油	H3 D-苹果酸	H4 腐胺

表 6-7　BIOLOG-ECO 板碳源分类

培养基类别	BIOLOG®-ECO 板
糖类	A2,B2,C2,D2,E2,G1,G2,H1
羧酸类	A3,B3,C3,D3,E3,F2,F3,G3,H3
氨基酸类	A4,B4,C4,D4,E4,F4
胺类	G4,H4
聚合物类	C1,D1,E1,F1
其他混合物	B1,H2

5. 土壤微生物群落结构分析方法

土壤微生物群落结构采用磷脂脂肪酸（PLFA）的方法来进行分析。PLFA 分析方法参考 Frostegård 等（1993）。试验开始前所有的器皿都用正己烷润洗几次，称取 4.00 g 干土样装入 30 mL 的玻璃离心管中，在通风橱内依次加入 3.6 mL 磷酸缓冲液，4 mL 氯仿，8 mL 甲醇；在室温下平放振荡 1 h，振荡时尽可能的大幅度摇晃，然后置于离心机中用 2 500 r/min 离心 10 min。取上清液转移至 30 mL 的分液漏斗中，再加 3.6 mL 磷酸缓冲液，4 mL 氯仿到分液漏斗中，摇匀过夜分离。

第二天转移分液漏斗中的氯仿相至新试管中，N_2 气吹干氯仿(温度不超过 30℃)，过硅胶柱(100～200 目，100℃活化 1 h)。过柱前先用 5 mL 氯仿润湿柱子，然后用 1 mL 氯仿分几次洗涤转移试管内的样品至柱子内，再依次加 10 mL 氯仿，15 mL 丙酮，完全滴干后用甲醇将柱子底部洗干净，再加 10 mL 甲醇过柱，收集甲醇相，N_2 气吹干。用 1 mL 甲醇-甲苯溶液(1∶1，V/V)溶解吹干的脂类物质，加入 1 mL 0.2 mol/L KOH(用甲醇做溶剂)，35℃培养 15 min。冷却至室温后，依次加入 2 mL 氯仿∶正己烷(1∶4)的混合液，1 mL 1 mol/L 的醋酸用以中和样品，加 2 mL 超纯水，2 000 r/min 离心 5 min。取上层正己烷溶液，再加 2 mL 氯仿∶正己烷(1∶4)于试管中，2 000 r/min 离心 5 min，移取上层正己烷，合并两次的正己烷溶液，N_2 气吹干，提取样品在－20℃暗处保存，准备上机检测。

上机前用 1 mL 含内标物 19∶0 的正己烷溶液溶解吹干的脂肪酸甲酯，进行 GC-MS 测试。GC-MS 条件：HP6890/MSD5973，HP-5 毛细管柱(60 m×0.32 mm×0.25 μm)，不分流进样。进样口温度 230℃；检测器温度 270℃。升温程序：50℃，持续 1 min，以 30℃/min 增加至 180℃，保持 2 min，再以 6℃/min 增加至 220℃，持续 2 min，以 15℃/min 升至 240℃，保持 1 min，再以 15℃/min 升至 260℃，保持 12 min。He 作载气，流量为 0.8 mL/min。

PLFA 的命名一般采用以下原则：总碳原子数∶双键数，随后是从分子甲基末端数的双键位置，c 表示顺式，t 表示反式，a 和 i 分别表示支链的反异构和异构，br 表示不知道甲基的位置，10Me 表示一个甲基团在距分子末端第 10 个碳原子上，环丙烷脂肪酸用 cy 表示。

PLFA 的总量和单个 PLFA 的量可以用内标 19∶0 来进行计算。真菌的量用 18:2ω6 的百分比表示；细菌的量用下列脂肪酸总和的百分比表示：i14∶0，i15∶0，a15∶0，15∶0，i16∶0，16∶1ω9，16∶1ω7t，i17∶0，a17∶0，17∶0，cy17，18∶1ω7，cy19(Frostegωrd，1996)。

6. 数据分析方法

采用 Excel 2003 和 SPSS 软件进行数据处理和统计分析，采用单因素方差分析(one-way ANOVA)和最小显著差异法(LSD)比较不同数据组间的差异，用 Pearson 相关系数评价不同因子间的相关关系。采用 CANOCO 软件进行主成分分析。

(二)坡面上不同植被格局下土壤微生物生物量碳和氮的变化

1. 土壤微生物生物量碳

四种不同的植被格局下土壤微生物生物量碳的大小存在显著性差异($P<$

0.05)。0～10 cm 土壤，林地-草地-林地植被空间配置模式下微生物生物量碳平均值为 288.82 mg/kg，在四种植被格局中最高，草地-林地-草地的微生物生物量碳平均值为 169.93 mg/kg，较其他三种植被格局含量最低。10～20 cm 土壤微生物生物量碳刺槐林＞林地-草地-林地＞撂荒草地＞草地-林地-草地，且除草地-林地-草地外，其他三种植被格局之间微生物生物量碳无显著性差异。

为了更好地理解植被格局的不同对土壤微生物生物量的影响，对不同植被格局下不同坡位上的土壤微生物生物量碳进行分析。结果表明：四种不同的植被格局在上、中、下三个坡位上土壤微生物生物量碳的分布规律不同(图 6-5、图 6-6)。在 0～10 cm 的土壤中，对于单一的植被格局，从上坡位到下坡位，刺槐林地土壤微生物生物量碳逐渐降低而撂荒草地逐渐升高。对于林草搭配的植被格局，草地-林地-草地土壤微生物生物量碳在中坡位较其他两个坡位高而林地-草地-林地较其他两个坡位低。从图中也可以看出，不同的植被格局下林地和草地两种植被类型在不同的坡位上对微生物生物量碳产生的影响不同，在上坡位，林地的微生物生物量碳高于草地。上坡位同为林地，中坡位种植林地或者草地对微生物生物量碳的影响差异不显著，而上坡位同为草地，中坡位种植林地微生物生物量碳则显著高于中坡位上的撂荒草地。说明不同的植被类型在坡面上不同的搭配格局可能通过影响水土、养分迁移的过程来对微生物的分布产生影响。10～20 cm 土壤微生物生物量碳在不同坡位上的分布与 0～10 cm 土壤存在不同之处，但总体来说四个植被格局中，两个单一的植被格局变化趋势较为相似，两个不同的林草搭配格局较为相似。

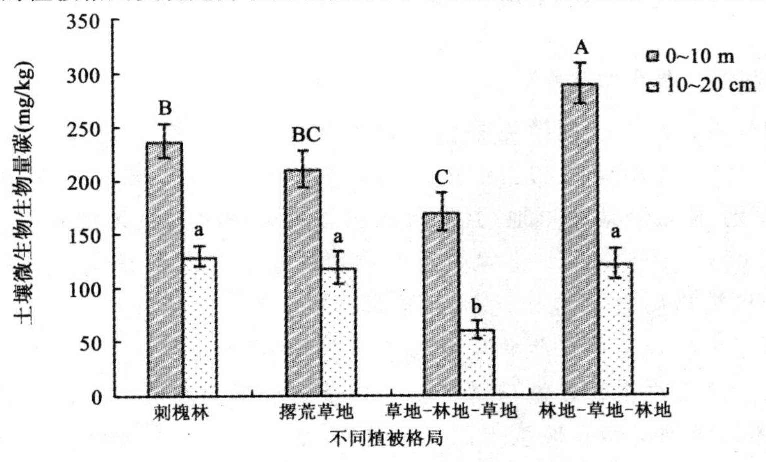

图 6-5　不同植被格局下土壤微生物生物量碳

图中大写字母不同代表 0～10 cm 土壤不同植被间差异显著，小写字母不同代表 10～20 cm 土壤不同植被间差异显著($P<0.05$)。

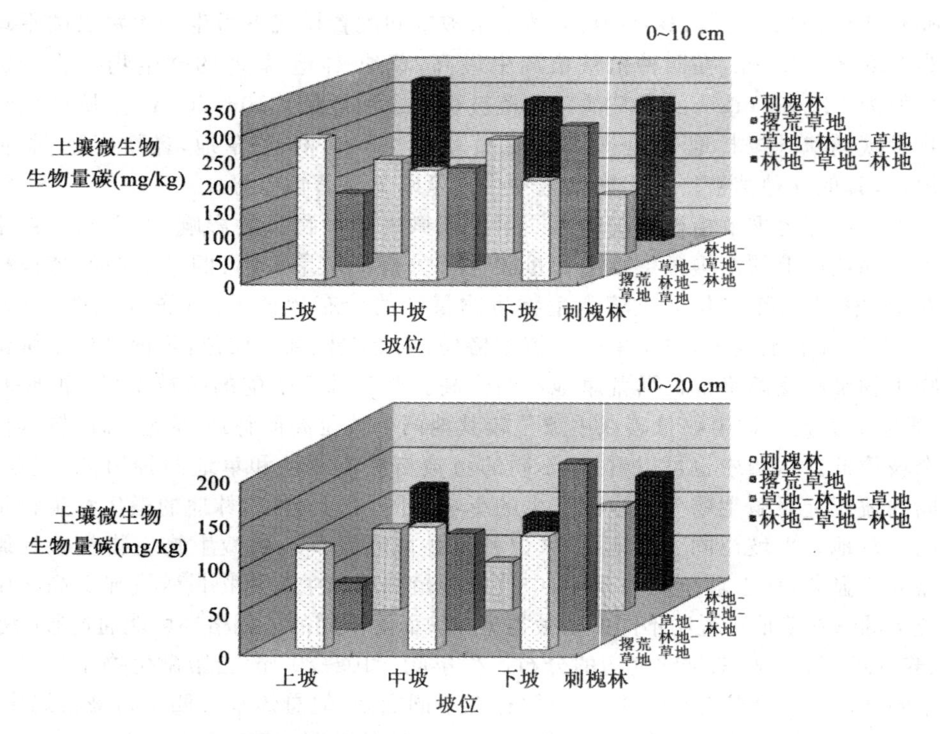

图 6-6　不同植被格局下土壤微生物生物量碳在不同坡位上的分布

2. 土壤微生物生物量氮

四种植被格局下土壤微生物生物量氮与微生物生物量碳的分布不同(图6-7),0～10 cm 土壤微生物生物量氮的大小顺序为草地-林地-草地＞刺槐林＞林地-草地-林地＞撂荒草地,且四种植被格局下微生物生物量氮无显著性差异($P>0.05$)。10～20 cm 土壤中微生物生物量氮撂荒草地最高且与两种林草搭配的植被格局之间差异达到了显著水平($P<0.05$)。对不同植被格局上、中、下三个坡位上的微生物生物量氮进行分析后发现(图 6-8)。四个不同植被格局下微生物生物量氮与微生物生物量碳在不同的坡位上的变化趋势基本相似,不同植被类型在坡位上的不同搭配对微生物生物量氮同样存在显著影响。

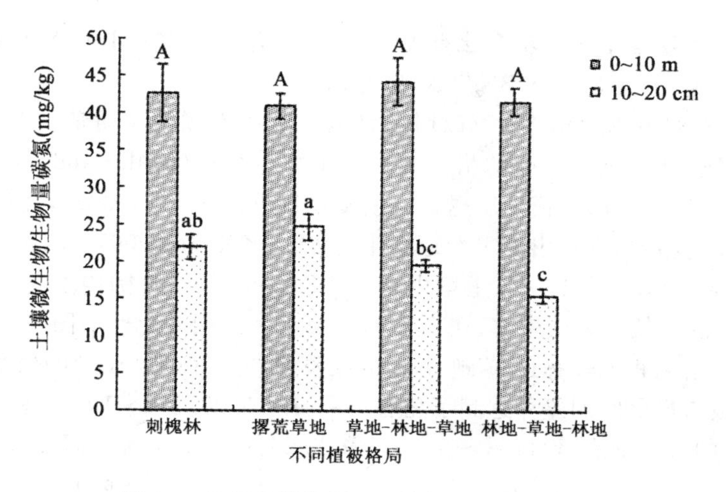

图 6-7　不同植被格局下土壤微生物生物量氮

图中大写字母不同代表 0～10 cm 土壤不同植被间差异显著，小写字母不同代表 10～20 cm 土壤不同植被间差异显著（$P<0.05$）。

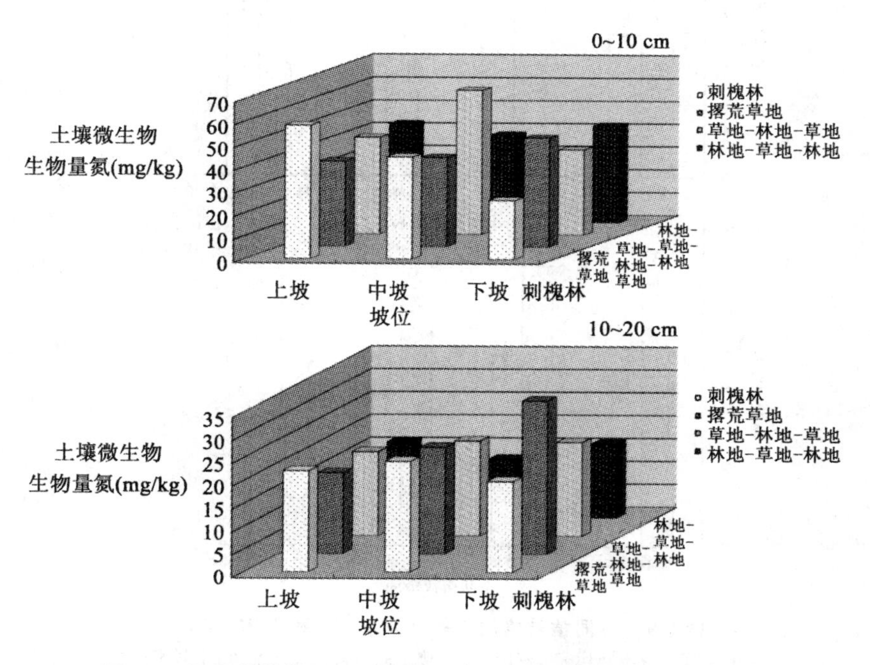

图 6-8　不同植被格局下土壤微生物生物量氮在不同坡位上的分布

3. 不同植被格局下土壤微生物生物量碳/土壤有机碳(MBC/SOC)与土壤微生物生物量氮/土壤全氮(MBN/TN)的变化

MBC/SOC 和 MBN/TN 可以用来表示土壤过程或土壤质量的变化，预测土壤有机质的长期变化和灵敏的指示土壤微生物生物量(Miller and Dick，1995；何友军等，2006)，也能够表征土壤退化及恢复情况(Garcia 等，2002)，比养分和微生物量的变化更稳定，表现出更平滑地变化趋势(方华军等，2006)。四种不同植被格局下的 MBC/SOC 0～10 cm 土壤中在 2.13%～4.89%范围内变化，10～20 cm MBC/SOC 的值低于表层土壤，在 1.17%～3.06%之间变化。如图 6-9 所示，四种不同的植被格局相比较林地-草地-林地的植被格局下 MBC/SOC 的值最高且与其他三种植被格局之间的差异达到了显著水平($P<0.05$)。0～10 cm 和 10～20 cm MBN/TN 的值分别在 6.17%～6.99%和 3.24%～4.75%之间变化，与 MBC/

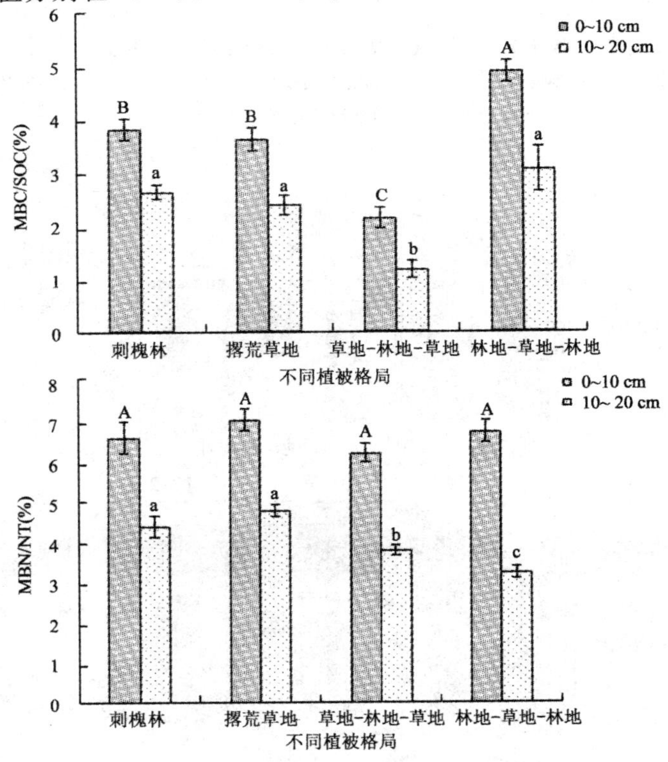

图 6-9 不同植被格局下的 MBC/SOC 和 MBN/TN

图中大写字母不同代表 0～10 cm 土壤不同植被间差异显著，小写字母不同代表 10～20 cm 土壤不同植被间差异显著($P<0.05$)。

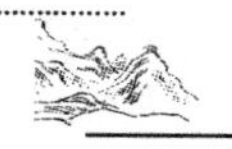

SOC不同，撂荒草地在四种植被格局下值最高，但方差分析表明，0～10 cm MBN/TN四种不同植被格局之间未见显著性差异，10～20 cm土壤撂荒草地和刺槐林地显著高于草地-林地-草地和林地-草地-林地。

4. 不同植被格局下土壤微生物生物量碳和氮的季节性变化

(1)土壤微生物生物量碳的季节性变化

土壤微生物生物量碳存在明显的季节性变化，图6-10所示为不同的植被格局下0～10 cm表层土壤和10～20 cm土壤中微生物生物量碳的季节性变化趋势。结果表明，不同的植被格局下土壤微生物生物量碳的季节性变化趋势不同，从夏季、秋季到春季，对于表层土壤，刺槐林土壤微生物生物量碳先降低再升高，春季土壤微生物生物量碳最高，撂荒草地和草地-林地-草地土壤微生物生物量碳先升高后降低，表现为秋季含量最高，而林地-草地-林地则在8月份微生物生物量碳最

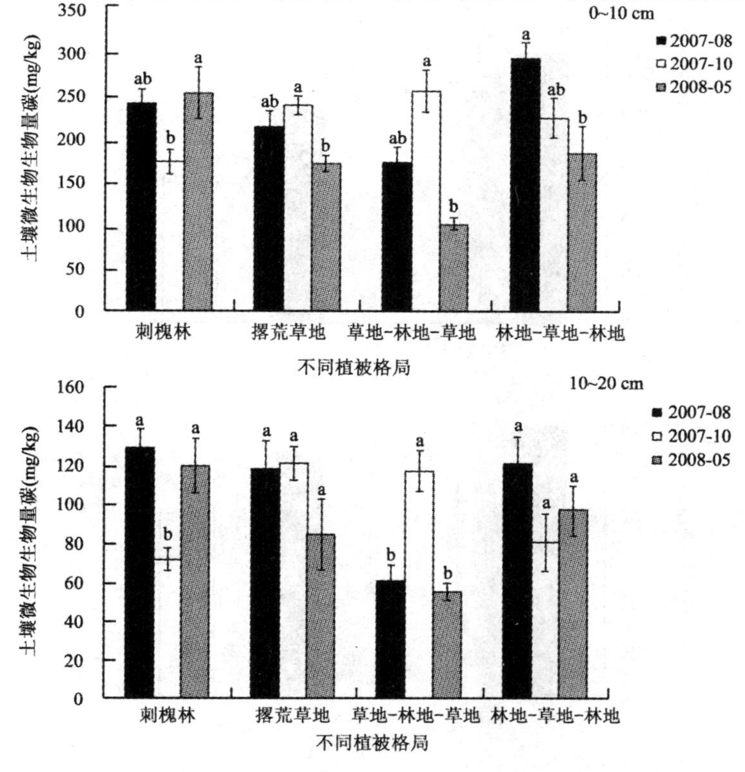

图6-10　不同植被格局下微生物生物量碳的季节变化

图中小写字母不同代表不同月份之间差异显著($P<0.05$)。

高,在5月份含量最低。总体来看,秋季草地-林地-草地下微生物生物量碳高于其他植被格局,而在春季和夏季则林地-草地-林地含量最高。10～20 cm的土壤不同的植被格局土壤微生物生物量碳的季节性变化与表层土壤相似,但夏季和春季刺槐林下微生物生物量碳最高,而秋季撂荒草地含量最高。土壤微生物生物量碳具有明显的季节性变化,这和周围的环境,气候因素,养分物质的输入有着直接的联系。将林地和草地两种植被类型下微生物生物量碳进行总体分析后发现,林地和草地下微生物生物量碳的季节性变化趋势不同,林地在夏季含量较高而草地在秋季较高,植被类型的不同显著的影响到了不同植被格局下微生物生物量碳的变化。林地在夏季生长比较旺盛,根系分泌物给微生物的生长提供了更为丰富的能源,而草地多为一年生草本,秋季枯枝落叶等有机物质的输入量要高于林地,这应该是草地秋季微生物生物量碳大量增加的原因。

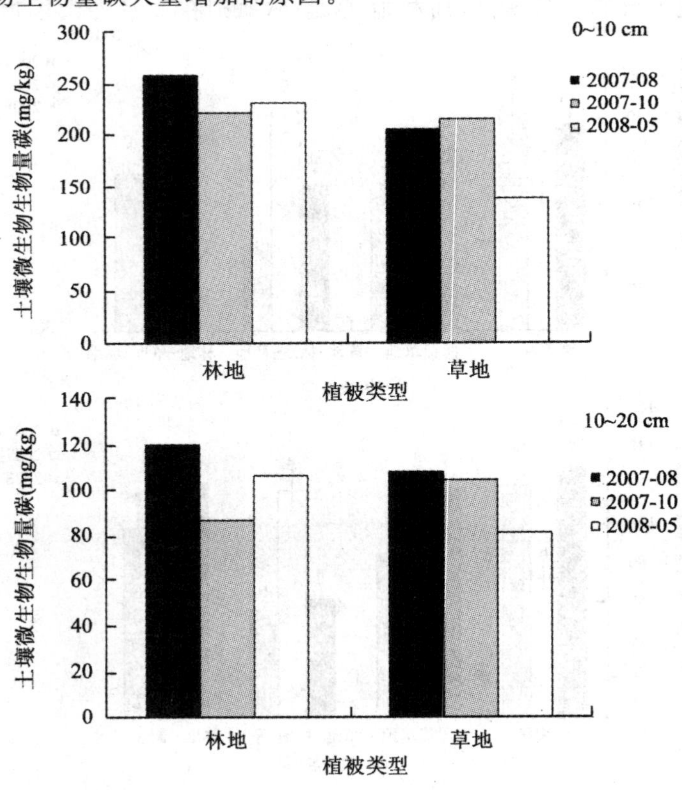

图 6-11　不同植被类型下微生物生物量碳的季节变化

(2)土壤微生物生物量氮的季节性变化

土壤微生物生物量氮不同的植被格局下存在较为相似的季节性变化趋势，均表现为夏季含量最高，春季和秋季较低。由图6-13林地和草地两种不同植被类型下土壤微生物生物量氮的季节性变化可以看出，两种植被类型下土壤微生物生物量氮的季节性变化相同，不同的植被格局受植被类型的影响但影响与土壤微生物生物量碳相比较小。夏季阳光充足，气温较高，且降雨量较为丰富，植被的旺盛生长及固氮能力为微生物的生长提供较为充足的氮源，但在秋季和春季，土壤中氮的输入量较少，微生物生物量氮逐渐降低。

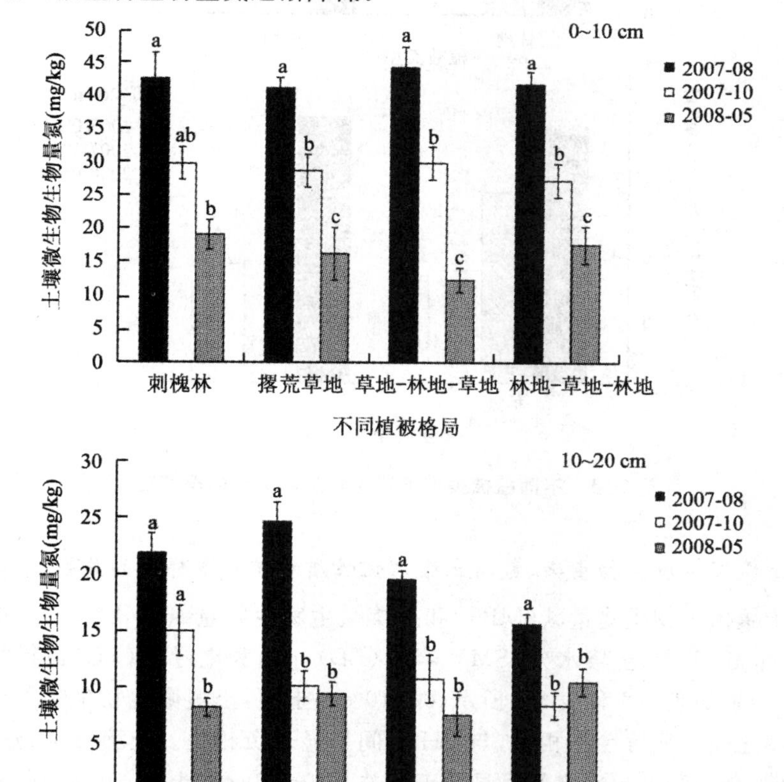

图6-12　不同植被格局下土壤微生物生物量氮的季节变化

图中小写字母不同代表不同月份之间差异显著($P<0.05$)。

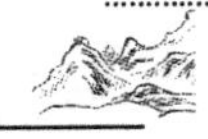

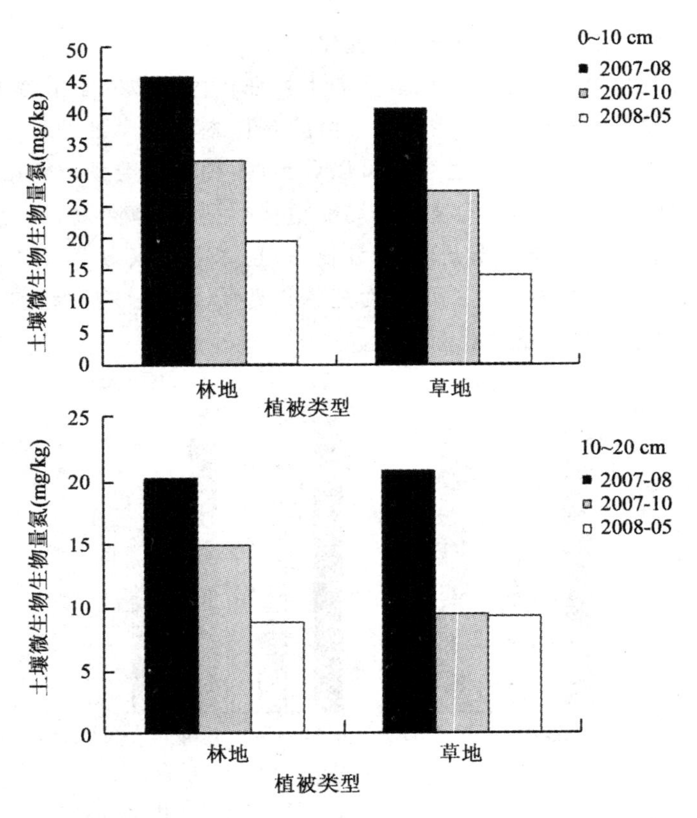

图 6-13　不同植被类型下微生物生物量氮的季节变化

5. 土壤微生物生物量碳、氮与土壤理化性质和植物多样性的关系

将土壤微生物生物量碳(MBC)和土壤微生物生物量氮(MBN)与土壤有机碳(SOC)、全氮(TN)、土壤水分(SM)、容重(BD)、pH 和电导率(EC)进行相关性分析,研究结果如表 6-8 和表 6-9 所示,0～10 cm 土壤,土壤微生物生物量碳与全氮和电导率之间呈显著性正相关,与 pH 之间呈显著负相关。土壤微生物生物量氮与有机碳、全氮和电导率之间呈显著正相关。10～20 cm 土壤,土壤微生物生物量碳与全氮显著正相关,与 pH 显著负相关,而土壤微生物生物量氮与有机碳和全氮呈极显著相关关系。土壤微生物生物量与植物多样性指数经相关性分析后发现,表层和 10～20 cm 土层微生物生物量碳和氮与植物多样性之间均未见显著的相关关系。

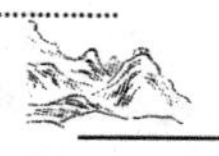

表 6-8　0～10 cm 土壤微生物生物量与土壤理化性质之间的相关关系

项目	MBC	MBN	SOC	TN	SM	BD	pH	EC
MBC	1	0.606**	0.234	0.460*	−0.125	0.243	−0.474*	0.430*
MBN		1	0.702**	0.828**	0.115	−0.2	−0.278	0.460*
SOC			1	0.947**	0.046	−0.336	0.01	0.221
TN				1	−0.002	−0.278	−0.192	0.29
SM					1	0.164	−0.151	0.467*
BD						1	−0.149	0.168
pH							1	−0.607**

表中 * $P=0.05$；** $P=0.01$。MBC—土壤微生物生物量碳；MBN—土壤微生物生物量氮；SOC—土壤有机碳；TN—全氮；SM—土壤水分；BD—容重；EC—电导率。

表 6-9　10～20 cm 土壤微生物生物量与土壤理化性质之间的相关关系

项目	MBC	MBN	SOC	TN	SM	BD	pH	EC
MBC	1	0.582**	0.358	0.447*	−0.139	0.121	−0.500*	0.221
MBN		1	0.801**	0.836**	0.129	−0.038	−0.412	0.372
SOC			1	0.897**	−0.014	−0.032	−0.065	0.194
TN				1	0.002	−0.028	−0.357	0.393
SM					1	0.254	−0.163	0.530**
BD						1	0.045	0.176
pH							1	−0.549**

表中 * $P=0.05$；** $P=0.01$。MBC—土壤微生物生物量碳；MBN—土壤微生物生物量氮；SOC—土壤有机碳；TN—全氮；SM—土壤水分；BD—容重；EC—电导率。

6. 讨论

(1)不同植被格局对土壤微生物生物量碳和氮的影响。土壤微生物生物量碳可以反映土壤中碳的同化和矿化程度。土壤养分的矿化可以导致微生物生物量的降低，养分固定则导致微生物生物量上升(McGill 等，1986)。土壤微生物生物量氮是土壤微生物对氮素矿化与固持作用的综合反映，因此，凡能影响土壤氮素矿化与固持过程的因素都会影响土壤微生物生物量氮的含量。四种不同的植被格局对土壤微生物生物量碳和土壤微生物生物量氮的影响不同，总体来讲，表层的土壤微生物生物量高于 10～20 cm，且林草搭配的格局在提高土壤微生物生物量上优于单一的植被格局，林地-草地-林地的植被格局土壤微生物生物量碳最高，而草地-林地-草地土壤微生物生物量氮在四种植被格局中最高。黄土丘陵沟壑区是典型的侵蚀环境，侵蚀和植被是影响土壤性质和微生物的两个主要因素，且植被也可以影响水土流失过程。植被与裸地相比能够有效提高土壤微生物生物量（Harris，2003）。且不同的植被类型下土壤微生物生物量差异显著（薛箑等，2008）。林地和草地在不同的坡位上对土壤微生物的影响不同，研究发现，上坡位的植被类型可以直接影响中坡位和下坡位植被类型下微生物生物量，上坡位林地与草地相比拥有更高的土壤微生物生物量，但上坡位均种植林地后，在中坡位林地和草地微生物生物量之间未见显著性差异，因此，我们认为林地-草地-林地的植被格局能够更好地提高土壤微生物生物量特别是土壤微生物生物量碳。研究发现土壤微生物生物量碳与全氮、电导率显著正相关，而与 pH 显著负相关，土壤微生物生物量氮与有机碳、全氮和电导率显著正相关。许多研究表明微生物生物量碳与有机碳之间存在显著相关关系（Schnürer 等，1985），也有研究表明大部分的微生物依赖于外部养分，对惰性有机质的减少反应敏感（Potter 和 Meyer，1990）。对微生物来说，pH 也是重要的影响因子之一，碱性的土壤环境可能对微生物的生长存在抑止性，这也许是草地-林地-草地土壤养分较高而微生物生物量碳最低的原因之一。

（2）不同植被格局下土壤微生物生物量碳和氮的季节性变化。研究发现，四种不同的植被格局下土壤微生物生物量均存在显著性的季节变化趋势，以林地为主体的刺槐林地和林地-草地-林地的植被格局下土壤微生物生物量碳在夏季和春季较高，而以草地为主体的撂荒草地和草地-林地-草地的植被格局下微生物生物量碳在秋季较高。微生物生物量氮四种植被格局季节变化趋势相似，在夏季较高。一般来说，微生物生物量随季节性涨落与有机物的供应、植物生长状况及温度、湿度等环境因素有关（Srivastava，1992）。四种不同的植被格局，林地以刺槐为主，草地多为一年生草本，秋季林地的枯枝落叶对土壤有机质的输入可能低于死亡的草本对土壤的输入，所以秋季以草地为主的撂荒草地和草地-林地-草地的植被格局微生物生物量碳较高，而春季和夏季，气温回升，林地生长旺盛，大量根系分泌物给微生物带来了更为丰富的能源，因此以林地为主的刺槐林地和林地-草地-林地的植被格局下土壤微生物生物量碳在春季和夏季的时候含量较高。以往的研究结果有人认为土壤微生物生物量在冬季达到最高。原因是秋季有大量枯枝落叶富集地表，通过动物扰动，逐渐进入土壤，土壤微生物获得宽裕的能源供应，不断增殖。冬天温度低，代谢弱，微生物能在较低能量供给下生存下来，从而使土壤能维持较高的微生物生物量。春天天气变温暖，微生物活动增强，土壤剩余的能源很快被耗

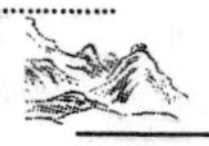

竭，当能源供应不足时，微生物活性开始减弱，生物量下降。这种趋势直到土壤得到外源能量供应或植物根系旺盛生长能够提供较多有机物时才得到扭转。夏秋季，植物生长趋向平稳，凋落物及根系分泌物维持土壤微生物量在一个相应的水平上(Drury 等，1991)。土壤微生物生物量的季节性涨落还受到湿度条件的影响，土壤干旱或渍水都会引起土壤微生物量暂时性变化。Singh 等(1989)对高度风化、淋溶、养分缺乏的热带干旱地区林地及草原土壤微生物生物量氮的研究发现，在干旱炎热的夏季，土壤微生物生物量氮最高，原因是干旱缺水限制了作物正常生长，而微生物仍可利用土壤水分，土壤养分被微生物固持；雨季矿化作用强，植物生长旺盛，土壤养分被植物吸收，微生物生物量氮最低。美国堪萨斯州的草原土壤早春的微生物生物量氮最高，随着植物的生长，其含量逐渐下降。夏末秋初后，土壤微生物生物量氮又开始上升(Garcia 和 Rice，1994)。Franzluebbers 等(1995)对农田土壤研究却发现，作物生长前期土壤微生物生物量氮最低，5～11 月土壤微生物生物量氮逐渐增加，随后开始下降。Holmes 和 Zak(1994)对北美落叶林地区土壤研究发现，一年中微生物生物量氮相对稳定。不同生态系统土壤微生物量氮季节变化规律差异的原因尚待进一步研究。

7. 小结

格局影响过程，侵蚀环境下，不同的植被格局对水土流失过程，养分及土壤生物的空间分布影响存在差异，且不同的植被类型由于其生长方式不同，对土壤微生物的影响也存在差异。通过对四种植被格局下土壤微生物生物量的研究得到如下结果：

(1)在植被生长旺盛的夏季，土壤微生物生物量碳在林地-草地-林地和单一的刺槐林地的植被格局下含量较高，且四种植被格局下差异显著。微生物生物量氮与微生物生物量碳不同，四种植被格局相比，草地-林地-草地的植被格局表层土壤微生物生物量氮最高，但四种植被格局间未见显著性差异，而 10～20 cm 土壤撂荒草地含量最高且与两种林草搭配的格局差异显著。研究发现林地与草地相比微生物含量更丰富且不同的植被类型在不同的坡位上影响不同，上坡位的植被类型对中坡位和下坡位的养分及微生物生物量存在直接影响。

(2)MBC/SOC 四种植被格局间差异显著，表现为以林地为主的刺槐林地和林地-草地-林地的植被格局高于撂荒草地和草地-林地-草地的植被格局。MBN/TN 四个植被格局差异不显著。

(3)四种植被格局下土壤微生物生物量均存在显著的季节变化，微生物生物量碳刺槐林和林地-草地-林地植被格局在春季和夏季含量较高，而草地和草地-林地-草地在秋季含量较高，这可能与不同植被类型的生长方式，对土壤有机物质的输入量不同有关，而微生物生物量氮四种植被格局季节变化趋势相似，均表现为夏季含量最高，主要与植物夏季旺盛的生长有关，大量的根系分泌物为微生物的生长提供了更丰富的氮源。

(三)坡面上不同植被格局下土壤微生物代谢活性及功能多样性的变化

1. 不同植被格局下土壤微生物的代谢活性

平均颜色变化率(AWCD)反映了土壤微生物利用碳源的整体能力及微生物的代谢活性，从图 6-14 可以看出，四种不同植被格局下土壤微生物 AWCD 值随着时间的延长呈增加趋势。对于 0～10 cm 土壤，林地-草地-林地和撂荒草地 AWCD 值高于刺槐林地和草地-林地-草地，这与表层土壤微生物生物量碳的含量存在较为相似的规律。10～20 cm 土壤不同植被格局下土壤微生物的代谢活性与表层土壤不同，AWCD 值撂荒草地＞刺槐林＞草地-林地-草地＞林地-草地-林地。

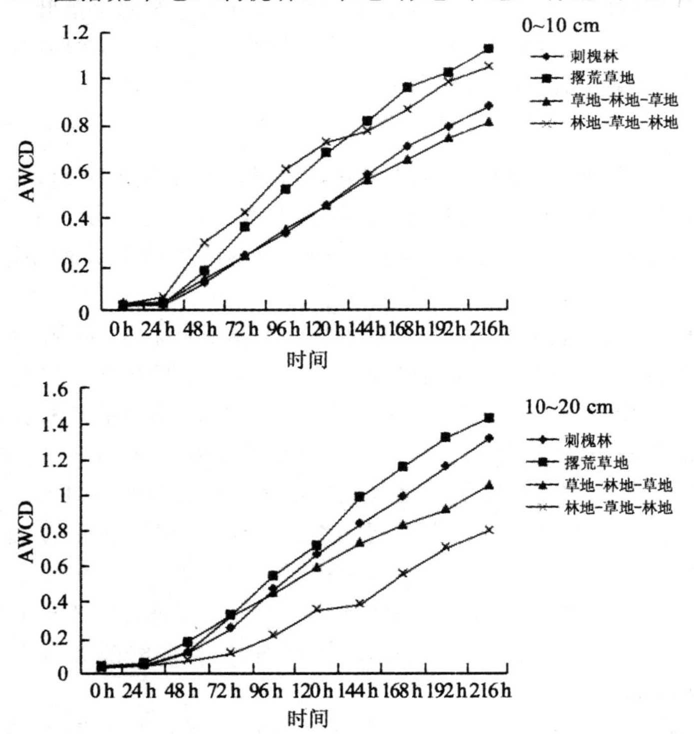

图 6-14　不同植被格局下土壤微生物 BIOLOG 碳源平均颜色变化率

2. 不同植被格局下土壤微生物对不同类型碳源的利用

通过对四种不同植被格局下土壤微生物对六种主要碳源类型的利用程度分析，由图 6-15 可以看出，对于 0～10 cm 和 10～20 cm 土壤，总体来讲土壤微生物对碳源的利用主要还是集中在糖类、氨基酸类、羧酸类和聚合物类等四大类物质，对胺类物质的利用程度相对较低，且四种不同的植被格局下不同碳源类型之间土壤微生物的利用上均存在显著性的差异（$P<0.05$）。但方差分析显示，对于六种不同类型碳源的利用，0～10 cm 土壤四种植被格局之间差异主要存在与聚合物类和其他类型的碳源，其中聚合物类草地-林地-草地显著高于撂荒草地。10～20 cm 土壤四种植被格局之间的差异主要表现在对胺类和氨基酸类碳源的利用程度不同，林地-草地-林地土壤微生物对胺类物质的利用显著高于草地-林地-草地且对氨基酸类碳源的利用显著高于其他三种植被格局。对于四种不同的植被格局，0～10 cm 土壤微生物利用程度最高的碳源类型除林地-草地-林地为氨基酸类外其他三种植被格局均为糖类，10～20 cm 土壤除了刺槐林为氨基酸类外其他三种植被格局均为糖类。

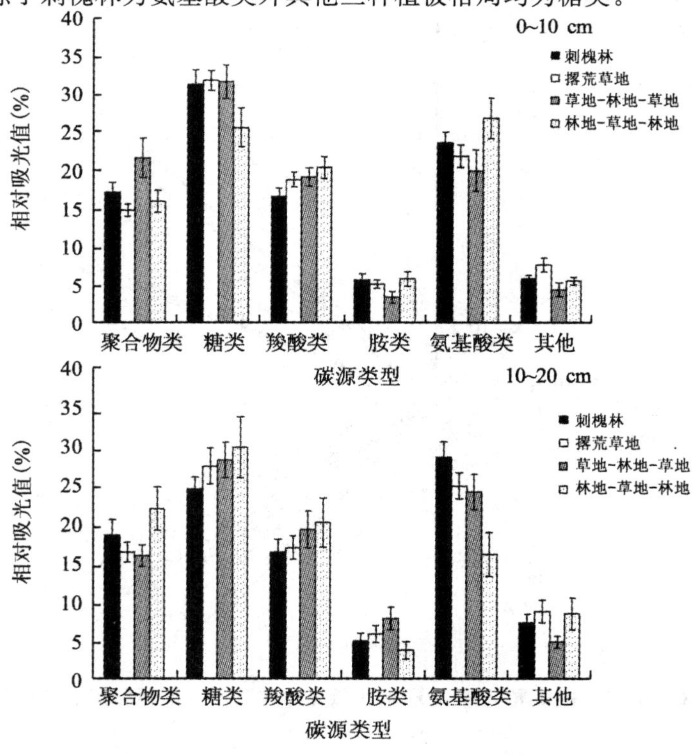

图 6-15　不同植被格局下土壤微生物对不同碳源类型的利用

3. 不同植被格局下土壤微生物代谢多样性类型的变化

利用 Canoco 4.5 对 96h Biolog 数据进行主成分分析。数据矩阵包括 23 行代表 23 个不同的采样样地，31 列代表生态板上分布的 31 种不同的碳源物质，对 0～10 cm 土壤微生物碳源的利用分析的结果提取出两大主成分，主成分 1(PC1) 和主成分 2(PC2) 分别能解释 41.56% 和 15.65% 的变异。图 6-16 中带箭头的直线代表被利用的碳源物质，直线上所标的 2～32 的数字与生态板上的 31 种碳源相一致。带箭头的向量与箭头所指的方向呈正相关关系，与箭头所指相反的方向呈负相关关系，而与箭头方向呈直角的无相关关系(Yan 等，2000)。箭头的方向可以用来区分不同的样地对碳源的利用，一般来说，样地中的微生物群落对箭头与之完全相反方向的碳源的利用程度较低。能被所有样地微生物利用的碳源分布在原点的位置。样地之间分散代表着在对碳源利用的类型和数量上存在差异。0～10 cm 土壤，单一植被坡面上特别是撂荒草地坡面上代表不同样地的点分布比较紧凑，说明不同样地微生物群落对碳源的利用上较为相似，而林地-草地-林地和草

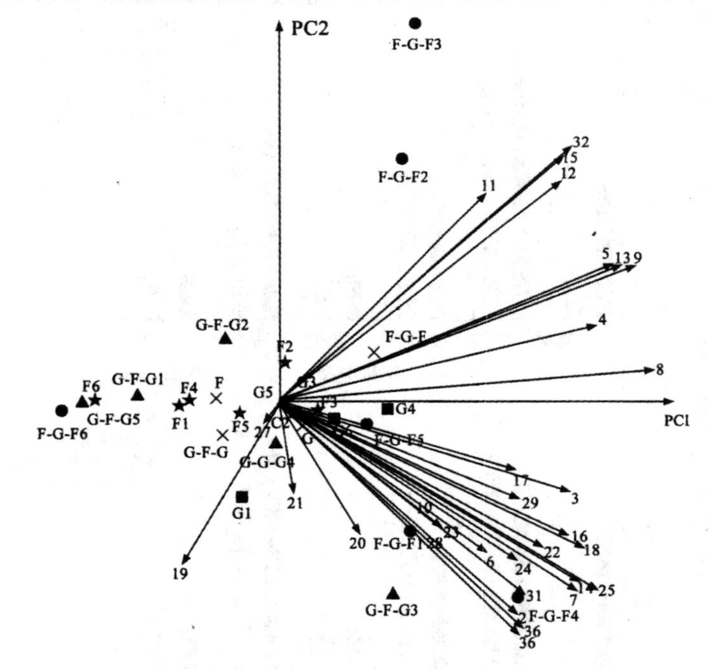

图 6-16　不同植被格局下 0～10 cm 土壤微生物对不同碳源利用的主成分分析

F1～F6、G1～G6、G-F-G1～G-F-G6、F-G-F1～F-G-F6 分别代表刺槐林、撂荒草地、草地-林地-草地及林地-草地-林地坡面上自坡顶到坡趾分布的样地。

地-林地-草地两个坡面上样点的分布较为分散，不同样地微生物群落对碳源的利用上差异比较大。代表不同植被格局的点之间的距离可以代表碳源利用的相似性，距离越远，差异越大。如图 6-17 所示，10～20 cm 土壤，主成分 1 可以解释 38.10%的变异，主成分 2 可以解释 11.62%的变异。由图中代表不同样地的点的分布情况来看，4 种不同的植被格局样地的分布均较为分散，不同的样地土壤微生物群落对不同碳源的利用存在较大差异。

如表 6-10 和表 6-11 所示，对与两大主成分显著相关的碳源物质进行分析后发现，0～10 cm 土壤，对主成分 1 贡献率较大的碳源主要有 17 种，分属于糖类、羧酸类、胺类、氨基酸类及其他物种碳源类型，对主成分 2 贡献率较大的碳源主要有四种，分属于羧酸类、胺类和氨基酸类三种类型的碳源。10～20 cm，与主成分 1 显著相关的碳源主要有糖类、羧酸类、胺类、氨基酸类和其他五种类型碳源中的 15 种碳源物质，与主成分 2 显著相关的主要是羧酸类物质。

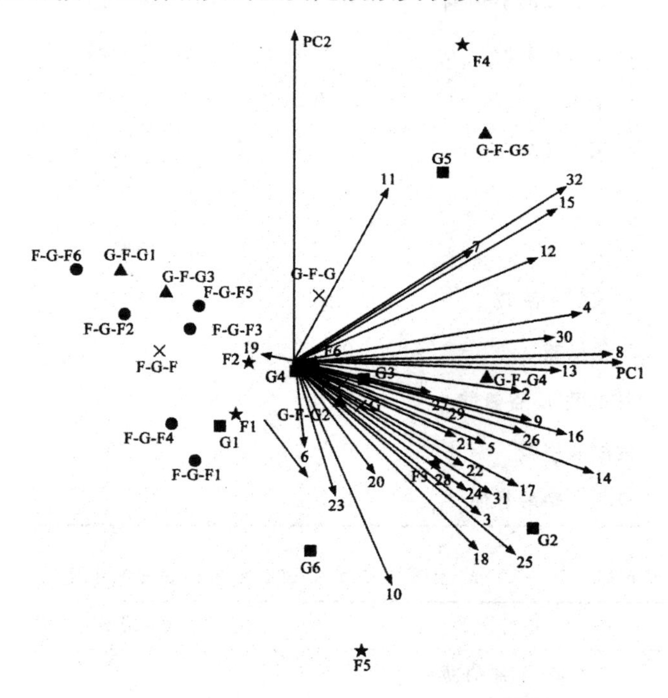

图 6-17　不同植被格局下 10～20 cm 土壤微生物对不同碳源利用的主成分分析

F1～F6、G1～G6、G-F-G1～G-F-G6、F-G-F1～F-G-F6 分别代表刺槐林、撂荒草地、草地-林地-草地及林地-草地-林地坡面上自坡顶到坡趾分布的样地。

表 6-10　0～10 cm 土壤与主成分 1 和主成分 2 相关性显著的主要碳源

	主成分 1		主成分 2	
糖类	β-甲基-D-葡萄糖苷	0.678		
	D-木糖/戊醛糖	0.614		
	D-甘露醇	0.798		
	N-乙酰-D 葡萄糖氨	0.818		
	D-纤维二糖	0.887		
	1-磷酸葡萄糖	0.704		
	α-D-乳糖	0.665		
羧酸类	D-半乳糖酸 γ-内酯	0.767	2-羟基苯甲酸	−0.686
	D-半乳糖醛酸	0.824	4-羟基苯甲酸	−0.759
	D-苹果酸	0.701		
	D-葡糖胺酸	0.722		
胺类			腐胺	−0.746
氨基酸类	L-精氨酸	0.69	L-苯丙氨酸	−0.687
	L-天门冬酰胺	0.869		
	L-丝氨酸	0.718		
	甘氨酰-L-谷氨酸	0.709		
其他	丙酮酸甲酯	0.752		
	D,L-α-磷酸甘油	0.722		

表 6-11　10～20 cm 土壤与 PC1 和 PC2 相关性显著的主要碳源

	主成分 1		主成分 2	
糖类	β-甲基-D-葡萄糖苷	0.632		
	D-甘露醇	0.938		
	D-纤维二糖	0.738		
	1-磷酸葡萄糖	0.675		

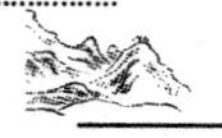

续表 6-11

	主成分 1		主成分 2	
羧酸类	*D*-半乳糖酸 γ-内酯	0.618	2-羟基苯甲酸	−0.701
	4-羟基苯甲酸	0.613		
	D-苹果酸	0.645		
胺类	腐胺	0.641		
氨基酸类	*L*-精氨酸	0.796		
	L-天门冬酰胺	0.895		
	L-苯丙氨酸	0.636		
	L-丝氨酸	0.814		
	甘氨酰-*L*-谷氨酸	0.628		
其他	丙酮酸甲酯	0.613		
	D,*L*-α-磷酸甘油	0.731		

4.不同植被格局下土壤微生物对单一碳源的利用

为了更好地分析那些碳源的利用在四种不同的植被格局之间差异较为显著，对区分不同植被格局下微生物群落结构的贡献较大，对四种植被格局下土壤微生物对 31 种碳源的利用分别进行单因素方差分析。研究结果显示，0～10 cm 土壤，如表 6-12 所示，土壤微生物群落对 31 种碳源中的 11 种碳源的利用程度上四种不同的植被格局之间差异显著($P<0.05$)，且差异主要存在于林地-草地-林地和林地及林地-草地-林地和草地-林地-草地之间。表中所列差异性比较显著的碳源包括 5 种羧酸类、1 种氨基酸类、1 种胺类和 3 种聚合物类碳源。由于糖类物质均能够被四种植被格局下的微生物群落利用，所以对糖类物质的利用上不同植被格局间无显著性差异。10～20 cm 土壤，如表 6-13 所示，31 种碳源中有 21 种碳源四种不同植被格局下土壤微生物群落的利用上存在显著差异，其中包括 2 种聚合物类、4 种糖类、6 种羧酸类、1 种胺类、7 种氨基酸类和 2 种其他类型的碳源。差异主要存在于单一的植被格局与林草搭配的格局之间及林地-草地-林地和草地-林地-草地两种林草搭配的植被格局之间。

表 6-12 不同植被格局下 0～10 cm 土壤微生物群落对单一碳源利用的差异性

碳源	标号	刺槐林 (F)	撂荒草地 (G)	草地-林地-草地 (G-F-G)	林地-草地-林地 (F-G-F)
丙酮酸甲脂	5			F-G-F	G-F-G
D-半乳糖醛酸	7	F-G-F		F-G-F	F；G-F-G
吐温-40	9	F-G-F			F
2-羟基苯甲酸	11	F-G-F		F-G-F	F；G-F-G
L-苯丙氨酸	12	F-G-F		F-G-F	F；G-F-G
吐温-80	13	F-G-F			F
4-羟基苯甲酸	15			F-G-F	G-F-G
α-环式糊精	17			F-G-F	G-F-G
α-羟丁酸	19	G-F-G		F；F-G-F	G-F-G
α-丁酮酸	27	G-F-G；F-G-F	G-F-G；F-G-F	F；G	F；G
腐胺	32			F-G-F	G-F-G

表中表征碳源的数字与 Biolog 板上相一致，四种植被格局与表中所列的植被格局之间差异显著($P=0.05$)。

表 6-13 不同植被格局下 10～20 cm 土壤微生物群落对单一碳源利用的差异性

碳源	标号	刺槐林 (F)	撂荒草地 (G)	草地-林地-草地 (G-F-G)	林地-草地-林地 (F-G-F)
β-甲基-*D*-葡萄糖苷	2			F-G-F	G-F-G
L-精氨酸	4	F-G-F	F-G-F		F；G
丙酮酸甲脂	5	G-F-G；F-G-F	G-F-G；F-G-F	F；G	F；G
D-木糖戊醛糖	6	G-F-G		F	
D-半乳糖醛酸	7	G；F-G-F	F		F
L-天门冬酰胺	8	F-G-F	F-G-F	F-G-F	F；G；G-F-G
吐温-40	9	F-G-F	F-G-F		F；G
i-赤藓糖醇	10		F-G-F		G
L-苯丙氨酸	12	F-G-F			F

续表 6-13

碳源	标号	刺槐林 (F)	撂荒草地 (G)	草地-林地-草地 (G-F-G)	林地-草地-林地 (F-G-F)
吐温 80	13			F-G-F	G-F-G
D-甘露醇	14	F-G-F	F-G-F		F;G
4-羟基苯甲酸	15			F-G-F	G-F-G
L-丝氨酸	16	F-G-F	F-G-F	F-G-F	F;G;G-F-G
γ-羟丁酸	19	G; G-F-G; F-G-F	F	F	F
L-苏氨酸	20	G; G-F-G; F-G-F	F	F	F
D-葡糖胺酸	22			F-G-F	G
甘氨酰-*L*-谷氨酸	24		F-G-F	F-G-F	F;G
α-丁酮酸	27	G-F-G; F-G-F	G-F-G; F-G-F	F;G	F;G
苯乙胺	28		F-G-F		G
D,*L*-*α*-磷酸甘油	30	F-G-F			F
D-苹果酸	31	F-G-F	F-G-F		F;G

表中表征碳源的数字与 Biolog 板上相一致，四种植被格局与表中所列的植被格局之间差异显著($P=0.05$)。

5. 不同植被格局下土壤微生物的功能多样性

Shannon-Wiener 多样性指数(H')，Shannon-Wiener 均匀度指数(E)、Simpson 优势度指数(D_s)及丰富度指数(S)都是比较常用的表征物种多样性的指数。Simpson 优势度指数是测定群落组织水平最常用的指标之一，Simpson 优势度指数越大，表示群落受优势物种的影响比较大。如表 6-14 所示，0～10 cm 表层土壤，Shannon-Wiener 多样性指数的大小顺序为林地-草地-林地＞撂荒草地＞刺槐林＞草地-林地-草地，此外，四个不同植被格局相比较，撂荒草地的 Shannon-Wiener 均匀度指数最高，林地-草地-林地 Simpson 优势度指数最高，而刺槐林的丰富度指数最高，但四个不同植被格局土壤微生物功能多样性指数之间的差异均没有达到显著水平($P>0.05$)。10～20 cm 土壤，土壤微生物功能多样性指数间存在显著性差异($P<0.05$)。单一植被格局刺槐林地和撂荒草地与两种林草搭配的植被格局相比拥有较高的 Shannon-Wiener 多样性指数、Shannon-Wiener 均匀度指数和丰

富度指数，而林地-草地-林地和草地-林地-草地拥有较高的 Simpson 优势度指数。

表 6-14　不同植被格局下土壤微生物群落的功能多样性

0～10 cm	H'	E	D_s	S
刺槐林	2.75±0.197a	0.83±0.051a	0.089±0.033a	27.42±1.97a
撂荒草地	2.77±0.074a	0.86±0.035a	0.079±0.010a	25.81±1.91a
草地-林地-草地	2.75±0.145a	0.83±0.035a	0.086±0.019a	27.30±1.25a
林地-草地-林地	2.78±0.344a	0.84±0.093a	0.092±0.069a	26.89±2.18a
10～20 cm				
刺槐林	2.83±0.094a	0.87±0.037a	0.074±0.009b	26.17±1.94a
撂荒草地	2.83±0.171a	0.87±0.041a	0.075±0.017b	26.61±2.02a
草地-林地-草地	2.74±0.233ab	0.86±0.062a	0.084±0.030ab	24.30±1.84a
林地-草地-林地	2.60±0.177b	0.80±0.043b	0.107±0.023a	25.97±1.20b

表中同一列数据后不同的小写字母代表不同的植被格局之间差异显著（$P<0.05$）。H'：Shannon-Wiener 多样性指数；E：Shannon-Wiener 均匀度指数；D_s：Simpson 优势度指数；S：丰富度指数。

6. 土壤微生物功能多样性同土壤微生物生物量、土壤理化性质和植物多样性的关系

将 Shannon-Wiener 多样性指数，96 h AWCD 值与土壤微生物生物量及土壤理化性质各指标进行相关性分析后发现，如表 6-15 和表 6-16 所示，0～10 cm 的表层土壤，用来表征土壤微生物代谢活性的 AWCD 值与 Shannon-Wiener 多样性指数、土壤水分及电导率均达到了极显著相关（$P<0.01$），与土壤微生物生物量之间存在正相关关系，但未达到显著相关水平。相关分析表明土壤微生物功能多样性与土壤水分之间存在显著的正相关关系，在半干旱的黄土丘陵沟壑区，对于表层土壤，土壤水分是影响土壤微生物多样性和代谢活性的限制性因子。10～20 cm 土壤，AWCD 值只与土壤微生物功能多样性之间存在极显著的正相关关系，而 H' 与土壤微生物生物量及土壤理化性质之间均未见显著的相关关系，影响 10～20 cm 土壤微生物功能多样性的主要因素可能不是微生物的总量或者土壤的结构和性质，而与碳源物质的来源，植被的根系分泌物等因素有关。

将 0～10 cm 和 10～20 cm 用来表征土壤微生物功能多样性的 Shannon-Wiener 多样性指数（H'）和用来表征植物多样性的多样性指数（$H'_{vegetation}$）进行回归分析后发现，土壤微生物功能多样性与植物多样性之间存在显著的相关关系（$P<0.05$），R^2 分别为 0.372 5 和 0.266 6。但表层与 10～20 cm 土壤微生物的功能多

样性随植物多样性指数的变化回归曲线变化趋势不同，总体来看，表层土壤微生物功能多样性随植物多样性的增加呈降低趋势而 10～20 cm 土壤微生物的功能多样性在大部分范围内呈增加趋势。

表 6-15 0～10 cm 土壤微生物多样性与土壤微生物量及土壤理化性质的相关关系

	AWCD	H'	MBC	MBN	SOC	TN	SM	pH	EC	BD
AWCD	1	0.714**	0.356	0.227	0.064	0.138	0.608**	−0.245	0.446*	−0.036
H'		1	0.063	0.214	0.037	0.032	0.515*	0.012	0.262	−0.420*
MBC			1	0.606**	0.234	0.460*	−0.125	−0.474*	0.430*	0.243
MBN				1	0.702**	0.828**	0.115	−0.278	0.460*	−0.2
SOC					1	0.947**	0.046	0.01	0.221	−0.336
TN						1	−0.002	−0.192	0.29	−0.278
SM							1	−0.151	0.467*	0.164
pH								1	−0.607**	−0.149
EC									1	0.168

表中*代表 $P<0.05$ 水平显著相关，**代表 $P<0.01$ 水平显著相关，AWCD—平均颜色变化率，H'—Shannon-Wiener 多样性指数；MBC—土壤微生物生物量碳，MBN—土壤微生物生物量氮，SOC—土壤有机碳，TN—土壤全氮，SM—土壤水分，BD—土壤容重，EC—土壤电导率。

表 6-16 10～20 cm 土壤微生物多样性与土壤微生物量及土壤理化性质的相关关系

	AWCD	H'	MBC	MBN	SOC	TN	SM	pH	EC	BD
AWCD	1	0.670**	−0.104	0.291	0.192	0.119	0.248	−0.104	0.018	−0.27
H'		1	0.089	0.305	0.212	0.104	0.272	−0.059	0.015	−0.209
MBC			1	0.582**	0.358	0.447*	−0.139	−0.500*	0.221	0.121
MBN				1	0.801**	0.836**	0.129	−0.412	0.372	−0.038
SOC					1	0.897**	−0.014	−0.065	0.194	−0.032
TN						1	0.002	−0.357	0.393	−0.028
SM							1	−0.163	0.530**	0.254
pH								1	−0.549**	0.045
EC									1	0.176

表中*代表 $P<0.05$ 水平显著相关，**代表 $P<0.01$ 水平显著相关，AWCD—平均颜色变化率，H'—Shannon-Wiener 多样性指数；MBC—土壤微生物生物量碳，MBN—土壤微生物生物量氮，SOC—土壤有机碳，TN—土壤全氮，SM—土壤水分，BD—土壤容重，EC—土壤电导率。

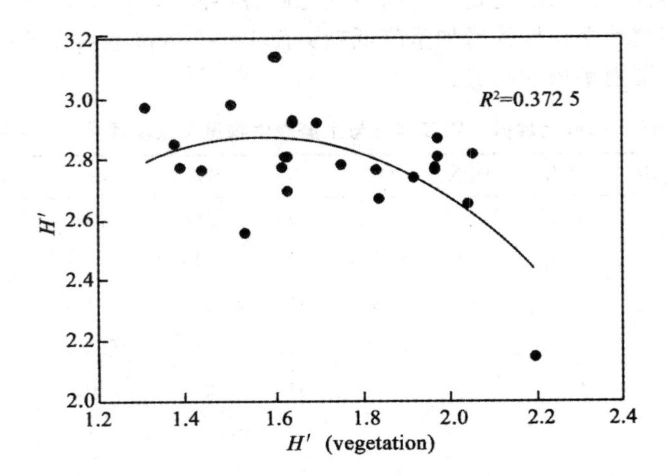

图 6-18　0～10 cm 土壤微生物功能多样性与植物多样性之间的关系

图中 H'：表征土壤微生物的 Shannon-Wiener 多样性指数，

H'(vegetation)：表征植被的 Shannon-Wiener 多样性指数。

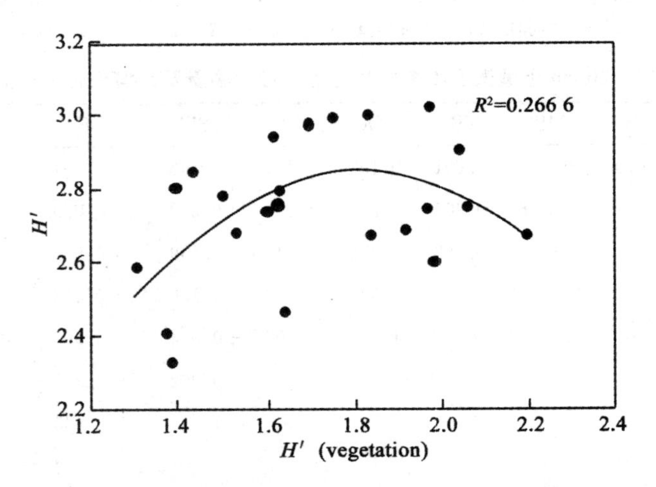

图 6-19　10～20 cm 土壤微生物功能多样性与植物多样性之间的关系

图中 H'：表征土壤微生物的 Shannon-Wiener 多样性指数，

H'(vegetation)：表征植被的 Shannon-Wiener 多样性指数。

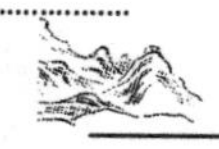

7. 讨论

(1)不同植被格局下土壤微生物的代谢活性

土壤微生物群落多样性反映了群落总体的动态变化，而研究土壤微生物对不同碳源利用能力的差异，可深入了解微生物群落的结构组成，以 Biolog 微孔板碳源利用为基础的定量分析为描述微生物群落功能多样性提供了一种更为简单和快速的方法(郑华等，2004)。AWCD 值可以反映微生物的总体代谢活性，由四种不同植被格局下土壤微生物对不同碳源的总体利用程度的结果看出，对于表层土壤，林地-草地-林地和撂荒草地植被格局下土壤微生物的代谢活性高于刺槐林和草地-林地-草地的植被格局，相关分析表明土壤微生物的代谢活性与土壤微生物功能多样性、土壤水分和电导率关系密切，林地-草地-林地土壤微生物功能多样性指数较高而撂荒草地含水量较高应该是这两种植被格局下微生物活性相对较高的主要原因，同时也再次说明在半干旱地区，水分作为主要的环境胁迫因子限制了微生物的活性。对于 10～20 cm 土壤，四种植被格局相比，刺槐林地和撂荒草地两种单一的植被格局 AWCD 值高于两种林草搭配的植被格局。与一些研究不同(Grayston 等，2003；White 等，2005)，微生物对碳源的利用率与 pH 关系不明显，并未随 pH 的升高而增加，原因可能是大多的研究土壤呈酸性，酸性抑制了微生物种群对碳的利用，而在黄土高原地区，土壤多为碱性土壤。

(2)不同植被格局下土壤微生物群落对不同碳源的利用

Biolog 生态板上拥有六种不同类型共 31 种不同的碳源，通过对四种不同植被格局下微生物对不同类型碳源的利用程度进行分析后发现，不同碳源类型之间均存在显著性差异，微生物群落利用率比较高的碳源主要有糖类、氨基酸类、羧酸类和聚合物类的碳源，这与这些碳源类型在土壤当中分布较为丰富有关。主成分分析显示对 31 种碳源的利用中可以提取出来两大主成分，对表层土壤来说，单一的植被格局不同样地之间变异较林草搭配的格局较小，样点分布较为集中，对碳源的利用较为相似。对于 10～20 cm 土壤，四种植被格局不同样点之间的变异均较大，对碳源的利用上均存在较大差异，这可能与 10～20 cm 水分含量较高、微生物受水分胁迫较小及微生物的多样性较高有关。继而对四种植被格局利用程度差异显著的碳源进行分析发现，表层土壤 31 种碳源中有 11 种碳源四种植被格局下微生物群落的利用存在显著性差异，差异主要存在于林地-草地-林地和林地及草地-林地-草地之间且研究发现表层微生物四种植被对糖类的利用上较为相似。10～20 cm 土壤中四种植被格局微生物群落对碳源的利用上差异较大，有 21 种碳源的利用存在显著差异。

(3)不同植被格局下土壤微生物的功能多样性

Waid(1999)研究发现植被类型、数量和化学组成都会对微生物的多样性产生影响。虽然表层土壤四种植被格局下微生物功能多样性之间没有显著性差异,但主成分分析显示单一的植被格局撂荒草地下,沿坡面不同的样地土壤微生物群落对碳源的利用上存在相似之处,各样地之间变异较小,而在林草搭配的植被格局下各样地间土壤微生物群落对碳源的利用变异较大。相关分析表明,土壤微生物多样性与土壤水分呈显著性正相关且与土壤容重呈显著负相关,该结果与 Schimel (1995)所研究的结果相一致,在半干旱地区土壤水分可能是影响土壤微生物群落多样性及活性的胁迫因子。干旱将降低能源物质的扩散,增加微生物对氮源和碳源的需求量。10～20 cm 土壤微生物功能多样性指数四种不同的植被格局间存在显著差异,单一的植被格局均匀度和丰富度较高,而林草搭配的格局优势度比较高,相关分析表明,10～20 cm 土壤微生物的功能多样性指数与微生物量及土壤理化性质之间均未见显著性的相关关系,土壤微生物群落的多样性可能主要受到植被根系分泌物等方面的影响。研究结果发现四种不同的植被格局下土壤微生物功能多样性与土壤微生物生物量及有机碳之间并未发现显著性相关性,而 Sharma 等(1997)研究发现土壤微生物功能多样性与微生物生物量存在显著的正相关关系,Yan 等(2000)研究发现土壤微生物功能多样性与土壤有机碳之间存在显著的正相关关系。

土壤微生物群落结构和功能的差异与来源于不同优势树种的枯枝落叶的量和生物化学组成有关,同时与根系分泌物的关系也十分密切(Johansson,1995;Grayston 和 Campbell,1996)。将用来表征土壤微生物功能多样性和表征植物多样性的 Shannon-Wiener 多样性指数进行回归后发现二者存在显著性的相关关系,植物的多样性对土壤微生物的多样性存在显著影响,但随着植物多样性的增加土壤微生物功能多样性先增加后降低,在植物多样性指数大于 1.6 的时候土壤微生物的功能多样性出现降低的趋势,而这主要发生在草地的植被类型下,这表明种植人工林虽然在一定程度上降低了植物的多样性,但是某种程度上对微生物群落的多样性带来有利条件。许多研究表明根系分泌物中的糖类和氨基酸类物质能给微生物提供更多的碳源和氮源(Chaboud,1983),刺槐林是豆科植物,Darcy 等(1987)的研究中指出属于豆科植物的大豆可以分泌有利于根瘤菌的物质。因此,我们认为刺槐林能够通过根系分泌物促进微生物的生长。

8. 小结

通过对四种不同植被格局下土壤微生物对不同碳源利用能力的分析,研究结果如下:

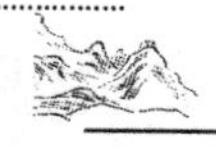

(1)植被格局对土壤微生物群落代谢活性及功能多样性均存在较为显著的影响。对于0～10 cm表层土壤，水分是微生物代谢活性和多样性的限制因子，微生物的功能多样性林地-草地-林地＞撂荒草地＞刺槐林＞草地-林地-草地，AWCD值林地-草地-林地和草地的植被格局高于刺槐林和草地-林地-草地的植被格局，与这两种植被类型拥有较高的土壤水分和多样性有关。10～20 cm土壤，土壤水分对微生物的抑止作用相对较小，微生物的代谢活性和功能多样性均表现为两种单一的植被格局大于两种林草搭配的植被格局。

(2)四种植被格局土壤微生物对碳源的利用上主要集中在糖类、氨基酸类、羧酸类和聚合物类且微生物对碳源的利用程度不同碳源类型之间差异显著。对于0～10 cm表层土壤，单一的植被格局沿坡面不同的样地之间微生物对碳源的利用上较为相似，变异不大，而林草搭配的植被格局下不同的样地之间微生物对碳源的利用上差异较大，对四种植被格局下微生物利用差异较为明显的碳源进行分析后发现表层微生物对碳源利用的差异主要存在于林地-草地-林地和刺槐林及草地-林地-草地之间。10～20 cm四种植被格局沿坡面不同样地土壤微生物对碳源的利用均存在较大变异，对单一碳源的利用上的差异主要存在于两种单一的植被格局与林地-草地-林地之间及两种林草搭配的植被格局之间。表层土壤微生物对碳源的利用上受到土壤水分和植被的共同影响，而10～20 cm土壤受植被本身的影响较大，可能与植被的生长，根系分泌物的种类和数量关系密切。

(四)坡面上不同植被格局下土壤微生物群落结构的变化

1. 不同植被格局下单一脂肪酸的分布

在四种不同的植被格局下的表层土壤和10～20 cm土壤中分别检测到65种和68种磷脂脂肪酸，包括直链饱和脂肪酸、支链饱和脂肪酸、环丙基脂肪酸、单不饱和脂肪酸以及双不饱和脂肪酸。土壤中磷脂脂肪酸中主要以细菌的脂肪酸为主。对表层土壤及10～20 cm土壤中含量较高的42种和46种磷脂脂肪酸占总脂肪酸的百分比进行分析后得到了磷脂脂肪酸在土壤剖面上的分布结构图如图6-20和图6-21所示。表层土壤中，四种不同的植被格局下土壤微生物的磷脂脂肪酸均以16：0含量最高，且两种单一的植被格局磷脂脂肪酸的结构较为相似，16：0、16：1ω7c和cy17：0三种脂肪酸单体的总含量占总磷脂脂肪酸含量的20%以上，两种林草搭配的植被格局磷脂脂肪酸的结构组成比较相似，其中，16：0、16：1ω7c、17：1ω8c和18：1ω9c四种磷脂脂肪酸单体的含量较高，占总磷脂脂肪酸的30%以上。如图6-21所示，对于10～20 cm的土壤，四种植被格局下土壤微生物的磷脂脂肪酸结构较为相似，均以11：0 2OH、a15：0、16：0、16：1ω7c和cy17：

0等脂肪酸的含量较高，占总脂肪酸含量的30%左右。从脂肪酸单体的百分比含量来看，土壤中微生物群落中含量较高的是细菌且不同的脂肪酸单体的含量差异显著，以主要的几种脂肪酸单体为主。

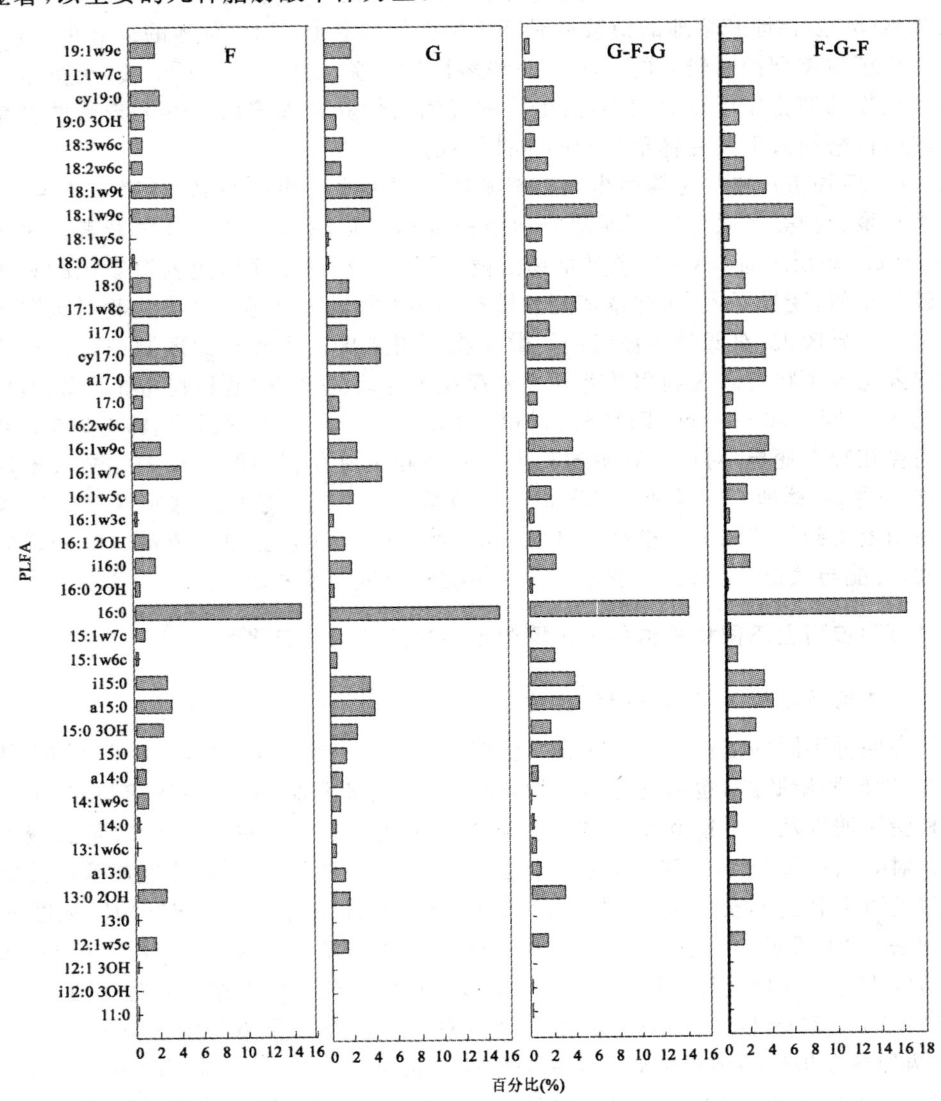

图6-20　0～10 cm土壤不同种类磷脂脂肪酸在不同植被格局下的分布

图中F、G、G-F-G、F-G-F分别代表刺槐林、撂荒草地、草地-林地-草地及林地-草地-林地。

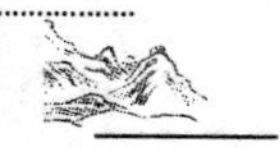

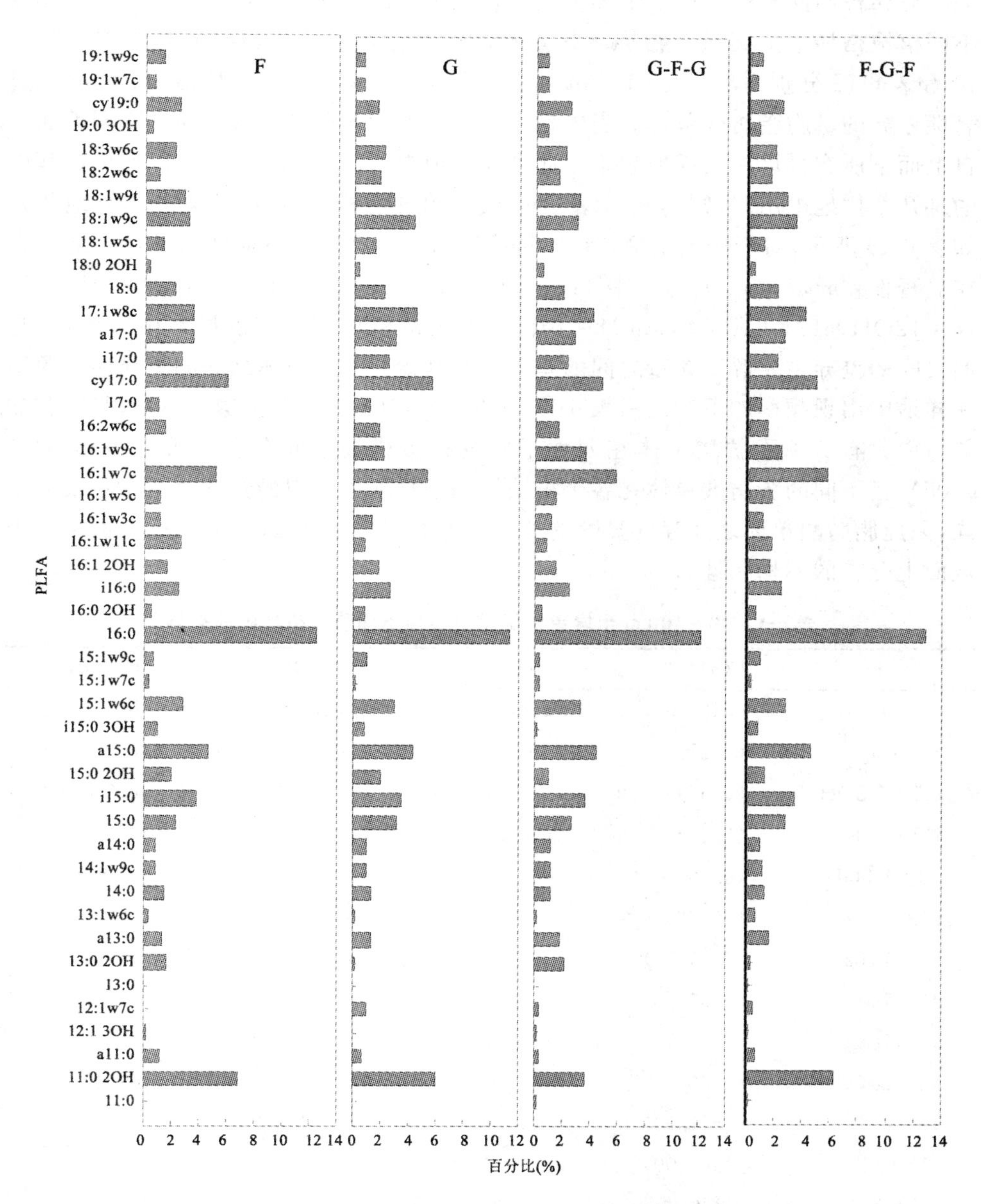

图 6-21 10～20 cm 土壤不同种类磷脂脂肪酸在不同植被格局下的分布

图中 F、G、G-F-G、F-G-F 分别代表刺槐林、撂荒草地、草地-林地-草地及林地-草地-林地。

对四种不同植被格局下土壤微生物磷脂脂肪酸单体分别进行方差分析来比较不同植被格局下土壤微生物群落的差异性主要存在于那些种类的脂肪酸。表6-17和表6-18分别列出了0～10 cm和10～20 cm土壤中四种植被格局之间存在显著性差异的磷脂脂肪酸单体。表中括号里的数字代表该脂肪酸单体在不同坡面上自上而下所有样地中出现的频率。如果在样地中均出现，则表示为1，如果在其中的某几个样地中出现，则用 n/m 表示（n 代表出现的样地数，m 代表总的样地数）。如表6-15所示，对于表层土壤，有26种脂肪酸单体在四种不同的植被格局之间存在显著性差异（$P<0.05$），其中11∶0、14∶2ω6c、15∶0、a15∶0、i15∶0、i16∶0、16∶12OH、a17∶0、i17∶0和18∶0在不同植被格局下所有的样地中均出现，它们之间的差异主要源于含量之间的差异。而其他脂肪酸单体之间的差异还来源于在样地中出现频率的不同。由表6-17可以看出，10～20 cm土壤68种磷脂脂肪酸单体中只有7种脂肪酸单体在四种不同的植被格局之间存在显著性差异（$P<0.05$），且不同的脂肪酸单体在各个植被格局下样地中出现的频率之间存在很大不同，因此脂肪酸单体之间存在显著的差异一方面来自于含量的差异，一方面来自于坡面上分布的不均一性。

表6-17　0～10 cm土壤单体脂肪酸四种不同植被格局间的差异

	F(a)	G(b)	G-F-G(c)	F-G-F(d)
11∶0	c,d(1.00)	c,d(1.00)	a,b(1.00)	a,b(1.00)
a11∶0	(0.17)	(0.50)	c(0.00)	d(0.67)
i11∶0 3OH	(0.67)	d(0.50)	d(0.60)	b,c(0.00)
i12∶0 3OH	(0.50)	c(0.33)	b(1.00)	(0.33)
12∶1 3OH	(0.50)	(0.67)	d(0.20)	c(1.00)
a13∶0	d(0.33)	(0.83)	d(1.00)	a,c(1.00)
13∶1ω6c	c,d(0.33)	(0.67)	a(0.8)	a(1.00)
13∶1ω8c	(0.50)	(0.67)	d(0.00)	c(0.67)
14∶1ω9c	c(1.00)	c(0.67)	a,b,d(0.2)	c(1.00)
14∶2ω6c	(1.00)	(1.00)	d(1.00)	c(1.00)
15∶0	c,d(1.00)	c(1.00)	a,b,d(1.00)	c(1.00)
a15∶0	c,d(1.00)	(1.00)	a(1.00)	a(1.00)
i15∶0	c(1.00)	(1.00)	a(1.00)	(1.00)
15∶1ω6c	c(0.17)	(0.33)	a(0.80)	(0.83)

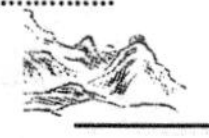

续表 6-17

	F(a)	G(b)	G-F-G(c)	F-G-F(d)
16：0 3OH	d(0.00)	d(0.00)	(0.60)	a,b(0.67)
i16：0	c(1.00)	(1.00)	a(1.00)	(1.00)
16：12OH	(1.00)	c(1.00)	b(1.00)	(1.00)
16：1ω5c	b(0.67)	a(1.00)	(1.00)	(1.00)
a17：0	(1.00)	d(1.00)	(1.00)	b(1.00)
i17：0	c(1.00)	(1.00)	a(1.00)	(1.00)
18：0	c(1.00)	(1.00)	a(1.00)	(1.00)
18：0 2OH	c,d(0.33)	c,d(0.17)	a,b(1.00)	a,b(1.00)
18：1ω5c	c,d(1.00)	c(0.17)	a,b,d(1.00)	a,c(0.67)
18：3ω6c	(1.00)	c(1.00)	b(0.8)	(1.00)
19：1ω9c	c(1.00)	c(1.00)	a,b,d(0.40)	c(0.87)
i17：1ω5c	c,d(0.50)	(0.17)	a(0.00)	a(0.00)

表中不同的植被格局由不同的小写字母表示，不同的植被格局与同一列中列出的植被格局之间差异显著($P<0.05$，F、G、G-F-G、F-G-F 分别代表刺槐林、撂荒草地、草地-林地-草地及林地-草地-林地。

表 6-18　10～20 cm 土壤单体脂肪酸四种不同植被格局间的差异

	F(a)	G(b)	G-F-G(c)	F-G-F(d)
a11：0	b,c,d(1.00)	a(1.00)	a(0.60)	a(0.83)
12：1ω7c	b(0.00)	a,c(0.83)	b(0.40)	(0.33)
13：03OH	(0.5)	c(0.17)	b,d(0.60)	c(0.17)
13：1ω6c	(0.5)	d(0.33)	d(0.20)	b,c(0.83)
13：1ω8c	b,d(0.5)	a(0.00)	(0.30)	a(0.00)
16：1ω5c	b(0.83)	a(1.00)	(0.80)	(1.00)
17：1ω5c	c(0.00)	c(0.00)	a,b,d(0.40)	c(0.00)

表中不同的植被格局由不同的小写字母表示，不同的植被格局与同一列中列出的植被格局之间差异显著($P<0.05$)，F、G、G-F-G、F-G-F 分别代表刺槐林、撂荒草地、草地-林地-草地及林地-草地-林地。

将四种植被格局下表层土壤和 10～20 cm 土壤中分布较为丰富的 42 种和 46 种脂肪酸单体所占总磷脂脂肪酸的百分比进行主成分分析，对于 0～10 cm 表层土壤，提取出来的两大主成分能够解释变异量的 37.98%，如图 6-22 所示，四种不同的植被格局在主成分 1(PC1)方向上的得分系数差异显著($F=5.703$，$P=0.006$)，差异主要存在与两种林草搭配的植被格局与两种单一的植被格局之间，其中草地-

林地-草地的植被格局与刺槐林和撂荒草地之间的差异均达到了显著水平，而林地-草地-林地只与刺槐林地之间存在显著性差异。对于10～20 cm土壤，由46种磷脂脂肪酸中提取出来的两大主成分分别解释变异量的36.24%和10.33%，但如图6-22所示，代表四种植被格局的点分布较为集中，在主成分1(PC1)和主成分2(PC2)上得分系数间均未见显著性差异。与主成分1(PC1)和主成分2(PC2)显著相关的磷脂脂肪酸单体如表6-19所示。

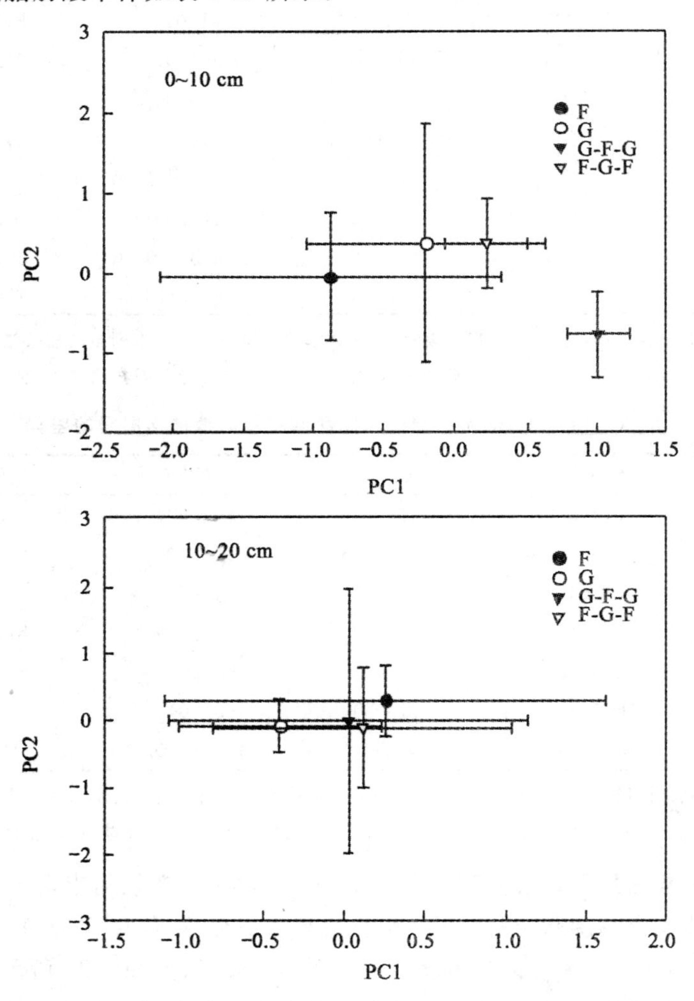

图6-22　不同植被格局下土壤微生物PLFA主成分分析图

图中F、G、G-F-G、F-G-F分别代表刺槐林、撂荒草地、草地-林地-草地及林地-草地-林地。

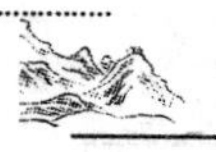

表 6-19　与主成分显著相关的土壤微生物 PLFA 单体

0～10 cm				10～20 cm			
主成分 1		主成分 2		主成分 1		主成分 2	
i16：0	0.825	16：0	0.776	19：1ω9c	0.931	11：0	0.570
i15：0	0.782	17：0	0.693	16：0	0.917	a15：0	0.776
15：0	0.743	15：03OH	0.693	16：1ω3c	−0.877	I15：0	0.761
16：1ω7c	0.743	16：12OH	0.685	16：2ω6c	−0.857	18：1ω9t	0.675
15：1ω6c	0.694	cy19：0	0.659	a13：0	0.856	14：0	0.640
18：0	0.664	a13：0	0.607	19：1ω7c	0.828	18：0	0.608
16：1ω9c	0.655	11：0	0.558	15：1ω6c	−0.825		
15：1ω7c	−0.639	14：2ω6c	0.537	i16：0	−0.808		
18：1ω5c	0.638	18：3ω6c	0.505	cy19：0	0.807		
18：1ω9t	0.609			18：1ω5c	−0.799		
i17：0	0.599			13：0	0.780		
a15：0	0.598			15：1ω7c	0.762		
13：0	−0.592			12：13OH	0.756		
14：1ω9c	−0.587			14：2ω6c	0.737		
16：1ω5c	0.574			i17：0	−0.737		
19：1ω9c	−0.561			19：03OH	0.732		
12：1 3OH	−0.500			15：0	−0.729		
				11：0	0.713		
				14：1ω9c	0.713		
				16：1ω7c	−0.686		
				18：2ω6c	−0.601		
				13：03OH	−0.601		
				18：3ω6c	−0.581		
				18：1ω9c	−0.560		
				15：1ω9c	0.556		
				16：1ω5c	−0.553		
				13：1ω6c	0.545		

2. 不同植被格局下土壤细菌、真菌、革兰阴性菌和革兰阳性菌的量

用 i15：0、a15：0、i16：0、16：0、16：1ω9c、16：1ω7、i17：0、a17：0、cy17：0、17：0、18：1ω7 [illegible] cy19：0 的量计算细菌的含量，用 18：2ω6c 和 18：3ω6c 的量代表真菌的含 [illegible]：1ω7t、16：1ω7c、cy17：0、18：1ω7 和 cy19：0 表示革兰阴性菌(G^-) [illegible] 15：0、i16：0、i16：1、i17：0、a17：0 代表革兰阳性菌(G^+)。研究 [illegible] 示，除刺槐林和撂荒草地真菌的含量 10～20 cm 高于 0～10 cm [illegible] 兰阴性菌和阳性菌表层土壤的含量均高于 10～20 cm 土壤 [illegible] 不同植被格局下各微生物群落之间的差异主要存在于表 [illegible] 壤各指标不同植被格局间均未见显著性差异。对于表层 [illegible] -248.26 nmol/g 之间变化，林地-草地-林地植被搭配 [illegible] 高于撂荒草地。真菌含量的大小顺序为林地-草地- [illegible] 地＞刺槐林地，但由于各样地之间真菌含量的变 [illegible] 著差异。革兰阴性菌和阳性菌分别在 51.36～5 [illegible] l/g 之间变化，其中革兰阴性菌的含量与细菌 [illegible] 相似，刺槐林和林地-草地-林地高于撂荒草 [illegible] 被格局间差异未达到显著水平。革兰阳性菌与阴性 [illegible] 的植被格局高于两种单一的植被格局且林地-草地-林地显著 [illegible] 看来，种植人工林或采取林草搭配的植被模式与撂荒草地相比更有利 [illegible] 的提高，而对于真菌含量的提高上无明显差异。细菌/真菌和 G^+/G^- 也是两 [illegible] 正土壤微生物群落结构的重要指标，如图 6-23 所示，细菌与真菌的比在刺槐林、撂荒草地、草地-林地-草地和林地-草地-林地四种植被格局下呈递减趋势，其中刺槐林和林地-草地-林地之间的差异达到了显著水平，而 G^+/G^- 表现为草地-林地-草地显著高于刺槐林地和撂荒草地。对与 10～20 cm 土壤，微生物群落在土壤中的分布较为相似，各菌群的含量之间均未见显著性差异。

3. 不同植被格局下土壤微生物群落结构的季节性变化

对四种不同植被格局下土壤细菌、真菌、革兰阴性菌和阳性菌季节性变化进行分析，研究结果如图 6-24 和图 6-25 所示，不同的微生物菌群均存在明显的季节性变化趋势，且不同的植被格局，不同层次的土壤剖面上土壤微生物群落的季节性变化趋势存在差异。对于表层土壤，不同植被格局下土壤细菌的含量均表现为夏季最高，刺槐林和撂荒草地的细菌含量夏季、秋季和春季表现为先降低再升高，而两

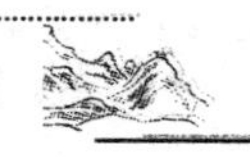

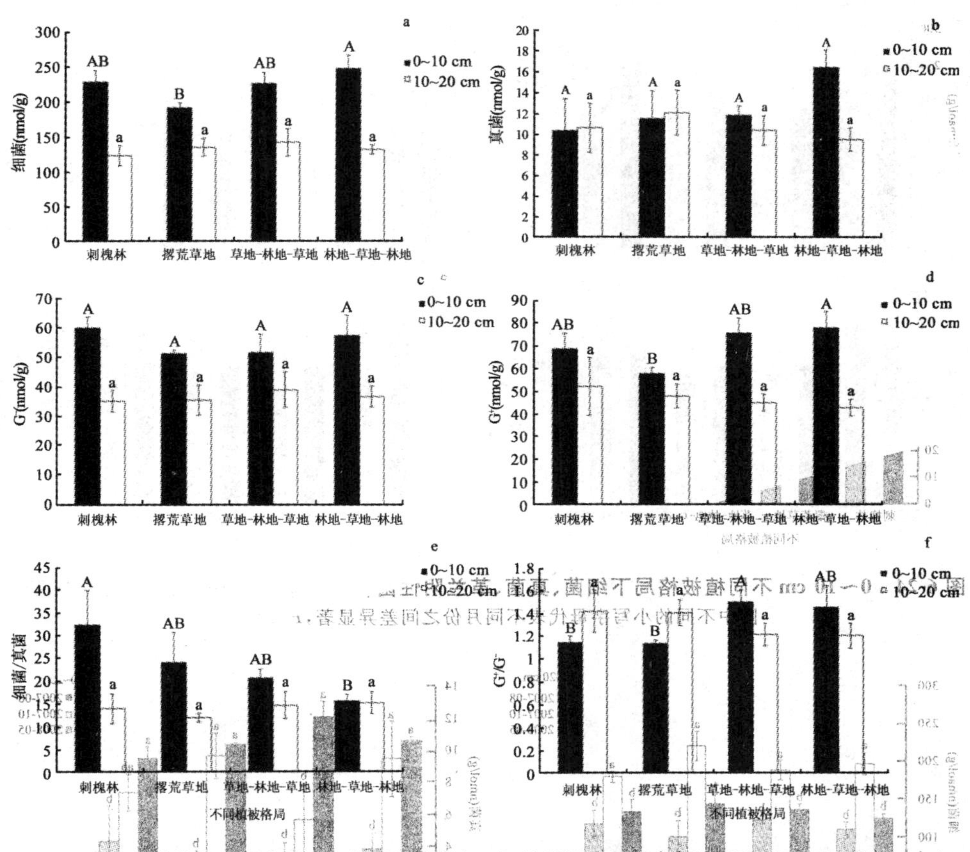

图 6-23　不同植被格局下细菌、真菌、革兰阴性菌(G^-)、革兰阳性菌(G^+)的含量及细菌/真菌和 G^+/G^-

图中大写字母不同代表 0～10 cm 土壤四种不同植被格局之间差异显著，小写字母不同代表 10～20 cm 土壤四种不同植被格局之间差异显著，$P<0.05$。

种林草搭配的植被格局则表现为递减的趋势。真菌的季节性变化趋势与细菌存在较大差异，除林地-草地-林地夏季、秋季和春季呈现递减趋势外，其他三种植被格局均表现为先升高后增加，在秋季含量最高而春季含量最低。革兰阴性菌和阳性菌变化趋势较为一致，均表现为秋季含量较低而夏季和春季含量较高。对于 10～20 cm 土壤，土壤中各微生物菌群的季节性变化趋势与表层土壤呈现完全相反的趋势，细菌、革兰阴性菌和阳性菌均表现为秋季含量最高，夏季和春季含量较低，而真菌在夏季、秋季、春季三个季节的变化则呈现递减的趋势，表现为夏季最高。

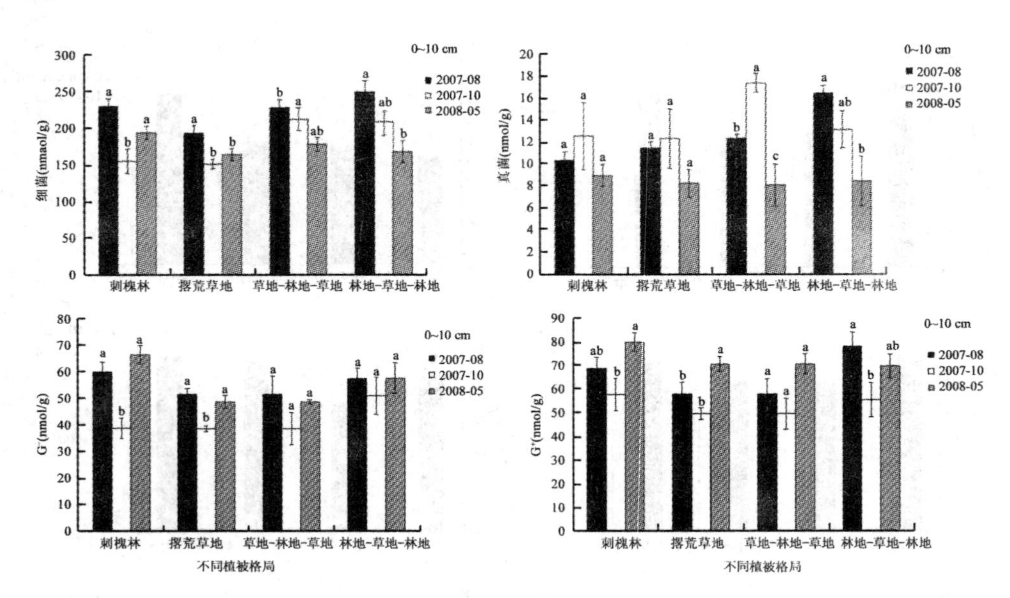

图 6-24　0～10 cm 不同植被格局下细菌、真菌、革兰阴性菌(G^-)和革兰阳性菌(G^+)的季节变化

图中不同的小写字母代表不同月份之间差异显著，$P<0.05$。

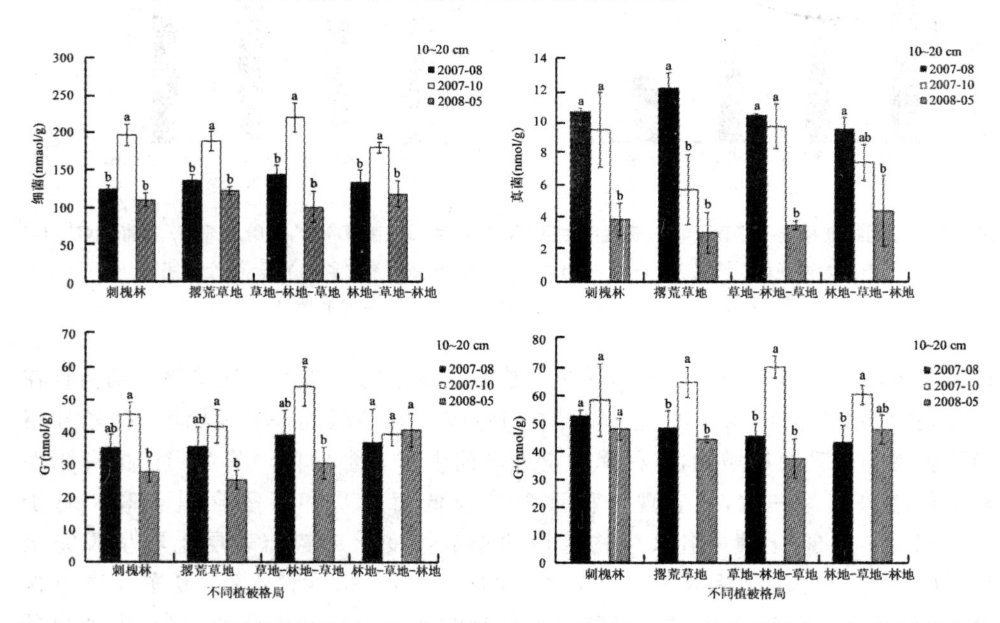

图 6-25　10～20 cm 不同植被格局下细菌、真菌、革兰阴性菌(G^-)和革兰阳性菌(G^+)的季节变化

图中不同的小写字母代表不同月份之间差异显著，$P<0.05$。

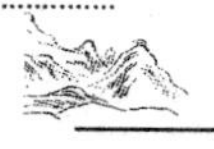

4. 土壤微生物群落同土壤微生物生物量、土壤微生物功能多样性、土壤理化性质和植物多样性之间的关系

将通过测定磷脂脂肪酸的方法得出的土壤微生物各菌群的量和通过氯仿熏蒸浸提得出的土壤微生物生物量碳和氮分别进行回归分析后发现，对于两种不同方法得出的微生物生物量，细菌、革兰阴性菌和阳性菌与微生物生物量碳和微生物生物量氮之间存在极显著的相关关系，与微生物生物量碳的回归方程 R^2 值在 0.508 7～0.628 3 之间变化，而与微生物生物量氮之间的相关性更高，R^2 值在 0.639 7～0.713 5 之间变化。真菌磷脂脂肪酸的含量与微生物生物量碳和氮经分析后发现二者之间并未存在显著的相关关系。

细菌、革兰阴性菌和阳性菌磷脂脂肪酸的含量与土壤微生物功能多样性之间存在显著相关性，随着细菌含量的增长，表征微生物功能多样性的 Shannon-Wiener 多样性指数呈增加趋势，说明细菌菌群的增长与微生物功能多样性之间关系密切。

将土壤中各菌群的含量与植物多样性指数之间进行回归分析后发现，如图 6-28 所示，植物的多样性与土壤微生物各菌群之间均未见显著的相关性，植被是影响土壤微生物量和多样性的重要因素之一，但在人工林大量种植的区域，植物多样性并未对土壤微生物群落产生直接的影响。

为了探讨不同的微生物菌群之间，微生物菌群与土壤理化性质之间的关系，运用 CANOCO 软件对土壤细菌、真菌、革兰阴性菌、革兰阳性菌及细菌/真菌(B/F)和 G^+/G^- 与土壤有机碳(SOC)、全氮(TN)、容重(BD)、电导率(EC)、pH 和土壤含水量(SM)进行 RDA 分析。0～10 cm 和 10～20 cm 土壤的分析结果分别如图 6-29 所示。图中两条射线之间的夹角代表相关性大小，夹角越小，代表相关性越大，呈直角的时候二者无相关关系。箭头方向一致代表呈正相关关系，否之，则呈负相关关系。对于 0～10 cm 土壤，细菌和革兰阴性菌之间关系最为密切，而土壤理化性质中，对土壤微生物群落的影响土壤有机碳和全氮起的作用最大，且与细菌菌群之间是正相关关系，与真菌之间是负相关关系，其中 G^+/G^- 与有机碳的相关性最为显著，受有机碳的影响较大。土壤中真菌含量主要受土壤容重的影响，二者呈正相关关系。对于 10～20 cm 土壤，真菌和革兰阳性菌变化趋势一致，细菌和革兰阴性菌变化一致，土壤理化性质中有机碳、全氮和土壤容重均起了很大作用，革兰阳性菌和真菌与有机碳之间呈现较为明显的正相关关系，细菌/真菌与土壤容重和 pH 呈显著正相关，而 pH 与 G^+/G^- 之间存在显著的负相关关系。

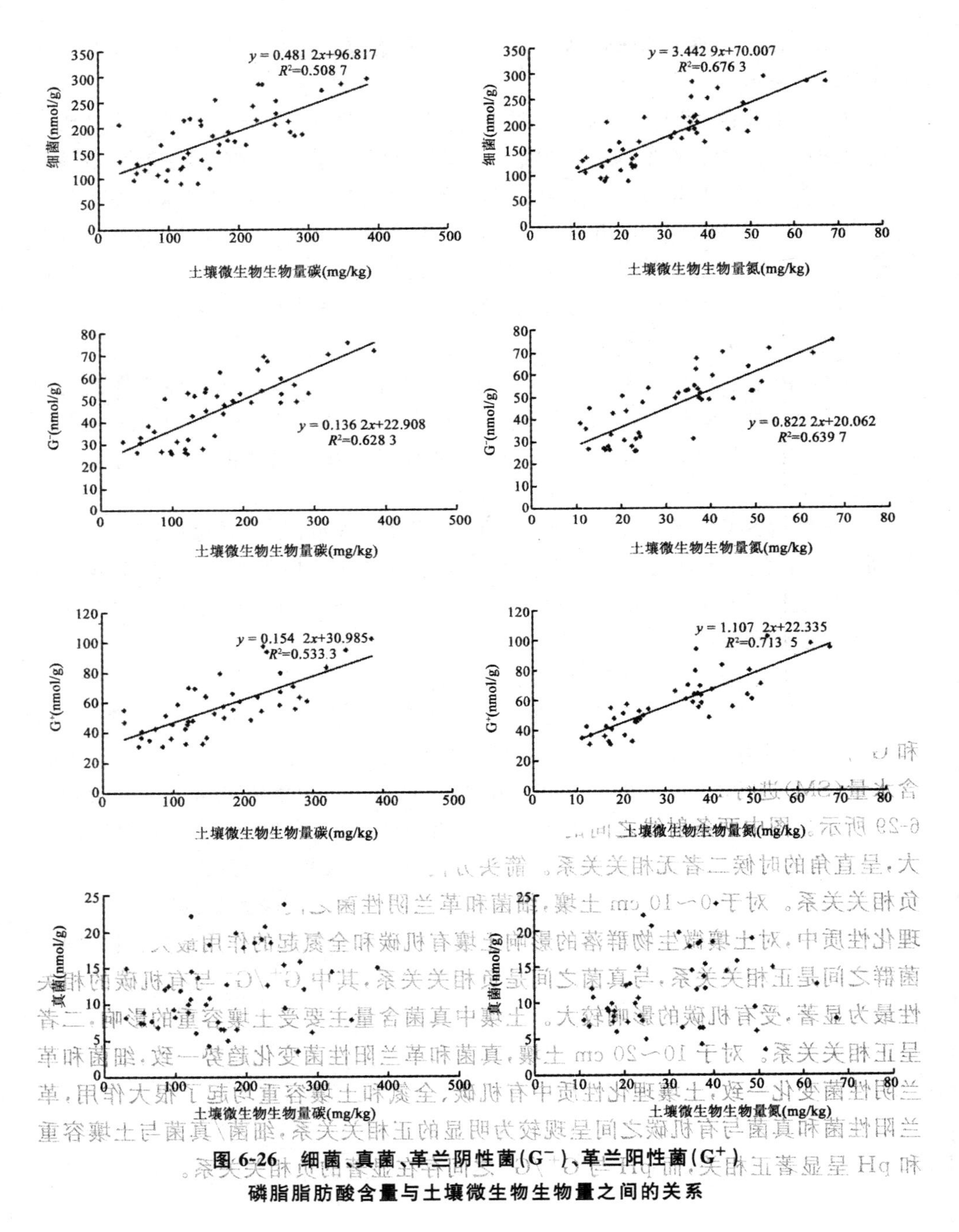

图 6-26　细菌、真菌、革兰阴性菌(G^-)、革兰阳性菌(G^+)磷脂脂肪酸含量与土壤微生物生物量之间的关系

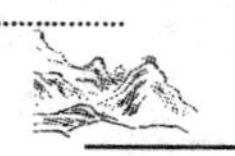

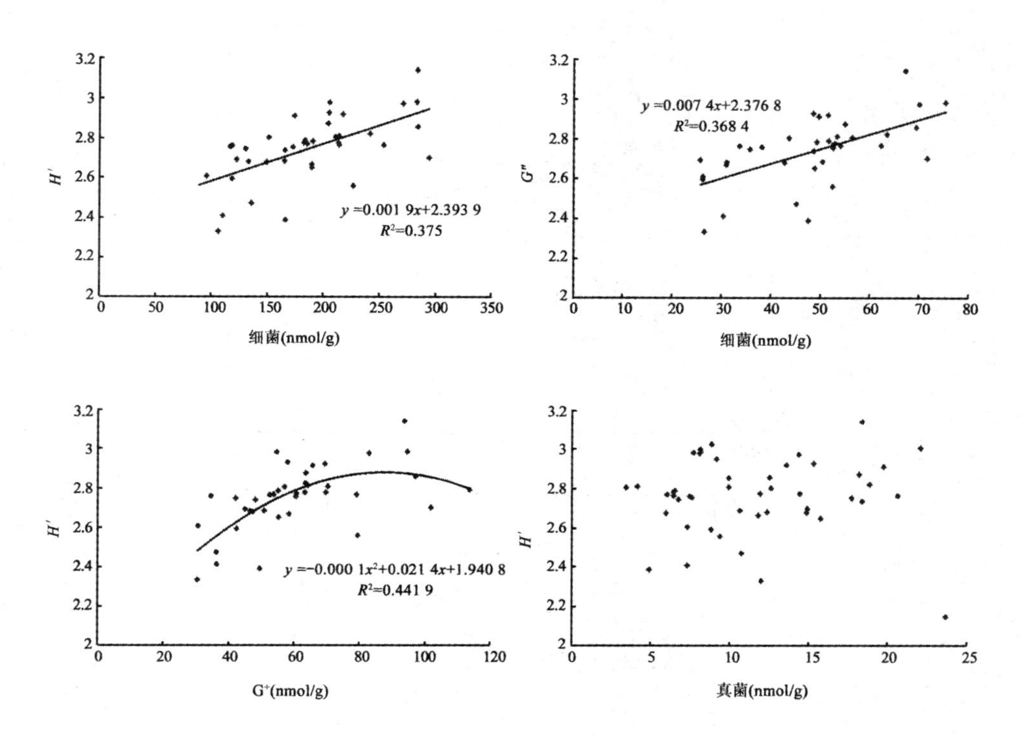

图 6-27　细菌、真菌、革兰阴性菌(G^-)、革兰阳性菌(G^+)磷脂脂肪酸含量与土壤微生物功能多样性之间的关系

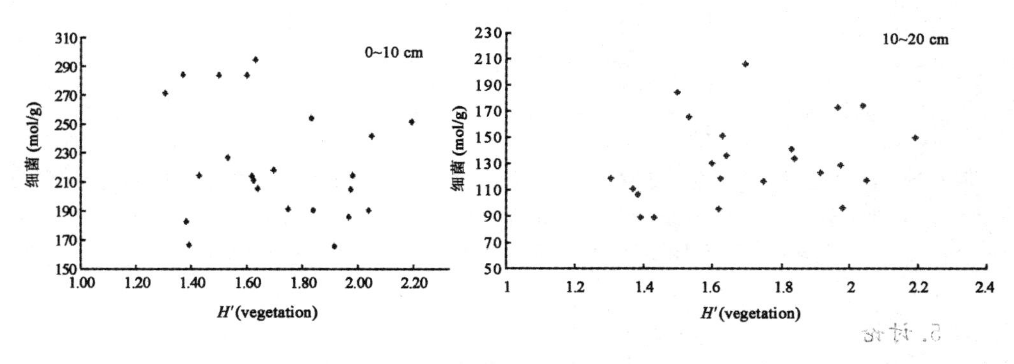

图 6-28　细菌的磷脂脂肪酸含量与植物多样性之间的关系

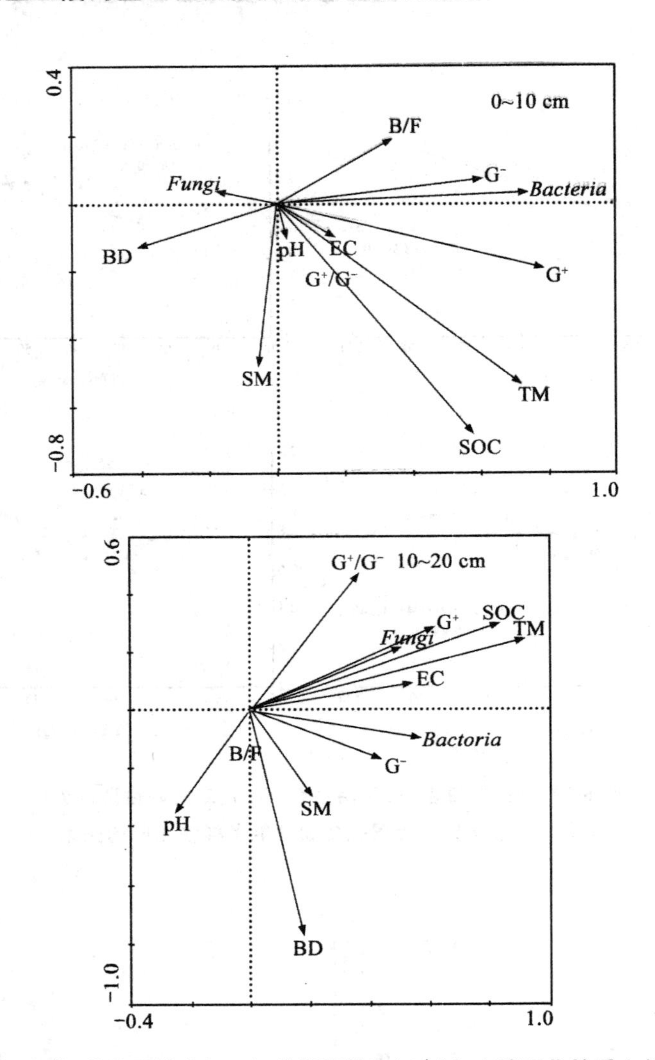

图 6-29 细菌、真菌、革兰阴性菌(G^-)、革兰阳性菌(G^+)与土壤理化性质之间的 RDA 分析

图中 *Bacteria*-细菌；*Fungi*-真菌；B/F-细菌/真菌；G^+/G^--革兰阳性菌/革兰阴性菌；

SOC-土壤有机碳；TN-全氮；BD-容重；EC-电导率；SM-土壤含水量。

5. 讨论

(1)不同植被格局下土壤微生物群落结构的组成和多样性。磷脂脂肪酸的分析方法是基于非培养方式的测定方法，通过测定土壤微生物细胞膜上磷脂脂肪酸的种类和含量，来表征微生物的多样性和分析微生物的群落组成和结构。磷脂脂

肪酸的分析能够更深入的了解细菌群落结构，许多研究者已经根据磷脂脂肪酸的结构确定了不同菌群所包含的化学型（Gillan 和 Hogg，1984；Findlay 等，1990）。研究结果表明，表层土壤和 10～20 cm 土壤中总的来看多样性无较大差异，分别检测倒 66 种和 68 种磷脂脂肪酸单体。主要以细菌的磷脂脂肪酸种类为主。其中 16：0 的含量在不同的土层和不同的植被格局间均占最高比例。表层土壤刺槐林地、撂荒草地、草地-林地-草地和林地-草地-林地分别监测的 55、58、53 和 50 种磷脂脂肪酸单体，两种单一的植被格局草地较高，而两种林草搭配的植被格局草地-林地-草地较高，应该与草地植被下植物多样性较高有一定联系，虽然回归分析显示植物多样性与磷脂脂肪酸单体的多样性和菌群含量之间均未见显著的相关关系。Albers 等（1994）的研究表明磷脂脂肪酸的结构可以用来监测微生物群落结构的快速改变。四种不同的植被格局之间磷脂脂肪酸结构组成的差异主要存在于表层土壤，植被格局不同，直接影响了微生物的群落组成，两种林草搭配的植被格局磷脂脂肪酸的结构组成较为相似，16：0、16：1ω7c 和 cy17：0 所占的比例较高，而两种单一的磷脂脂肪酸的结构组成较为相似，以 16：0、16：1ω7c、17：1ω8c 和 18：1ω9c 所占的比例最高。两种林草搭配的植被格局与两种单一的植被格局相比真菌所占的比例增加，主成分分析显示，四种植被格局之间的差异主要存在与两种林草搭配的植被格局与两种单一的植被格局之间。林草搭配的种植方式一定程度上并未显著增加微生物的多样性，而是改变了微生物的群落结构。

（2）不同植被格局下土壤微生物菌群的分布。对不同植被格局下细菌、真菌和革兰阴性菌和阳性菌磷脂脂肪酸的含量及细菌和真菌比和革兰阳性菌和阴性菌的比进行分析后发现，林草搭配的两种植被格局与单一的植被格局相比有效的增加了细菌和真菌的含量，且真菌增加的比例较高，显著性差异主要存在于林地-草地-林地和撂荒草地之间，总体来讲，种植人工林及林草搭配的植被格局比单一的撂荒能够更有效地提高微生物各菌群的含量。相关分析表明细菌、革兰阴性菌和阳性菌磷脂脂肪酸的含量与氯仿熏蒸浸提的微生物生物量碳和氮均呈显著的正相关关系，与以往的研究结果相一致，Fierer 等（2003）在研究中发现土壤微生物磷脂脂肪酸的含量与微生物生物量碳显著正相关，Bailey 等（2002）对不同微生物测量方法进行比较研究中也发现微生物生物量碳与微生物的磷脂脂肪酸含量呈显著的线性回归关系。土壤微生物功能多样性指数与细菌，革兰阳性菌和阴性菌之间均存在显著的相关关系，微生物菌群特别是细菌的含量与微生物功能多样性之间存在较为紧密的联系。植物多样性对微生物多样性存在一定影响，但细菌和真菌的含量与植物多样性之间均未见显著的相关关系，Patra 等（2008）的研究表明不同的植被种类对微生物磷脂脂肪酸的含量存在不同的影响，四种不同的植被格局土壤微生物磷脂脂肪酸含量的差异应该归功于林地和草地之间的差别，而不是植物的多样性起主要作用。微生物各菌群的含量与土壤理化性质之间的 RDA 分析显示土壤有机碳、全氮、土壤水分在表层土壤中是最主要的影响因子，土壤养分对细菌群落呈正相关，其中 G^+/G^- 主要受有机碳的影响，而全氮与有机碳相比对细菌群落特别是革兰阳性菌的含量影响更大。真菌的含量则主要受土壤容重的影响。10～20 cm 土壤起主要作用的是土壤有机碳、全氮和土壤容重，且对微生物群落的影响与表层土壤相比更显著。这说明 10～20 cm 土壤层相对于表层土壤来讲，受扰动相对比较小，微生物的群落结构和含量更多的与土壤的养分和结构有关，而表层土壤受植被的生长，水土流失的影响及有机物资输入的影响及水分的蒸发等方面的影响较大，影响微生物的生长和环境因素相对较多。

(3)不同植被格局下土壤微生物菌群的季节性变化。不同的植被格局下细菌、真菌、革兰阴性菌和阳性菌均存在明显的季节性变化，总体上土壤细菌、革兰阴性菌和阳性菌在表层土壤夏季和春季含量较高，而在 10～20 cm 土壤秋季较高，这应该与表层受植被生长状况、外界温度和水分等环境因素的影响较大有关，植被在夏季和春季生长较为旺盛，根系分泌物的增加为微生物提供更为丰富的能源。真菌的季节性变化趋势与细菌存在很大不同，表层表现为秋季含量较高，而 10～20 cm 土壤表现为夏季最高，具体的原因还有待进一步的研究。

6. 小结

通过对四种不同植被格局下 0～10 cm 和 10～20 cm 土壤微生物磷脂脂肪酸的测定，分析了不同植被格局下微生物群落的组成和结构，得到了如下结论：

(1)不同土层及不同植被格局间磷脂脂肪酸的结构和组成存在差异，10～20 cm 与表层土壤中所包含的磷脂脂肪酸的数量相似，但不同的磷脂脂肪酸单体所占的比例存在差异。不同植被格局之间磷脂脂肪酸的结构和组成在 10～20 cm 较为相似，在表层土壤差异显著且差异主要存在于两种林草搭配的植被格局与两种单一植被格局之间，林草搭配的植被格局真菌菌群较单一的植被格局在微生物群落结构中的比例有所提高。

(2)土壤细菌、真菌、革兰阴性菌和阳性菌的磷脂脂肪酸含量不同植被格局之间存在差异，林地-草地-林地细菌和真菌的含量均高于其他三种植被格局。细菌在表层土壤当中的含量高于 10～20 cm 土壤，表层土壤差异显著，种植人工林及林草搭配的植被格局于撂荒草地相比一定程度上可以有效地提高细菌的含量，10～20 cm 土壤微生物的含量无显著差异。真菌含量在四种植被格局间差异不显著。

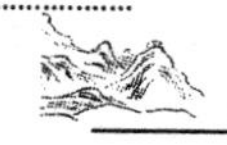

(3)不同的植被格局下细菌、真菌及革兰阴性菌和阳性菌均存在较为明显的季节性变化且表层土壤与10～20 cm土壤的变化趋势不同，总体来看，表层土壤中夏季和春季拥有较高的细菌含量，而10～20 cm秋季细菌含量较高。真菌的季节性变化趋势与细菌存在很大不同，表层表现为秋季含量较高，而10～20 cm土壤表现为夏季最高。

第七章 黄土丘陵沟壑区植被恢复对土壤碳的影响

一、样地尺度不同植被恢复物种和不同恢复年限的刺槐林土壤碳的变化

黄土高原地区退耕后植被的恢复有效地遏制了水土流失，同时提高了土壤质量。在植被的恢复过程中，土壤的物理和化学性质都发生了一系列的改变。不同种类的恢复植被由于其生长方式的不同，对土壤生态系统的影响存在差异。另外，对于不同的恢复年限的影响，已有的研究表明，植被恢复过程中，土壤有机碳、全氮、有效氮和速效钾等随植被群落的演替呈先增加后减少再增加的趋势，0～5年期间呈增加趋势，5～10年呈下降趋势，而15～25年间又呈增长趋势（焦峰等，2006；彭文英等，2005）。马祥华等（2005）的研究表明，随着恢复年限的增长，上层土壤含水量不断增加，下层不断降低，容重不断减小，土壤水稳性团聚体含量逐渐增加。刘雨等（2007）对恢复年限为0～100年的植物群落的研究表明，表层（0～20 cm）土壤有机碳、全氮、蔗糖酶、脲酶和碱性磷酸酶随恢复年限的增长均明显增加。也有研究表明，土壤微生物与植被恢复年限之间没有显著的关系，但是植被恢复过程中通过改善土壤养分状况间接地影响土壤微生物生物量的变化（刘占锋等，2007）。

人工林的种植以及种植后林下植被的演替与自然恢复的植被演替过程存在一定差异，这种差异性对于土壤性质随人工林恢复过程的变化需要更进一步的了解。刺槐、沙棘、杏树人工林是黄土丘陵沟壑区主要的人工恢复物种，研究区内种植面积较大，对于三种典型人工林下及不同恢复年限的刺槐人工林土壤碳及其他理化和生物学性质的研究可以更好地了解人工林恢复过程中土壤碳的变化规律，同时，对于黄土高原地区人工林的固碳效应提供更为全面的基础数据。本节主要针对三种典型人工林及不同恢复年限的刺槐林的土壤碳的变化进行探讨。

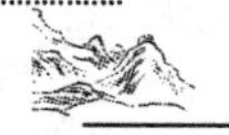

(一)研究方法

1. 样地概况

在羊圈沟小流域内,选择同一坡向,同一坡位恢复年限为5年的杏树(*Prunus armeniaca*)、沙棘(*Hippophae reamnoides*)和刺槐(*Robinia pseudoacacia*)三种人工林为研究对象,划分三块样地,样地的基本特征为经纬度36°42′07″N,109°31′24″E,海拔1 143 m,坡向东偏南20°,坡度为30°。样地面积约200 m²,林下草本主要有茵陈蒿(*Artemisia capillaris*)、太阳花(*Portulaca grandiflora*)、紫花地丁(*Viola philippica*)、长芒草(*Stipa bungeana*)等。对于不同恢复年限的人工林选择2002年种植的刺槐(5年)、1992年种植的刺槐林(15年)以及1982年种植的刺槐林(25年),样地面积为200 m²,具体样地信息见表7-1。

表7-1　样地概况

恢复年限	海拔(m)	纬度	经度	坡向(°)	坡度(°)
5年	1 143	36°42′07″	109°31′24″	ES20	30
15年	1 191	36°42′18″	109°30′59″	ES27	28
25年	1 175	36°42′28″	109°31′03″	ES41	26

2. 土样采集及测定方法

每个样地设置3个样方作为重复,每个样方面积为25 m²。于2007年8月、2007年10月及2008年5月用直径为3.5 cm的土钻在每个样地采集0～10 cm的三个混合土样。另外,在每个样地用环刀法采集三个土样用于测定土壤容重。对不同恢复年限的刺槐林于2007年8月进行0～10 cm土样的采集。一部分土样风干过2 mm筛用于pH和电导率的测定,过100目筛用于有机碳和全氮的测定。土壤性质的测定方法为:土壤有机碳用重铬酸钾氧化外加热法;全氮用半微量凯式法(鲁如坤,1999)。一部分土样4℃保存用于土壤微生物量的测定。土壤微生物量碳采用氯仿熏蒸—0.5 mol/L的K_2SO_4浸提法,用0.5 mol/L K_2SO_4溶液浸提氯仿熏蒸和未熏蒸土壤中的可溶性碳,土液比为1∶4,浸提溶液中的有机碳采用UV-Persuate全自动有机碳分析仪(Tekmar-Dohrmann Co. USA)测定,转换系数k_c=0.45(Wu等,1990)。

3. 数据分析方法

数据为3次重复的平均值,采用Excel 2003和SPSS软件进行数据处理和统计分析，采用单因素方差分析(one-way ANOVA)和最小显著差异法(LSD)比较不同数据组间的差异，用 Pearson 相关系数评价不同因子间的相关关系。

(二)不同人工林下土壤有机碳的变化

如图 7-1 所示，杏树、沙棘和刺槐三种人工林土壤有机碳季节变化，表现为春季和夏季高于秋季，但在不同的月份三种人工林间均无显著性差异($P>0.05$)。全年来看，三种人工林有机碳的含量表现为刺槐林略高于其他两种人工林，但三者之间未有显著差异($P>0.05$)。

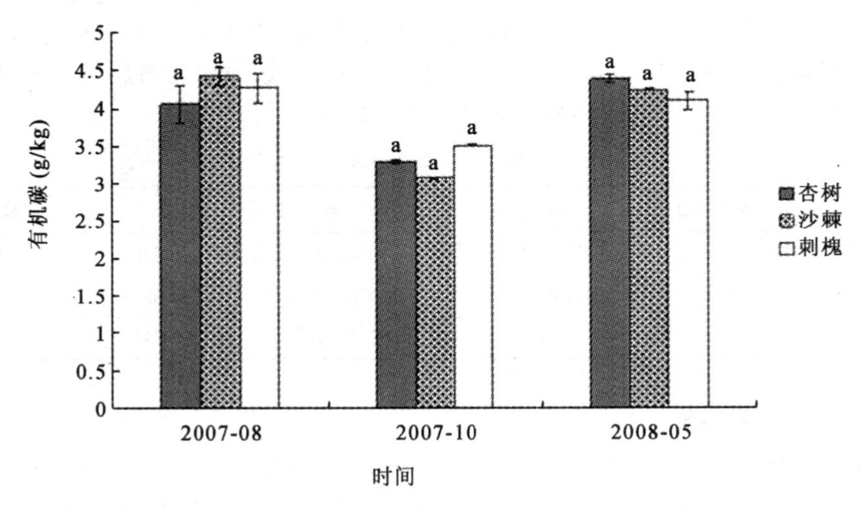

图 7-1　不同人工林有机碳的含量

图中小写字母不同代表不同人工林之间差异显著($P<0.05$)。

(三)不同恢复年限刺槐林土壤有机碳的变化

土壤有机碳的含量随着刺槐人工林恢复年限的增加呈现连续增长的趋势(图 7-2)，且有机碳的含量在 5 年和 25 年的刺槐林之间存在显著性差异。15 年的刺槐林有机碳比 5 年的刺槐林提高了 29.98%，而 25 年的刺槐林有机碳与 5 年的刺槐林相比提高了 104.5%，比 15 年的刺槐林提高了 57.3%，随着恢复年限的增长，土壤有机碳的累积速度也呈增长趋势。

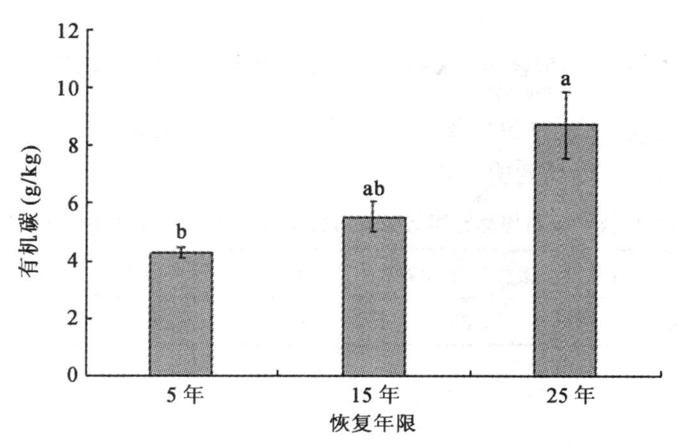

图 7-2 不同恢复年限刺槐林土壤有机碳含量

图中小写字母不同代表在 $P<0.05$ 水平上差异显著。

(四)不同恢复年限刺槐林土壤理化性质和微生物生物量的变化

如表 7-2 所示,不同恢复年限的刺槐林随恢复年限的增加,土壤全氮的含量显著提高($P<0.05$),25 年龄的刺槐林全氮显著高于 5 年龄刺槐林,土壤容重先升高后降低且 3 个恢复年限间无显著差异,25 年龄刺槐林 pH 值显著低于其他两个年龄的刺槐林($P<0.05$),土壤电导率则表现为 25 年龄刺槐林最高。土壤微生物生物量碳和土壤微生物生物量氮都随着恢复年限的增长而呈增加趋势,且不同年份之间差异达到了显著水平($P<0.05$)。土壤微生物生物量碳 15 年龄的刺槐林比 5 年龄的刺槐林提高了 136.4%,25 年龄的刺槐林比 15 年龄的刺槐林土壤微生物生物量碳提高了 9.8%,表现为在植被的恢复初期,土壤微生物生物量碳急剧增加,随着恢复年限的增加,增加速率降低慢慢趋于稳定。土壤微生物生物量氮与土壤微生物生物量碳的增长趋势不同,15 年龄的刺槐林较 5 年龄的刺槐林土壤微生物生物量氮的含量增加了 32.3%,而 25 年龄的刺槐林较 15 年龄的刺槐林则增加了 50.5%,表现为随着恢复年限的增长,其增加速率不断提高。

表 7-2 不同恢复年限的人工林的土壤理化性质及微生物生物量

恢复年限	全氮(g/kg)	容重(g/cm^3)	pH	电导率(μs/cm)	微生物生物量碳(mg/kg)	微生物生物量氮(mg/kg)
5 年	0.43±0.010b	1.18±0.055a	8.39±0.006a	203.23±2.47a	99.56±7.47b	28.8±1.84b
15 年	0.60±0.032ab	1.20±0.003a	8.33±0.015a	203.67±11.39a	235.39±6.41b	38.12±7.27a
25 年	0.83±0.090a	1.15±0.038a	8.20±0.021b	244±16.54 a	258.65±11.76a	57.37±3.82a

同一列数据后不同小写字母代表不同恢复年限刺槐林间的差异显著($P<0.05$)。

(五)不同恢复年限刺槐林土壤有机碳与土壤理化性质及微生物生物量的关系

如表 7-3 所示，不同恢复年限的刺槐林土壤有机碳与微生物生物量氮、全氮、pH 和电导率均存在极显著的相关关系($P<0.01$)。

表 7-3　不同恢复年限刺槐林土壤有机碳与微生物生物量及土壤理化性质相关分析

	微生物生物量碳	微生物生物量氮	全氮	容重	pH	电导率
有机碳	0.524	0.881**	0.984**	−0.408	−0.798**	0.932**

表中 *$P=0.05$；** $P=0.01$。

(六)讨论

黄土丘陵沟壑区人工林的恢复，一方面通过水土流失的减少增加了土壤养分的固着量，另一方面植被通过根系及凋落物为土壤生态系统提供了更多的有机质的输入。张景群等(2009)对黄土高原刺槐人工林幼林的固碳效应的研究表明黄土高原营造刺槐人工林与对照荒地相比具有明显的碳吸存效应。戴全厚等(2008)的研究表明侵蚀环境下植被恢复后土壤碳库各组分含量都得到显著改善，有机碳、活性有机碳及非活性有机碳均得到了大幅度提高，总体来讲，混交林比纯林的固碳效果更好。本研究中选择的三种人工林属于恢复初期的幼林，恢复年限较短，林下植被稀少，有机物质的输入量上没有太大差异，另外，三种人工林处于相同的坡位和坡向，水土流失程度相当，因此，在恢复初期，三者之间土壤碳的含量没有差异。

在植被恢复过程中，随着恢复年限的增长，土壤的理化性质得到明显改善，25 年龄的刺槐林土壤有机碳和全氮显著高于 5 年龄的刺槐林，pH 显著降低，这种变化趋势与之前的研究结果一致(刘占锋等，2007；Garcia 等，2002)。植被恢复过程中，一方面植物的生长，增加了植被覆盖度，减少了径流、泥沙及养分的流失；另外根系分泌物和枯枝落叶增加了有机物质的输入，使得随着恢复年限的增长，土壤理化性质得到较大程度的改善。在植被恢复过程中，随着恢复年限的增长，土壤微生物生物量也呈现显著增加的趋势，这与一些前人的研究表现出一致的结果(Santruchova，1992；薛箑等，2007)。微生物生物量碳的变化有一个急剧增加而后趋于平稳的过程，微生物生物量氮在恢复过程中与微生物生物量碳的变化趋势一致，均表现为随着恢复年限的增长而增加的趋势，但增长速率与微生物生物量碳不同，呈现出稳定增长的趋势。植被恢复过程中，养分流失的降低和有机物质的大量输

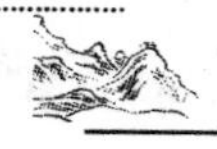

入为微生物的生长提供更多的营养基质是促使微生物生物量大幅度提高的主要原因。微生物生物量碳的增长速率的变化与微生物的自然生长规律表现一致，当外界营养物质大量增加时，微生物急剧增长而后当群落趋于稳定后增长速度也随之降低。植被恢复过程中土壤养分与微生物量关系密切(Arunachalam 和 Pandey，2003)。

侵蚀区有机碳在植被恢复过程中显著增长趋势以及随恢复年限增长累积速率增加与植被的生长过程中随着恢复年限的增长人工林本身的生长、林下植被的演替日趋成熟和植被的覆盖度增加有关。人工林林冠的增加可以更好的缓冲雨强，林下根系的生长以及灌木草本层覆盖度的增加都对土壤起到了更好地固着作用，从而水土流失程度随着植被的恢复逐渐降低从而保持了土壤养分。另一方面，植物随着生长年限的增加凋落物的输入量随之增长，植物的根系也为土壤提供了更多有机物质的输入，从而增加了土壤有机碳的累积。土壤碳的累积过程中，微生物起着重要的影响，本研究中土壤微生物生物量与有机碳之间存在显著的相关关系，微生物在植被恢复过程中的增加可以加快有机碳的累积速率。另外，土壤物理化学性质的改变也对土壤碳的形成和积累存在显著影响，土壤有机碳与土壤全氮、pH 及电导率之间均存在显著的相关关系。

(七)小结

植被恢复初期对土壤碳累积的影响杏树、沙棘和刺槐三种人工林之间未有显著性差异。恢复年限对土壤有机碳影响显著，随着恢复年限的增长土壤有机碳显著提高且土壤有机碳的累积速度逐渐增加。恢复过程中，土壤微生物及土壤理化性质的改变与土壤有机碳的增长存在显著的相关性。

二、坡面尺度不同恢复植被对土壤碳储量的影响

土壤碳固定在减缓气候变化中起着重要作用。碳固定是将大气中的 CO_2 转移到生命周期更长的碳库中，所以，土壤碳的固定意味着通过合理的土地利用方式和良好的管理政策不断增加土壤有机碳和无机碳的过程(Lal, 2004a)。退化的农田或其他土地利用方式转变成林地或者其他更为长久的土地利用方式可以增加土壤有机碳库。造林过程中土壤固碳速率与气候、土壤类型及养分的管理等因素有关(Lal, 2001)。土壤碳为植物生长提供了必不可少的营养物质，反过来，植物又

是土壤碳累积过程中主要的输入者。在生态系统水平，土壤通过改变水分的可利用性、元素的循环和土壤温度来影响植被的生长和组成(Cheddadi 等，2001)。这些改变可以通过影响地上地下生物量的输入从而造成土壤有机碳库及物理性质的改变(Lal，2004c)。

黄土丘陵沟壑区退耕还林还草政策的实施有效地遏制了坡面上的水土流失，保持了土壤养分(Fu 等，2004；Zheng，2006)。同时，退耕还林还草还可以减少大气中 CO_2 的排放量(Zhang 等，2009)。在黄土高原地区针对土地利用方式的改变对土壤侵蚀和养分流失的影响进行了许多相关研究(Wang 等，2001；Gong 等，2006)，然而，针对主要的植被恢复类型林地和草地固碳的优劣性始终存在争议。彭文英等(2006)和王小利等(2007)报告中指出林地和草地两种植被类型都可以显著提高土壤有机碳含量，比农田分别提高了 117.7% 和 39.4%。Gong 等 (2006) 研究中指出林地的土壤有机碳含量显著高于草地，相反，杨光和荣丽媛(2007)报告中指出土壤有机碳的含量林地低于草地。因此，目前还没有定论。

已有关于人工林和草地之间有机碳之间进行比较的研究主要针对样地尺度，但地形因子可以影响其他环境因子如温度、水分及养分等从而影响土壤碳的循环过程(Hishi 等，2004；Fang 等，2009)。沿着坡面，不同的植被类型下土壤有机碳的分布规律有可能存在差异，坡面尺度上林地和草地之间的比较结果是否与样地尺度具有相似性？本小节内容主要是在坡面尺度上对林地和草地的碳储量进行比较，同时，探讨半干旱地区土壤固碳过程中主要的影响因子。

(一)研究方法

1. 样地概况

在研究区内选择恢复年限为 25 年的刺槐林(F)和撂荒草地(G)两个坡面为研究对象，坡面信息如表 7-4 所示。每个坡面自坡顶到坡趾设置 6 个样地，每个样地间隔 35～45 m，每个样地设置 3 个样方，样地面积为 200 m^2，样方面积为 25 m^2。

表 7-4　样地特征

	海拔(m)	坡度(°)	坡向(°)	经纬度
刺槐林	1 155～1 235	9～31	东偏南 40	109°31′E36°42′N
撂荒草地	1 205～1 250	8～22	西偏北 37	109°30′E 36°42′N

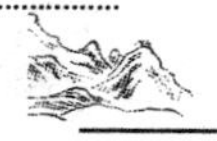

2. 土样采集

于2007年8月、2007年10月和2008年5月在每个样方内用直径为3.5 cm的土钻分别随机采集0～10 cm和10～20 cm土层深度的5钻土样，混合后一部分新鲜土样过2 mm筛密封袋中4℃保存用于微生物指标的测定，一部分风干过2 mm筛用于土壤pH和电导率的测定，过100目筛用于土壤有机碳和全氮的测定。

3. 土壤理化性质和微生物指标的测定

土壤性质的测定方法为：全氮用半微量凯式法（鲁如坤，1999）。土壤微生物量碳采用氯仿熏蒸—0.5 mol/L的K_2SO_4浸提法，用0.5 mol/L K_2SO_4溶液浸提氯仿熏蒸和未熏蒸土壤中的可溶性碳，土液比为1∶4，浸提溶液中的有机碳采用UV-Persuate全自动有机碳分析仪（Tekmar-Dohrmann Co. USA）测定，转换系数k_c＝0.45（Wu等，1990）。

4. 土壤有机碳的测定和土壤碳库的计算

土壤有机碳用重铬酸钾氧化外加热法。

土壤碳储量的计算公示如下所示：

$$\text{土壤碳储量}\ (g/m^2) = z \times \rho_b \times c \times 10$$

式中：z (cm)—土层深度；ρ_b (g/cm^3)—土壤容重，c (g/kg)—有机碳的含量。

5. 数据分析方法

采用SPSS和CANOCO软件进行数据处理和统计分析，采用单因素方差分析（one-way ANOVA）和最小显著差异法（LSD）比较不同坡位之间的土壤性质的差异，用T检验比较两种植被之间土壤性质的差异，用RDA分析土壤碳库、土壤物理化学性质及土壤微生物性质之间的关系。

（二）人工刺槐林和撂荒草地坡面上的土壤碳储量

刺槐林地和撂荒草地土壤碳储量沿坡面的变化趋势存在差异，土壤碳储量在撂荒草地自坡顶到坡趾有明显的增长趋势。刺槐林下0～10 cm和10～20 cm土壤有机碳的平均值分别为6.39 g/kg和4.85 g/kg，撂荒草地则分别为5.57 g/kg和4.69 g/kg，均低于刺槐林地。0～20 cm平均土壤碳储量刺槐林地和撂荒草地分别为1 292 g/m^{2}和1 274 g/m^2，二者在坡面尺度上没有显著差异，但在不同的坡位上土壤碳储量二者之间存在差异。林地在上坡位和中坡位土壤碳储量较高而草地则在下坡位碳储量较高，其中在 0～10 cm 的上坡位和 10～20 cm 的下坡位二者之间的差异达到了显著水平(P<0.05)(图 7-3，图 7-4)。

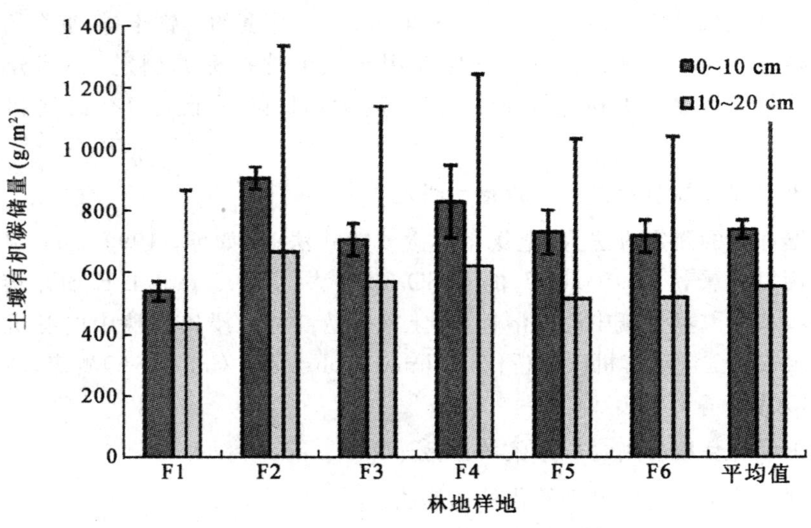

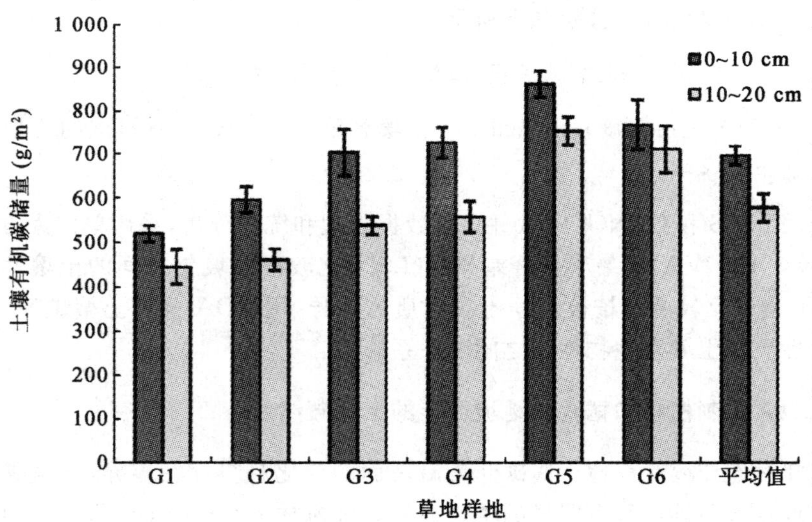

图 7-3　林地和草地沿坡面各样地的土壤碳储量

图中 F1～F6 和 G1～G6 分别代表林地和草地坡面上自坡顶到坡趾分布的样地。

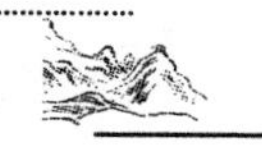

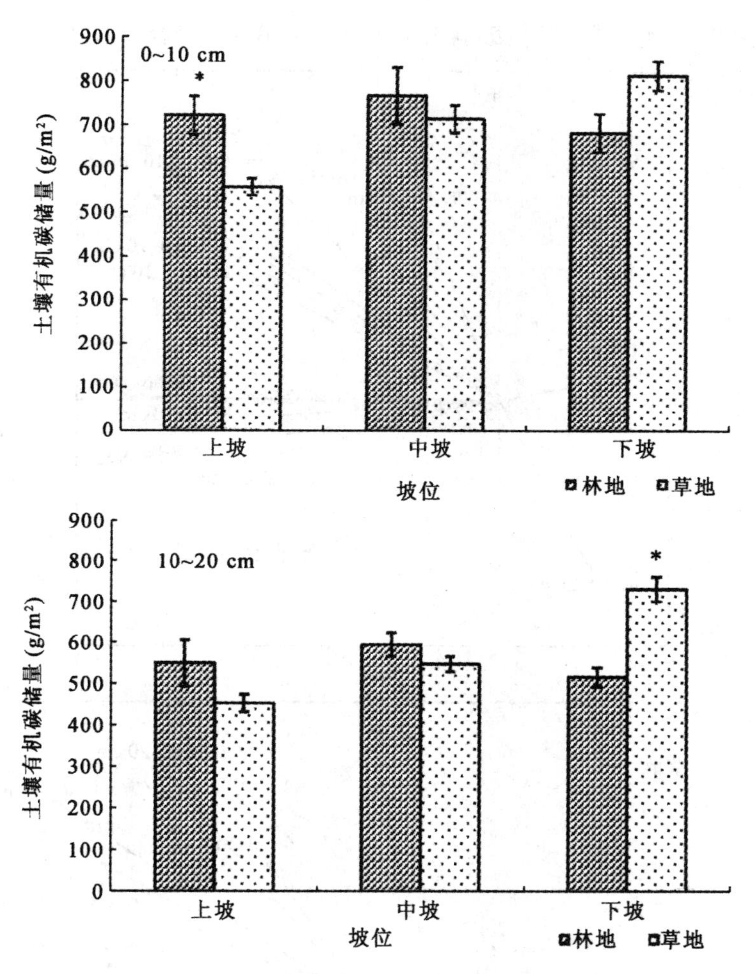

图 7-4　林地和草地不同坡位上土壤碳储量之间的差异

图中＊代表 0.05 水平上差异显著。

(三)土壤碳储量的主要影响因子

利用所有样方的数据进行土壤碳储量和其他土壤性质之间关系的分析，如图 7-5 所示。图中，指向相同的两个射线(二者之间的夹角小于 90°)表示两个变量之间存在正相关关系，而反向则表示负相关关系。箭头指向在坐标原点位置则表明两个变量之间相关性较低，而射线越长代表影响力越高。对于两种植被来讲，土壤全氮和微生物生物量碳与其他影响因子相比对土壤碳储量具有更为显著的影响。

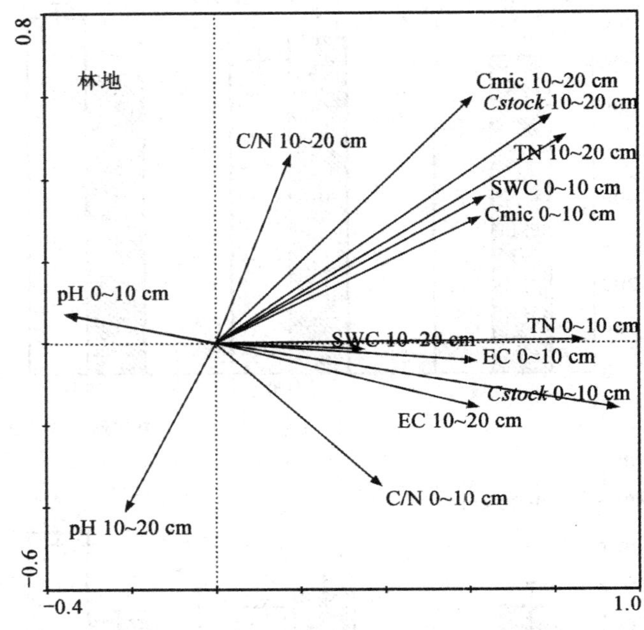

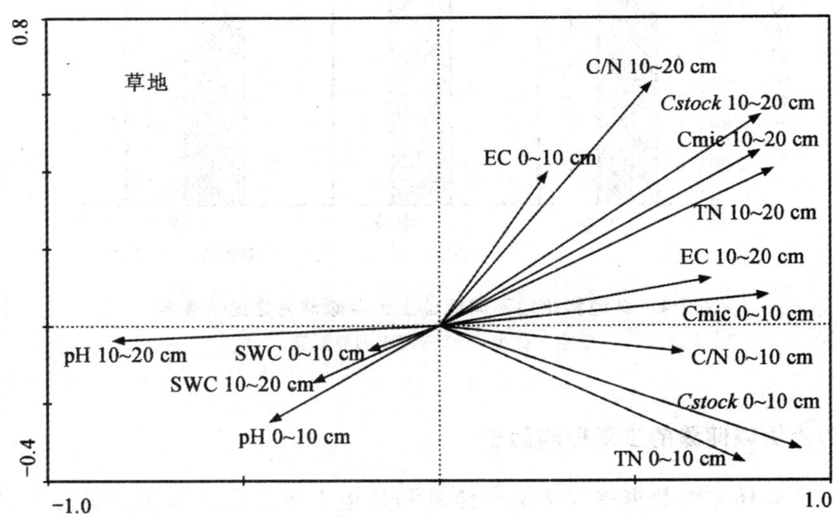

图 7-5　土壤碳储量与土壤性质之间的关系

Cstock—碳储量；SWC—土壤水分；TN—全氮；EC—电导率；Cmic—微生物生物量碳；C/N—碳氮比。

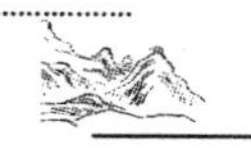

(四)讨论

地上地下生态系统具有密切的联系(Hooper 等，2000；Wardle 等，2004)。地上植被的恢复一方面可以通过地上生物量的增长增加碳的储量，另一方面通过凋落物和植物根系的输入增加土壤生态系统中的碳储量。不同的植被由于生长方式的差异对土壤生态系统的影响也存在较大差异。本研究结果表明，林地生态系统与草地生态系统相比具有更高的土壤碳储量，然而二者之间在坡面尺度上未见显著性差异。这与 Post 和 Kwon(2000)的研究结果相一致，他们的研究指出土壤碳的累积速率在农田转变为林地和草地之后无显著差异。然而，我们的研究中也发现，对与两种生态系统，在不同的坡位上，二者之间的大小关系存在差异，沿着坡面，林地与草地土壤碳的变化趋势不同，林地在上坡位和中坡位存在较高的碳储量，而草地则在下坡位存在较高的碳储量。单变量的方差分析表明，坡位因子以及坡位与植被的交互作用对土壤碳储量的影响是显著的(表 7-5)。在研究区域，植被恢复前土壤侵蚀十分严重，而土壤碳主要集中分布在密度较小的表层土壤中，更易受水土流失的影响(Bajracharya 等，2000；Lal，2003)。因此，坡面上水土的流失和迁移过程对于土壤碳在坡面上的重新分布起着重要的作用，不同的植被类型及植被在坡面上不同的配置模式会导致不同的土壤侵蚀过程(Fu 等，2000；Fu 等，2009)，这也许是该研究中林地和草地土壤碳在坡面上的分布规律存在差异的原因之一。但是，在相同样地对于作为土壤侵蚀程度的重要指示指标^{137}Cs 含量的测定结果表明土壤碳与^{137}Cs 含量之间虽然存在显著的相关关系，但林地和草地坡面上沿坡面^{137}Cs 的分布规律二者之间未见显著差异(Hu 等，2010)。

表 7-5　GLM 模型中各因子对土壤碳储量变化的解释率　　%

	植被类型	坡位	植被类型×坡位
有机碳库	1.4	8.9**	8.0**

表中**表示 P=0.01 水平显著。

在侵蚀区，土壤碳储量的增加主要来源与植被恢复过程中土壤侵蚀的减小(Lal，2002)、有机物质输入的增加(Smith，2008)、有机质矿化量的降低或者微生物作用的减少(Lal，2005)。凋落物和根系尤其是根系是土壤碳输入主要来源，在黄土高原的相关研究中发现林地凋落物的输入量高于草地且凋落物的量与土壤碳含量在 0～20 cm 土层深度存在显著的相关关系(郭胜利等，2009)，而该区域针对细根生物量的研究也表明林地细根的生物量高于草地(Chang 等，2012)。本研究中林地与草地相比具有高的碳储量和低的碳释放，高的碳输入和低的碳输出会导致更多的碳积累。

土壤理化性质和生物学性质均对土壤碳的固定有着重要的影响。本研究中相关分析表明对于林地和草地两种植被类型，土壤全氮和微生物生物量是影响土壤碳储量的主要因子。氮的利用效率对固碳起着关键作用，高含量氮的营养基质可以抑制木质素分解酶，促进腐殖化，进而降低土壤有机质的分解（Berg，2000；DeForest 等，2004）。该研究区域中刺槐人工林是典型的固氮植物，Resh 等（2002）研究中指出固氮植物通过增加新碳而保持旧碳从而导致更高的碳储量。做为重要的分解者，土壤微生物在土壤碳的形成过程中起着重要的作用，土壤碳与微生物生物量之间存在显著的相关关系（Palma 等，2000）。高的土壤微生物生物量可以土壤碳的转化速率从而累积更多的碳。

（五）小结

在半干旱的黄土丘陵沟壑区，刺槐人工林与草地相比更有利于碳的固定，沿着坡面，草地土壤碳自坡顶到坡趾具有显著的增长趋势，而林地坡面上的变异较小。林地和草地生态系统土壤碳储量之间的差异主要受坡位影响，坡面尺度上林地土壤有机碳储量高于草地，与高的土壤氮含量和微生物生物量和低的碳释放有关。

三、流域尺度土地利用/覆被变化对土壤碳储量的影响

土地利用变化对土壤有机碳影响是土地利用变化的重要环境效应之一。目前的研究较多的集中在热带及亚热带地区土地利用变化对土壤有机碳的影响，在干旱和半干旱区，因气候干燥，水分含量低，温度较高，不易于土壤有机碳的积累，因此研究较少关注土地利用变化和土壤有机碳关系研究。大气、海洋和陆地生物圈是人工源 CO_2 的 3 个可能的容纳汇。大气的 CO_2 量可以相当准确地通过直接测定而获得；海洋系统因为相对均质，其吸收量也能较准确地估算；唯独陆地生物圈最复杂、最具不确定性，因为陆地表面除了丰富多样的植被类型外，还存在一个碳储量巨大的土壤圈。因此，提出失汇之谜之后，陆地植被成为研究的焦点，人们把更多的注意力用于寻找陆地碳汇。进入 20 世纪 90 年代初，研究获得重大突破。美国大气科学家 P. Tans 领导的研究小组利用大气和海洋模型以及大气 CO_2 浓度的观测资料研究发现，北半球中高纬度陆地是一个巨大的碳汇，其值可达 2～3 PgC/年，而海洋的作用却十分有限（Tans 等 ，1990）。方精云（2001）认为，全球温暖化、CO_2 施肥效应，氮和磷沉降的增加以及人工植被的扩大是形成碳汇的主

要因素。

黄土高原地区“退耕还林还草”项目计划的推行使得该地区土地利用方式发生了巨大的改变。截至2005年底，甘肃、宁夏、青海、陕西已累计完成退耕还林（草）面积400万hm^2，其中退耕地还林（草）197万hm^2。大面积的退耕林（草）地对改善当地的生态环境具有重要意义，也势必会影响到土壤的有机碳含量，而土壤有机碳储量是植物生态系统中土壤碳循环研究的基础，它不但决定了退耕后的植物生态系统碳库的大小，而且能直接表征土壤的有机质水平，是评价土壤肥力和植被生态价值的主要指标之一。本小节主要针对流域尺度，研究土壤有机碳的时空分布和变异，探讨土地利用方式的改变对其的影响，有助于明确侵蚀环境演变的生态效应，也为科学评价生态恢复的环境效应提供基础。

（一）研究方法

1. 野外样品采集

2006年10月在延安羊圈沟流域进行野外采样。采样为梁峁坡面样。本研究采用地形剖面线法进行坡面采样，采样时按土地利用类型和土壤断面布设采样点，同时考虑微地貌，每个土壤断面取3至6个点，取样器为荷兰Eijkekamp公司产直径6 cm的半圆凿型土钻，全流域采样点124个，采样深度30 cm，其中分层样105个，分四层：（0～5 cm，5～10 cm，10～20 cm，20～30 cm），全样19个，均为坡面典型格局的样点，每个样点由沿等高线方向的三个点的土样混合组成；用GPS定点，确定每个点的经纬度坐标，同时详细记录样点的坡度、坡向及其土地利用类型等信息。坡面累计采集土样接近500个。

2. 土壤有机碳测定及土壤碳储量的计算

有机碳测定用$K_2Cr_2O_4$外加热法测定。

有机碳密度（Doc）计算公式：

$$Doc = SOC \times \gamma \times H \times (1-\delta_{2\ \mathrm{mm}}/100)\ 10^{-1}$$

式中：Doc—土壤有机碳密度（t/hm^2）；SOC—土壤有机碳重量含量（g/kg）；γ—土壤容重（g/cm^3）；H—土层厚度（cm）；$\delta_{2\ \mathrm{mm}}$—>2 mm土壤粒径百分含量。

有机碳库（Poc）计算公式：

$$P_{\infty} = \sum_{i}^{n} S_i \times \sum_{ij}^{nm} SOC_{ij} \times BD \times H_j \times 10^{-1}$$

式中：P—土壤有机碳储量（t）；S_i—第i种土地利用的面积；BD—土壤容重（g/cm^3）；

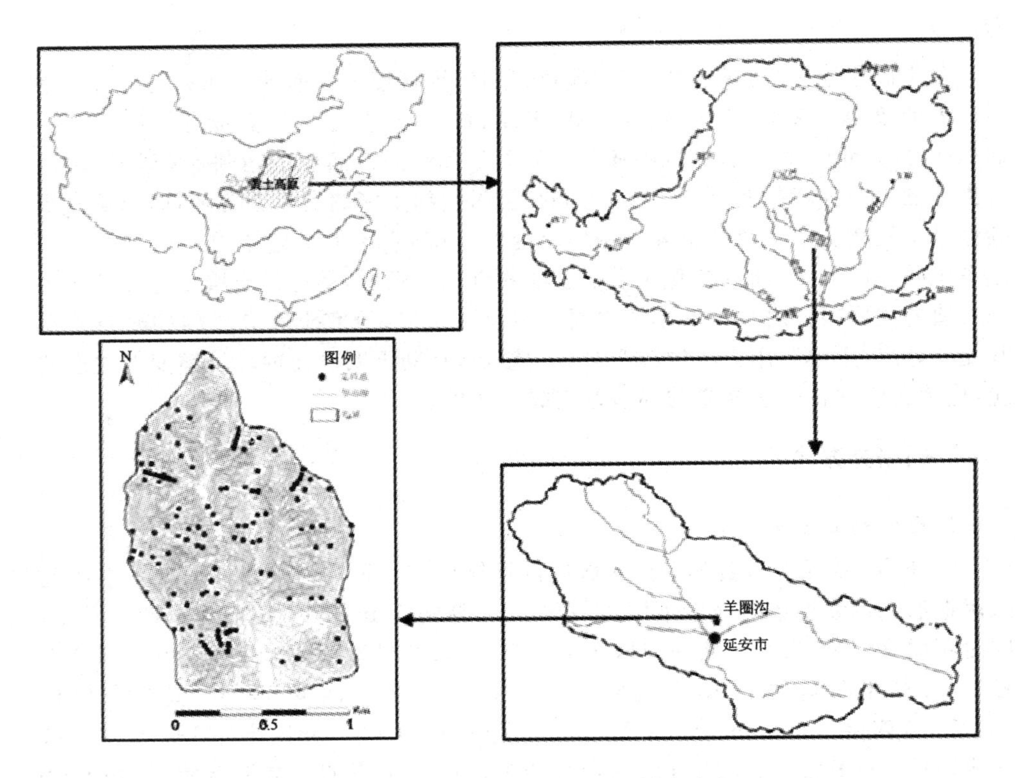

图 7-6 羊圈沟小流域位置及采样点分布

H_j—第 j 层的土层厚度。

(二)流域尺度有机碳空间分布特征

图 7-7 为小流域不同土层深度土壤有机碳空间分布。图 7-7(a)为 0～5 cm 深度范围土壤有机碳空间分布,整体上看,在流域的中北部土壤有机碳含量较高,流域南部含量低。这种土壤有机碳含量的分布格局和土地利用的分布格局有密切关系,实施退耕还林措施,是导致土地利用格局变化的主要因素,流域中北部的坡耕地全部转变为草地、林地或灌丛其他土地利用类型,而流域南部则成为流域内农业生产活动的基本用地区,主要是果园和梯田耕地,正是这种土地利用方式的差异性,导致了中北部表层土壤有机碳整体高于南部的趋势。图 7-7(b)表现了 5～10 cm 土层深度范围土壤有机碳空间分布情况。整体上看,流域西北部区域的土壤有机碳含量高于其他区域,在一些坡顶部位的含量也相对较高。这一现象可能

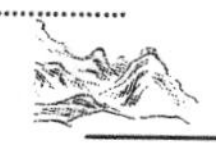

和土地利用变化的过程有关，西北部区域和边界坡顶地带早在20世纪80年代就种植了刺槐林，至今林地受到的破坏较少，所以土壤有机碳积累的过程较长，因此这些区域在5～10 cm土层深度的土壤有机碳含量高于同深度层次的其他区域。图7-7(c)、(d)分别是10～20 cm和20～30 cm土层深度范围的土壤有机碳空间分布情况。由图可以得到，这两个土层深度土壤有机碳的分布格局的相似程度较高，明显的特征是流域中西部区域土壤有机碳含量高，其他高值区域以斑块状零星分布。

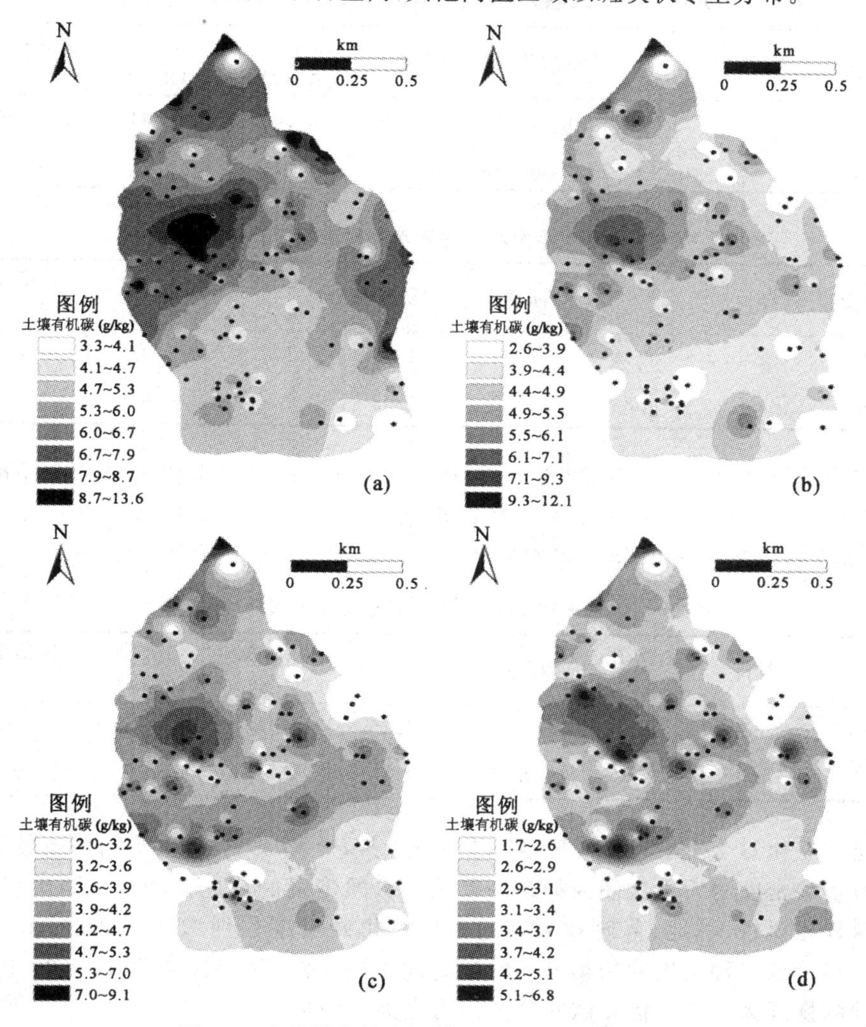

图7-7　小流域土壤有机碳不同土层深度空间分布

(三)流域尺度植被恢复对土壤有机碳库的影响

土地利用变化对于土壤有机碳有显著影响(表 7-6,表 7-7)。从 1998 年到 2006 年,当土地利用类型由坡耕地转变为林地或草地时,土壤有机碳含量增加了 40%。而当土地利用类型未发生变化时,土壤有机碳含量增加幅度小,为 10.5%。

表 7-6　1998—2006 年坡耕地转变为林地/草地时土壤有机碳描述统计

植被类型转变	样点	均值(g/kg)	标准误	标准差	最小值(g/kg)	最大值(g/kg)	置信度(95%)
转变前	11	2.95	0.08	0.28	2.50	3.41	0.19
转变后	13	4.13	0.35	1.25	3.05	6.76	0.76

表 7-7　1998—2006 年土地利用未转变时土壤有机碳描述统计

未转变	样点	均值(g/kg)	标准误	标准差	最小值(g/kg)	最大值(g/kg)	置信度(95%)
1998	21	4.38	0.31	1.43	2.59	8.02	0.65
2006	22	4.84	0.22	1.03	2.66	6.88	0.46

在流域尺度,以 1998 年 32 个土壤样本的土壤有机碳水平作为参考来评价其变化(表 7-8)。结果表明,土壤有机碳浓度从(3.89±0.24) g/kg 增加到(4.66±0.12) g/kg,1998—2006 年羊圈沟流域土壤有机碳含量的增幅为 19.7%。

表 7-8　1998—2006 年流域尺度土壤有机碳描述统计

	样点	均值(g/kg)	标准误	标准差	最小值(g/kg)	最大值(g/kg)	置信度(95%)
1998	32	3.89	0.24	1.35	2.50	8.02	0.49
2006	105	4.66	0.18	1.20	2.52	11.01	0.23

植被变化对于土壤有机碳密度存在影响(表 7-9 和表 7-10)。不同植被类型下土壤有机碳密度的大小次序为林地＞果园＞自然恢复的草地＞幼林地＞坡耕地。和坡耕地相比较,林地、草地和果园地土壤有机碳密度分别增加了 29%、28%和 28%。尽管该三种土地利用类型的恢复时间不同(林地和果园均为 25 年以上,自然草地的恢复为 7 年),但在碳扣押的能力上则较为接近。

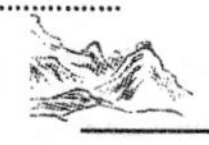

表 7-9　1998 年羊圈沟流域不同土地利用类型下土壤有机碳密度和储量(0～20 cm)

	林地	草地	果园	坡耕地	合计
面积(hm^2)	30	87.3	27.4	34.1	178.8
面积百分比(%)	16.8	48.8	15.3	19.1	100
有机碳密度(t/hm^2)	12.43	9.60	8.90	7.38	9.54[a]
有机碳库(t)	372.75	838.08	243.86	251.49	1 706.18
碳库百分比(%)	21.85	49.12	14.29	14.74	100

[a]通过土地利用面积加权平均得到的土壤有机碳密度。

表 7-10　2006 年羊圈沟流域不同土地利用类型下土壤有机碳密度和储量(0～20 cm)

	林地	草地	幼林	果园	坡耕地	合计
面积(hm^2)	26.8	77.5	39.7	18.0	15.6	177.6
面积百分比(%)	15.1	43.67	22.35	10.12	8.76	100
有机碳密度(t/hm^2)	12.09	11.94	10.84	11.7	8.66	11.41[a]
有机碳库(t)	324.13	925.83	430.24	210.13	134.66	2 025.00
碳库百分比(%)	16.01	45.72	21.25	10.38	6.65	100

[a]通过土地利用面积加权平均得到的土壤有机碳密度。

1998—2006 年，羊圈沟流域土地利用格局发生了显著变化(图 7-8)。其主要的驱动因子为经济，环境和政策因素。最主要的变化是坡耕地的植被恢复，坡耕地的百分比从 1998 年的 16.9%减少到 2006 年的 0.11%；成熟林地面积的百分比保持在 15%的稳定水平；幼林地呈快速增长，从 0.19%增长到 22.35%。

经估算，羊圈沟流域表层(0～20 cm)土壤有机碳库的储量从 1998 年的 1 706.18 t C 增加到 2006 年的 2 025 t C。从流域尺度看，1998—2006 年表层(0～20 cm)土壤有机碳库的扣押能力在植被恢复的作用下增加了 19%。这也说明了羊圈沟流域在植被恢复过程中起到了碳“汇”的功能。由于较少的干扰、植被恢复相对良好，该地区具有较为稳定的土壤有机碳输入和输出水平，单位面积的土壤有机碳固定在中等水平，土壤有机碳储量的年均累积速率为 0.2 t C/hm^2。

(四)小结

在流域内土壤有机碳的空间分异规律表现为：0～5 cm 深度范围土壤有机碳空间分布，整体上看，在流域的中北部土壤有机碳含量较高，流域南部含量低；5～

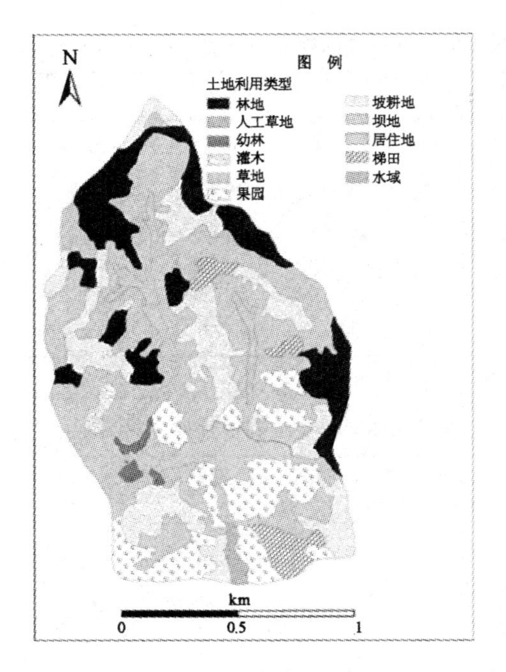

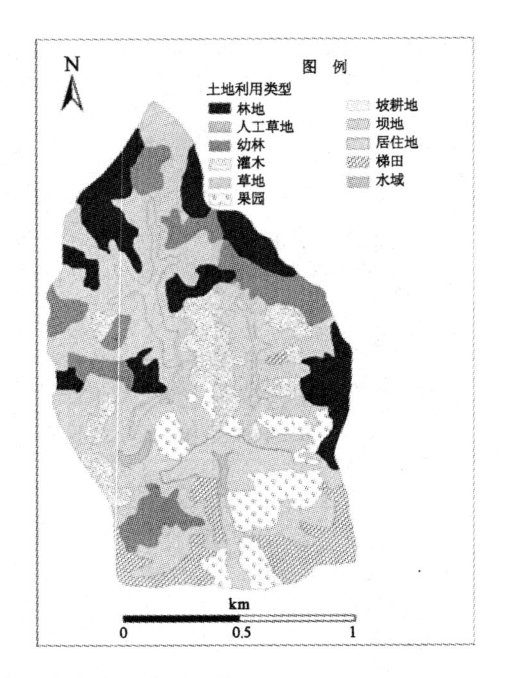

图 7-8 1998—2006 年羊圈沟流域土地利用图

10 cm 土壤，流域西北部区域的土壤有机碳含量高于其他区域，在一些坡顶部位的含量也相对较高；10～20 cm 和 20～30 cm 两个土层深度土壤有机碳的分布格局的相似程度较高，明显的特征是流域中西部区域土壤有机碳含量高，其他高值区域以斑块状零星分布。随深度增加，土壤有机碳浓度降低，层次间表现出显著差异（$P<0.001$）。0～5 cm 深度内，土地利用对土壤有机碳存在显著性影响，林地和幼林地、果园林及梯田耕地的土壤有机碳存在显著差异（$P<0.05$），林地和草地间土壤有机碳有所差异但不显著，流域范围土壤有机碳的分布规律与土地利用的分布规律有密切关系。在土壤有机碳密度和碳储量方面，不同土地利用类型的土壤有机碳密度大小次序为：林地＞果园地＞草地＞幼林地＞梯田耕地。林地、果园地和草地土壤有机碳密度分别比梯田耕地的高 29%，28%和 28%。

在植被恢复的土壤固碳方面，经估算，羊圈沟流域表层（0～20 cm）土壤有机碳库的储量从 1998 年的 1 706.18 t C 增加到 2006 年的 2 025 t C。从流域尺度看，1998—2006 年表层（0～20 cm）土壤有机碳库的扣押能力在植被恢复的作用下增加了 19%。这也说明了羊圈沟流域在植被恢复过程中起到了碳“汇”的功能。由

于较少的干扰、植被恢复相对良好，该地区具有较为稳定的土壤有机碳输入和输出水平，单位面积的土壤有机碳固定在中等水平，土壤有机碳储量的年均累积速率为 0.2 t C/hm^2。

四、区域尺度——黄土高原退耕还林还草工程固碳量估算

退耕还林还草工程是我国乃至世界上实施规模最大的生态工程之一。该工程从 1999 年试点到现在已有十多个年头，对于工程的生态效应已经开展了较为广泛而深入的研究。然而，目前仍缺少对区域尺度上退耕工程固碳效应的评估。本小节通过收集黄土高原已有研究中退耕固碳数据，利用 Meta-分析，评估了 2000—2008 年黄土高原地区退耕还林还草工程的土壤固碳量，并对土壤固碳的区域变异进行了分析。

(一)研究方法

1. 数据收集

基于 CNKI、万方和 ISI 数据库收集黄土高原退耕还草、退耕还灌木林以及退耕还林（包括阔叶乔木林和针叶乔木林）三种退耕类型的土壤固碳文献（共挑选 45 篇文献，见表 7-11）。从中获得各退耕类型和耕地表层 20 cm 深度的土壤有机质和土壤容重数据，以及各类退耕类型的退耕时间，同时收集当地多年平均降水量数据。结合 2008—2010 年间土壤数据（表 7-12）建立土壤数据集，共涉及 27 个研究区，208 个样本。研究区在黄土高原的分布范围见图 7-9。

表 7-11　黄土高原退耕还林、还灌木林和还草土壤固碳量

研究区（县/省）	经纬度	温度（℃）	降水（mm）	退耕类型	退耕时间（年）	土壤固碳量（Mg C/hm^2）	数据来源
合水/甘肃	108.50°，36.06°	7.5	575	草地	4	−2.97	张红等，2006
安塞/陕西	109.25°，36.76°	8.8	505	草地	30	8.68	戴全厚等，2008
				林地	30	7.84	
				灌木	30	6.76	
				林地	30	8.29	
永寿/陕西	108.08°，34.82°	10.8	601	草地	20	7.65	张俊华等，2003
				灌木	20	6.05	
				林地	20	1.61	

续表 7-11

研究区（县/省）	经纬度	温度（℃）	降水（mm）	退耕类型	退耕时间（年）	土壤固碳量（Mg C/hm²）	数据来源
永寿/陕西	107.93°，34.48°	10.8	601	灌木	5	1.5	李瑞雪等，1998
				林地	33	6.5	
千阳/陕西	107.06°，34.62°	10.8	653	林地	30	8.9	张笑培等，2008
				林地	20	6.16	
				林地	5	5.49	
				林地	8	2.17	
延安/陕西	110.52°，36.70°	9.4	535	林地	15	9.32	Fu 等，2000
				草地	15	2.52	
延安/陕西	110.52°，36.70°	9.8	558	草地	25	6.55	白文娟等，2005
				林地	25	8.82	
				灌木	25	−3.02	
安塞/陕西	109.25°，36.76°	8.8	485	草地	25	6.55	
				林地	25	5.04	
				灌木	25	0.76	
吴旗/陕西	108.00°，37.00°	7.8	483	草地	25	11.59	
				林地	25	5.04	
				灌木	25	1.51	
彭阳/宁夏	106.43°，35.55°	7.6	475	草地	25	10.96	王思成等，2009
				林地	25	7.59	
长武/陕西	107.68°，35.23°	9.1	584	草地	30	10.43	刘守赞等，2005
				林地	30	2.3	
				灌木	30	10.3	
				林地	30	10.3	
				林地	30	10.22	
				林地	50	18.67	
吴旗/陕西	108.00°，37.00°	7.8	483	草地	6	1.66	焦菊英等，2006
				草地	20	−0.68	
				草地	40	9.98	
				灌木	4	1.01	
				灌木	18	2.02	

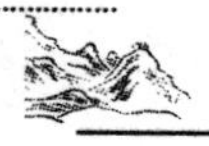

续表 7-11

研究区（县/省）	经纬度	温度（℃）	降水（mm）	退耕类型	退耕时间(年)	土壤固碳量（Mg C/hm²）	数据来源
				林地	33	3.02	
				林地	60	6.55	
永寿/陕西	107.93°，34.48°	10.8	601	林地	40	32.5	Zhao 等，2008
神木/陕西	110.37°，38.80°	8.4	437	林地	28	0.3	Wei 等，2009
				灌木	28	2.3	
				草地	28	0.7	
定西/甘肃	104.63°，35.30°	7	427	林地	30	5.82	Chen 等，2007
				灌木	30	14.27	
				草地	5	1.61	
				林地	30	4.01	
淳化/陕西	108.50°，34.80°	9.2	600	林地	23	8.6	Li and Pang，2010
				林地	7	17.08	
富县/陕西	109.18°，36.08°	9	577	草地	2	−5.2	Li 等，2005
				草地	4	1	
				草地	14	6	
				草地	34	10.8	
榆中/甘肃	104.50°，36.00°	6.5	395	草地	7	17.08	郭胜利等，2003
				灌木	30	8.66	
延安/陕西	109.50°，36.50°	9.8	558	草地	13	10.3	马玉红等，2007
				灌木	9	10.98	
				灌木	20	17.82	
				林地	18	4.61	
				林地	12	−1.96	
榆中/甘肃	104.14°，35.95°	6.2	328	草地	20	0.54	李晓东等，2009
榆中/甘肃	104.14°，35.95°	6.2	328	灌木	10	2.38	王鑫等，2007
				林地	20	5.4	
				草地	5	3.67	
合水/甘肃	108.60°，35.60°	7.4	575	林地	12	21.93	王发刚等，2009
				林地	20	14.03	
				林地	32	10.73	

续表 7-11

研究区（县/省）	经纬度	温度（℃）	降水（mm）	退耕类型	退耕时间(年)	土壤固碳量（Mg C/hm^2）	数据来源
千阳/陕西	107.10°，34.60°	10	627	林地	8	7.01	张景群等，2009
延安/陕西	109.50°，36.50°	9.8	558	草地	4	−0.21	刘雨等，2007
				草地	8	3.5	
				草地	16	2.88	
				草地	29	3.5	
				草地	55	4.94	
安塞/陕西	109.25°，36.76°	8.8	505	林地	5	7.89	薛晓辉等，2005
				林地	10	10.37	
				林地	15	5.18	
				林地	20	13.07	
				林地	25	11.04	
				林地	30	24.79	
				林地	43	23.44	
				草地	5	3.16	
				草地	6	0	
				草地	8	4.51	
				草地	10	0.68	
				草地	14	1.35	
				草地	22	2.48	
				草地	42	10.37	
				草地	50	7.21	
安塞/陕西	109.25°，36.75°	8.8	549	草地	1	3	罗利芳等，2003
				草地	2	−0.96	
				草地	3	4.39	
				草地	5	5.03	
				草地	8	0.61	
				草地	11	5.47	
五寨/山西	111.66°，39.00°	5	400	灌木	5	1.65	冀瑞瑞等，2007
				灌木	10	1.86	
				灌木	20	3.55	
				灌木	30	3.86	

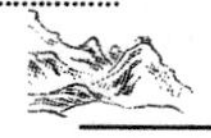

续表 7-11

研究区（县/省）	经纬度	温度（℃）	降水（mm）	退耕类型	退耕时间(年)	土壤固碳量（Mg C/hm²）	数据来源
永寿/陕西		10	611	林地	35	16.03	汪文霞等，2006
富县/陕西	109.16°，36.06°	9	576	草地	1	−3.61	吕春花和郑粉莉，2009
				草地	5	−0.85	
				草地	10	10.32	
				草地	20	9.47	
				草地	30	19.61	
				草地	40	0.77	
				草地	50	6.97	
千阳/陕西	107.10°，34.62°	10.9	677	林地	5	7.83	王俊波等，2007
				林地	26	23.13	
神木/陕西	110.37°，38.80°	8.4	437	草地	5	0.1	李裕元等，2007
				草地	20	1.8	
				灌木	30	2.1	
千阳/陕西	107.10°，34.62°	10.9	627	林地	8	6.52	张楠阳等，2009
				林地	8	−0.38	
千阳/陕西	107.10°，34.62°	10.9	627	林地	26	7.52	张景群等，2010
广灵/山西	114.00°，39.75°	7	410	草地	6	5.37	肖波等，2009
长武/陕西	107.68°，35.23°	9.1	584	草地	18	3.11	杨光和荣丽媛，2007
				灌木	16	9.05	
				林地	19	7.71	
				林地	18	8.65	
				林地	20	6.94	
				林地	18	3.11	
麟游/陕西	108.38°，34.58°	9.2	640	林地	10	4.26	韩恩贤和韩刚，2005
麟游/陕西	108.38°，34.58°	9.2	640	林地	22	5.15	韩恩贤等，2007
				林地	22	8.24	
				灌木	22	4.07	
榆中/甘肃	104.42°，36.03°	6.2	328	草地	3	2.22	贾国梅等，2006
				草地	5	6.22	
				草地	6	6.8	
				草地	9	5.14	

续表 7-11

研究区（县/省）	经纬度	温度（℃）	降水（mm）	退耕类型	退耕时间（年）	土壤固碳量（Mg C/hm²）	数据来源
				草地	10	7.11	
				草地	13	7.3	
				草地	14	7.67	
				草地	26	12.01	
五寨/山西	111.66°，39.00°	5	400	草地	3	3.66	王莉等，2007
				灌木	30	−0.46	
				林地	30	2.19	
安塞/陕西	109.17°，37.00°	8.8	505	草地	4	0.24	温仲明等，2005
				草地	11	0.94	
				草地	19	2.12	
				草地	27	4.96	
				草地	45	6.14	
延安/陕西	109.50°，36.50°	9.8	558	草地	4	−1.65	温仲明等，2007
				草地	16	−1.24	
				草地	20	0	
				草地	25	0.62	
				草地	43	7.21	
皇甫川/内蒙古	111.12°，39.75°	6.2	369	灌木	25	0.44	黄和平等，2005
				林地	25	7.98	
榆中/甘肃	104.42°，36.03°	6.2	328	草地	1	2.48	贾举杰等，2007
				草地	2	2.53	
				草地	3	7.88	
				草地	9	11.69	
				草地	13	13.41	
榆中/甘肃	104.42°，36.03°	6.2	328	灌木	6	6.16	Jia 等，2010
				灌木	18	6.7	
				灌木	26	9.94	
榆中/甘肃	104.42°，36.03°	6.5	320	草地	2	3.34	Jiang 等，2009
				草地	7	4.67	
				草地	11	5.8	
				草地	20	7.13	
				草地	43	11.98	

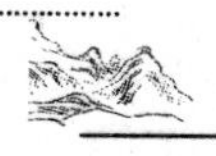

续表 7-11

研究区（县/省）	经纬度	温度（℃）	降水（mm）	退耕类型	退耕时间（年）	土壤固碳量（Mg C/hm²）	数据来源
吕梁山严村流域/山西	111.33°，37.58°	8.7	500	林地	21	5.58	Zhang and Chen，2007
				林地	21	9.7	
				灌木	21	8.32	
定西/甘肃	104.63°，35.30°	7	427	草地	3	2.84	Gong 等，2006
				灌木	25	19.41	
延安/陕西	110.52°，36.70°	9.8	535	林地	5	1.26	胡婵娟等，2009
				林地	15	4.5	
				林地	25	11.26	
				灌木	5	1.88	
				林地	5	0.44	
绥德/陕西	110.22°，37.47°	9.5	380	林地	7	−0.26	常瑞英，2012
				林地	30	13.34	
				林地	30	7.31	
吴旗/陕西	108.11°，37.11°	8.5	420	林地	8	2.42	常瑞英，2012
				林地	8	3.68	
				林地	30	7.92	
				林地	25	3.7	
				草地	30	8.4	
安塞/陕西	109.30°，36.92°	9	460	林地	5	0.05	常瑞英，2012
				林地	8	−0.86	
				林地	9	0.98	
				林地	30	8.72	
				林地	30	13.1	
				林地	30	10.15	
				草地	30	1.6	
延安/陕西	109.53°，36.52°	8.7	530	林地	5	−0.69	常瑞英，2012
				林地	9	−3.06	

续表 7-11

研究区（县/省）	经纬度	温度（℃）	降水（mm）	退耕类型	退耕时间（年）	土壤固碳量（Mg C/hm²）	数据来源
				林地	9	0.28	
				林地	25	11.57	
				林地	30	0.2	
				林地	30	−1.12	
富县/陕西	109.18°，36.07°	9.2	580	林地	5	−5.14	常瑞英，2012
				林地	6	−3.71	
				林地	8	−1.62	
				林地	8	−6.89	
				林地	26	9.8	
				林地	28	15.27	
				林地	30	4.53	
				草地	30	3	
宜君/陕西	109.12°，35.33°	8.5	650	林地	5	−3.46	常瑞英，2012
				林地	6	−0.51	
				林地	8	0.78	
				林地	9	0.81	
				林地	25	−1.33	
				林地	30	9.19	
				林地	30	8.77	

表 7-12　样地描述及说明

研究区	经纬度	温度（℃）	降水（mm）	类型[a]	林龄（年）	平均胸径（cm）	平均树高（m）	树木密度（株/hm²）	细根生物量[b]	说明[c]
S1	110.22°，37.47°	9.5	380	cropland	0					
				cropland	0					
				Y	7	6.5	5.2	900		
				A	30	15.0	8.0	350		
				A	30	14.0	11.0	700		

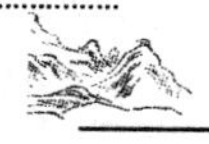

续表 7-12

研究区	经纬度	温度(℃)	降水(mm)	类型[a]	林龄(年)	平均胸径(cm)	平均树高(m)	树木密度(株/hm²)	细根生物量[b]	说明[c]
S2	108.11°, 37.11°	8.5	420	cropland	0				Y(6)	
				Y	8	5.0	3.5	1 000		
				Y	8	7.8	7.0	625	Y(7)	
				A	30	15.0	7.0	800		
				A	25	10.6	6.0	625	Y(9)	
S3	109.30°, 36.92°	9.0	460	cropland	0					Wang 等，2011
				cropland	0					Jiao 等,2010
				cropland	0				Y(8)	
				Y	5	2.4	3.0	1 200	Y(16)	
				Y	8	6.1	6.5	1 950	Y(16)	
				Y	9	4.2	2.5	1 100		
				A	30	13.5	8.0	400		
				A	30	11.0	8.0	1 800		
				A	30	16.1	10.0	500	Y(14)	
S4	109.53°, 36.52°	8.7	530	cropland	0					孙文义等,2010
				cropland	0					王小利等,2007
				cropland	0					刘雨等,2007
				Y	5	6.3	7.0	2 200		
				Y	9	5.0	6.2	2 700		
				Y	9	5.1	5.8	2 300		
				A	25	9.0	6.8	1 800		
				A	30	10.5	6.5	2 000		
				A	30	18.0	7.0	1 500		
S5	109.18°, 36.07°	9.2	580	cropland	0					Li 等,2005
				cropland	0				Y(10)	
				Y	5	2.0	2.5	1 400	Y(8)	
				Y	6	5.0	7.0	5 200		
				Y	8	—	—	—		
				Y	8	5.6	7.0	2 700	Y(16)	
				A	26	12.0	12.0	1 000		
				A	28	13.2	15.0	1 300		
				A	30	7.1	7.5	1 700	Y(17)	

续表 7-12

研究区	经纬度	温度(℃)	降水(mm)	类型[a]	林龄(年)	平均胸径(cm)	平均树高(m)	树木密度(株/hm²)	细根生物量[b]	说明[c]
S6	109.12°, 35.33°	8.5	650	cropland	0					
				cropland	0				Y(10)	
				Y	5	5.3	6.0	3 000		
				Y	6	5.2	6.5	3 800		
				Y	8	5.6	8.0	3 200	Y(24)	
				Y	9	5.8	8.0	4 000		
				A	25	9.2	12.0	2 200		
				A	30	14.3	13.0	1 000		
				A	30	13.8	13.0	1 550	Y(20)	

[a] Cropland，Y (young)和 A(adult) 分别表示耕地、幼龄林和成龄林。

[b] Y(Yes) 表示该样地对细根生物量进行了观测，括号内为样本数。

[c] 部分研究区的耕地土壤数据引自同地区的其他研究。

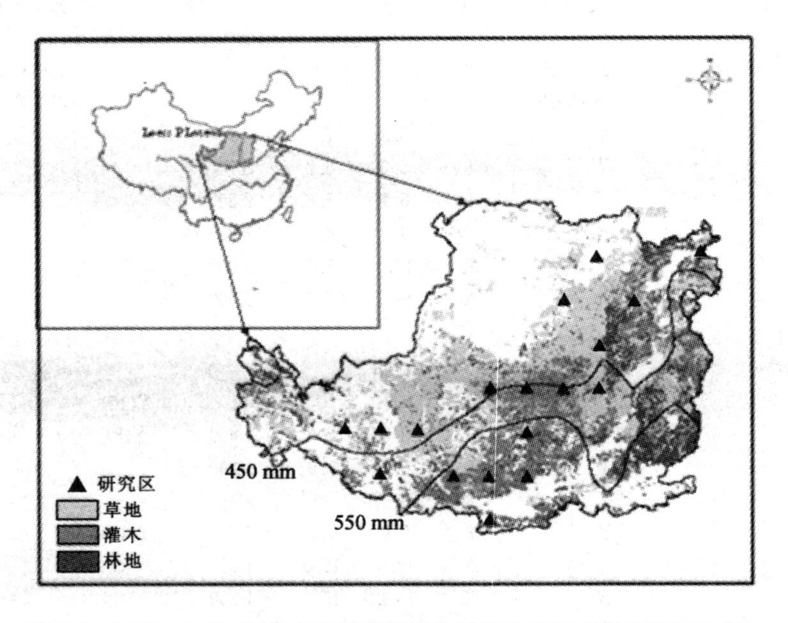

图 7-9　2000—2008 年黄土高原退耕还林还草分布图以及研究区位置

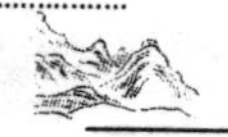

2. 黄土高原退耕还林土壤固碳量数据库建立

利用上述数据集，建立不同退耕类型下的土壤固碳量数据库。具体过程为：

(a)估算同一地区不同退耕类型和对照耕地的土壤碳储量。

(b)估算不同退耕类型土壤固碳量。一些文献未报道土壤容重数据，因此采用等深度法估算黄土高原不同地区退耕后的土壤碳变化量。对于缺少容重数据的退耕类型样地，采用同一地区或相近地区的耕地容重代替。同样，对于缺少耕地土壤有机碳数据的部分地区，以相近地区的同类土壤的耕地数据进行估算。

$$SOCT_{seq} = SOCT_{other} - SOCT_{arable}$$

式中：$SOCT_{seq}$—同一地区不同退耕类型土壤固碳量，Mg C/hm^2；$SOCT_{other}$—同一地区不同退耕类型土壤有机碳库储量，Mg C/hm^2；$SOCT_{arable}$—同一地区对照耕地土壤有机碳库储量，Mg C/hm^2。

3. 2000—2008 年黄土高原退耕还林还草工程土壤固碳量估算

首先基于土壤固碳量数据库建立单位面积土壤固碳量和影响因子（包括退耕类型、退耕时间、降水）的关系，估算不同退耕类型的单位面积单位时间的土壤固碳量，然后结合黄土高原不同退耕类型实施面积，估算整个工程的土壤固碳量。退耕还林还草的面积估算利用 2000 年和 2008 年两期遥感图像解译获得同期土地利用图，通过对比两期土地利用，获得 2000 年耕地转换为三类退耕类型的面积及分布范围（图 7-9）。

4. 区域尺度黄土高原退耕还林还草植被和生态系统固碳量估算

在国家或区域尺度森林生物量估算中，应用广泛精度较高的方法是利用森林资源清查资料进行估算，但目前在黄土高原地区尚未建立较为完整的关于退耕还林的清查资料。因此，采用本文采用“碳汇效率”的方法来估算植被固碳量。碳汇效率(Carbon sink efficiency, CSE)是指植被每单位 NPP 所产生的碳汇量（Fang 等，2007），计算公式为：

$$CSE = C_{seq}/NPP$$

式中：CSE—某一类植被类型的碳汇效率，无量纲；C_{seq}—某一类植被类型的植被固碳量，g C/(m^2·年)；NPP—某一类植被类型的年均净初级生产力，g/(m^2·年)。

不同植被类型的碳汇效率存在较大差异。本文中草地、灌木林和乔木林（包括阔叶林和针叶林)碳汇效率采用全国同类型植被的平均值进行估算,分别为0.015、0.036和0.057(Fang等,2007)。各退耕类型2000—2008年NPP数据通过CASA模型获得。利用公式及2000—2008年间累积NPP估算黄土高原退耕还林还草的植被固碳量。生态系统固碳量为土壤和植被固碳量之和。

5.统计分析

利用GLM(general linear model)模型检验各因素对土壤固碳量的影响并建立其函数关系。在GLM模型中,将退耕时间设置为协变量,检验退耕类型、降水及其交互作用对土壤固碳量影响。利用LSD方法比较不同退耕类型间及降水区间的差异。GLM模型中各变量设置见表7-13。在土壤固碳量的影响因子分析基础上,建立土壤固碳量和各因子的关系。显著水平设为0.05。所有分析采用SPSS 11.0 GLM模块完成。

表7-13 GLM模型中参数

变量	单位	数据转换
降水	分类变量(三类:北部 ≤450 mm;450 mm<中部<550 mm和南部 ≥550 mm)	无
退耕类型	分类变量(三类:草地,灌木林和林地,其中林地包括乔木林和针叶乔木林)	无
退耕时间	连续变量(年)	无
土壤固碳量	Mg C/hm^2	$Ln[x-min(x)+5]$

(二)2000—2008年黄土高原退耕还林还草实施范围和面积

通过对比2000年和2008年两期黄土高原土地利用图可以得出:9年间退耕还林还草工程的实施面积约为4.83×10^6 hm^2,如表7-14所示。其中退耕还草的面积最多,达到3.97×10^6 hm^2,退耕还灌木林的面积次之,为4.85×10^5 hm^2,退耕还林的面积最少,仅有3.84×10^5 hm^2。三种退耕类型在黄土高原的分布范围见图7-9。从图中看出:退耕还草主要分布在黄土高原西、北部地区,乔木林分布主要集中在东部和中部地区,而灌木林在整个黄土高原均有分布。

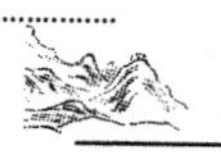

表 7-14　2000—2008 年黄土高原退耕面积及植被、土壤和生态系统固碳量

退耕类型	退耕还草	退耕还灌木林	退耕还林	合计
变化面积(hm^2)	3.97×10^6	4.85×10^5	3.84×10^5	4.83×10^6
土壤固碳量(Tg)	11.63	1.42	1.13	14.18
净初级生产力(Tg)	477.3	313.9	93.0	884.2
植被固碳量(Tg)	7.16	11.30	5.30	23.76
生态系统固碳量(Tg)	18.79	12.73	6.43	37.94

(三)黄土高原退耕还林还草土壤固碳量影响因子分析

GLM 模型中,所有因子对黄土高原土壤固碳量的总解释率为 25.1%,其中退耕时间的解释率最高,为 21.7%,降水和退耕类型对固碳量的影响较小,未达到显著水平(表 7-15)。降水和退耕类型的交互作用影响显著,但对总的方差贡献较小(表 7-15)。降水和退耕类型的交互作用说明同一退耕类型在不同降水区的土壤固碳量存在差异。对比同一降水区内,不同退耕类型土壤固碳量发现:在黄土高原南部,退耕还林的土壤固碳量略高于退耕还草($P=0.058$),而灌木林的固碳量与林地或草地无差异(图 7-10);在黄土高原北部和中部地区,三种退耕类型间均无显著差异(图 7-10)。对比同一退耕类型在不同降水区间的土壤固碳量发现:退耕还草在降水较少的北部地区固碳量显著高于中部和南部地区,但退耕还灌木和乔木林的固碳量在三个降水区间均无差异,反映退耕类型对降水响应的差异性(图 7-11)。

表 7-15　GLM 模型中各变量对土壤固碳量区域变异的解释量

因子	退耕时间	降水	退耕类型	降水×退耕类型
土壤固碳量	21.7 **	0.4	0.02	4.6 **

图中 ** 代表显著度水平 0.05;$R^2=25.1\%$,调整 $R^2=21.7\%$。

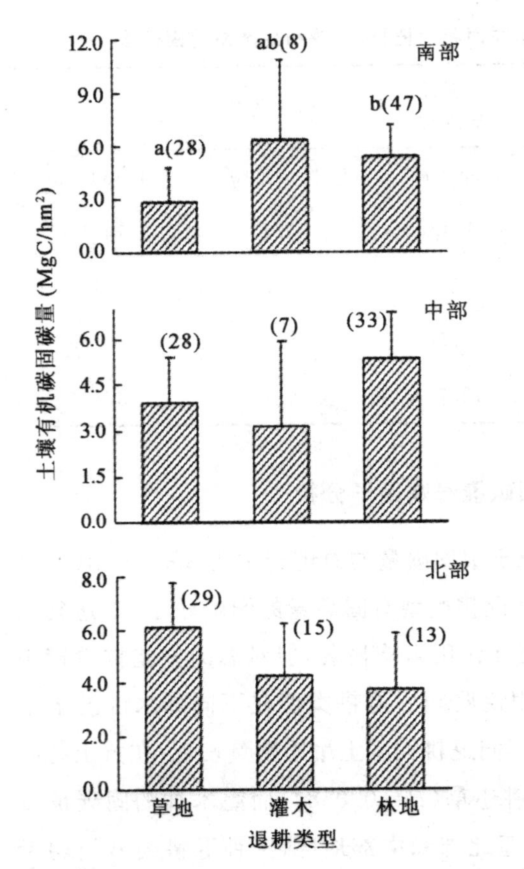

图 7-10　黄土高原退耕还林、灌木和还草土壤固碳量对比

同一降水区内，不同小写字母表示在 0.10 水平上有显著差异。误差线表示标准差。括号内数值表示样本量。

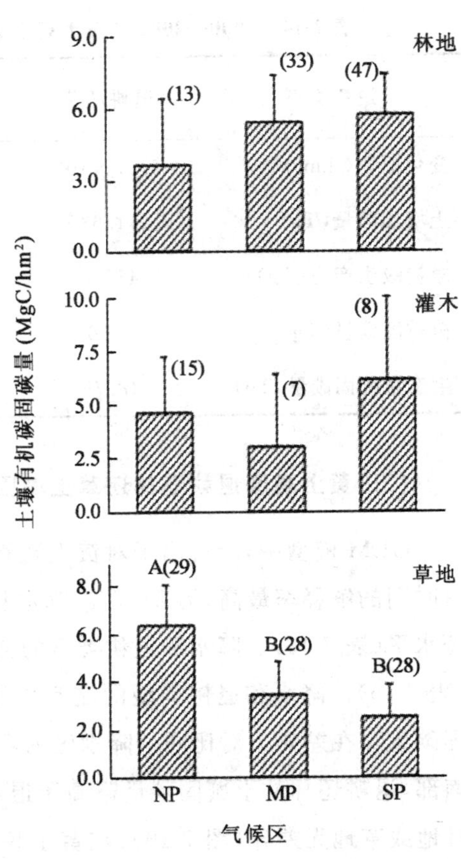

图 7-11　同一退耕类型固碳量在不同降水区内对比

同一退耕类型，不同大写字母表示在 0.05 水平上有显著差异。误差线表示标准差。括号内数值表示样本量。NP，MP 和 SP 分别代表黄土高原北部、中部和南部。

(四)2000—2008 年黄土高原退耕还林还草工程土壤固碳量

通过 GLM 分析，土壤固碳量绝大部分为退耕时间所解释，而退耕类型和降水交互作用的解释率很小。因此，建立以退耕时间为影响因子，土壤固碳量为因变量的最优方程。

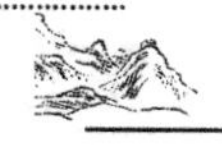

$$Y=2.588+0.012yr\ (R^2=19.2\%,\ P<0.001,\ N=208)$$

式中：Y—对数转换后的土壤固碳量，$Y=\ln[x-\min(x)+5]$；x—实际土壤固碳量，Mg C/hm²；yr—退耕时间，年。

该方程的拟合度较高(19.2%)，接近于GLM模型总的方差解释率。说明该方程在没有大幅损失拟合精度的同时减少了参数估计。

通过该方程获得退耕还林还草的年均固碳量为0.33 Mg C/(hm²·年)。结合各退耕类型的退耕面积得到2000—2008年间不同退耕类型以及整个黄土高原地区退耕工程的总固碳量(表7-14)。由于各退耕类型的单位面积土壤固碳量相同，总固碳量与面积成正比，其顺序为草地＞灌木＞林地(表7-14)。2000—2008年黄土高原退耕工程总土壤固碳量为14.18 Tg C。

(五)2000—2008年黄土高原退耕还林还草工程植被和生态系统固碳量

基于CASA模型获得退耕还草、退耕还灌木和乔木林2000—2008年的累积NPP，并在此基础上通过碳汇效率估算不同退耕类型的累积植被固碳量(表7-14)。三种退耕类型的累积NPP大小次序与其退耕面积相同，依次为草地＞灌木＞林地。由于植被类型碳汇效率的差异，三种退耕类型的植被固碳量次序为灌木＞草地＞林地。对比各退耕类型土壤固碳量与植被固碳量可以看出，在退耕初期，退耕还草后碳素主要固定在土壤中，而灌木和乔木林的碳素主要积累在植被中。结合土壤和植被固碳量获得三种退耕类型2000—2008年间的累积生态系统固碳量为37.94 Tg C，由于退耕还草的面积最大，其生态系统固碳量也最大，其次为灌木，林地的退耕面积最小，其生态系统固碳量最小。

(六)讨论

1.植被固碳量及误差

2000—2008年黄土高原退耕还草、灌木林和乔木林的植被固碳量分别为7.16 Tg C，11.30 Tg C和5.30 Tg C，年均固碳量分别为0.80 Tg C/年，1.25 Tg C/年和0.59 Tg C/年，分别是全国草地、灌木林和森林植被年均固碳量(1981—2000年)的11.4%，6.6%和0.8%(Fang等，2007)。黄土高原草地、灌木林和乔木林占全国同类型植被的面积比重分别为1.19%，0.27%和0.28%(Fang等，2007)，均低于同类型植被的固碳量比重。也就是说，黄土高原退耕还林还草的单位时间单位面积内的植被固碳量高于全国平均水平。其原因可能有：

①地区差异性带来的影响。利用CASA模型估算得到的黄土高原地区草地、灌木林和乔木林三种植被类型的平均NPP均大于全国同类型植被NPP的平均水平(朴世龙等，2001；Fang等，2007)，从而导致黄土高原植被固碳量高于全国平均水平。②估算方法和时间尺度差异带来的影响。例如，在Fang等(2007)全国尺度的研究中，森林碳汇的估算采用了森林清查资料的方法，而本文则采用了精度较低的碳汇效率的方法。另外，在Fang等(2007)的研究中估算的时间尺度为20年，与本文差异较大。③估算误差带来的影响。由于缺少黄土高原当地的碳汇数据，本文采用了全国同类植被平均碳汇效率估算黄土高原的植被固碳量，其误差较大，精度较低。

2. 土壤固碳量及误差

2000—2008年黄土高原退耕还林还草工程0～20 cm土壤固碳量为14.18 Tg C，年均固碳量为1.58 Tg C/年，大约为全国退耕还林还草工程的13.5%，而黄土高原退耕工程的面积约为全国的6.4%(Zhang等，2010)。黄土高原退耕工程的单位面积单位时间的土壤固碳量(Tg C/(hm^2·年))远大于全国平均水平。其主要原因可能有三个方面：①如上文所述，黄土高原的植被生产力较高，其土壤固碳量较高；②时间尺度不同，Zhang等(2010)估算的时间尺度约150年，远高于本研究(60年)；③退耕类型存在差异，Zhang等(2010)在全国的估算中仅考虑了退耕还林和还草，不包括灌木林。

目前对黄土高原土壤固碳的研究多集中在小尺度上，在区域尺度上估算土壤固碳的研究较少，仅有个别报道采用以点带面的方法对黄土高原退耕还林的土壤固碳量进行了初步估算(彭文英等，2006；Chen等，2007)，其结果较为粗略。本文利用大范围内的数据建立了比较可靠的土壤固碳量与影响因子的关系模型，从而在一定程度上提高了结果精度。然而，由于一些因素限制，其结果仍然存在较大的不确定性。

区域尺度土壤固碳量估算误差主要来源于：①土地利用方式变化不仅导致土壤有机碳的变化，而且可能会显著影响其容重。一些学者考虑了容重变化对土壤碳储量变化的影响，提出了更精确的等质量法来代替传统的等深度法用于估算土壤的碳变化(Ellert和Bettany，1995；Ellert等，2006；VandenBygaart和Angers，2006)。但是由于缺少相关的容重数据，本研究仍采用等深度法估算不同退耕类型的土壤固碳量，从而产生误差。增加对土壤容重的测定和数据收集，并依据情况(如果不同土地利用方式的容重存在差异，应当采用等质量法)采用等质量法可以有效降低该类误差。②以空间代时间来估算不同退耕类型和对照耕地的碳储量所

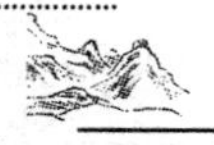

带来的误差较大（本研究所获取数据均以此法估算），而采用估算精度较高的方法，如配对样地和连续观测的方法，均可以有效减小估算误差。③结论的精度不仅受到数据质量的影响，而且还与样本量大小及其分布的均衡性有关。本研究中，灌木样本的数量较少且在不同降水区的差异较大，从而对土壤固碳量的估算以及退耕类型的土壤固碳量对比产生影响。④由于可获得数据限制，在分析土壤固碳量影响因子以及建立的拟合方程中，仅考虑了降水、退耕类型和退耕时间的影响，而忽略了其他因子（如土壤属性）的影响，从而影响估算精度。

3. 降水对土壤固碳量的影响

退耕还林的固碳能力在黄土高原不同降水区内无显著差异，北部林地较高的地下碳输入（较高细根生物量），以及由于激发效应限制所造成的较少的土壤碳损失，减小了北部较低的地上碳输入（较高 NPP）对土壤固碳所带来的影响。

与退耕还林不同，草地在黄土高原北部的固碳能力高于中部和南部地区。在退耕还草初期，由于草地的覆盖度较低，并不能有效降低其土壤侵蚀（林昌虎等，2007），因此，在黄土高原中、南部地区，其较高的降水量可能造成退耕草地初期较高的土壤侵蚀，进而影响其土壤固碳。土壤呼吸与土壤水分和温度呈正相关关系（Raich and Schlesinger，1992；Yuste 等，2003），而黄土高原中、南部地区降水及温度较高，土壤呼吸较强，从而增加了当地的土壤碳损失。此外，退耕还草在中、南部地区所产生的激发效应也可能高于北部，相应的碳分解也可能较高。

灌木林的土壤固碳量对降水的响应不明显。一方面说明灌木的固碳能力对降水的敏感性较低，这可能与其较深的根系分布有关。另一方面，也可能由于灌木林样本量较小，且各降水区的样本量差异较大，造成检验功效下降，从而不能检出差异。

4. 不同退耕类型土壤固碳量对比

在黄土高原南部地区，林地的土壤固碳量略高于草地（$P=0.058$），这与林地较高的生产力有关。然而，在黄土高原北部和中部地区，林地的生产力高于草地，但二者的土壤固碳能力没有显著差异，这可能与林地普遍采用的高强度整地活动（如鱼鳞坑）有关。整地活动对土壤碳的影响在不同降水区可能存在差异。整地干扰增加了土壤碳损失，但同时对控制土壤侵蚀具有显著作用（焦菊英等，2002；蔡进军等，2009）。因此，在降水较高的南部区域，整地措施对控制土壤侵蚀的效果更显著，可能会抵消整地干扰造成的碳损失，但在降水较少的北部区域，整地措施对土壤的干扰作用可能更大。在黄土高原区域尺度上，林地和草地的固碳能力没有显著差异，与全国（Zhang 等，2010）及全球（Post 和 Kwon，2000）尺度上的结果一致。

在黄土高原,以往的一些研究在小尺度上对比了灌木林和草地或林地的土壤固碳能力,但结论存在很大争议。一些研究认为灌木林的固碳作用高于林地和草地(Chen 等,2007;Fu 等,2010;Gong 等,2006),而另一些研究则认为灌木的土壤固碳能力较低(Wei 等,2009)或不显著(Wang 等,2001;胡婵娟等,2009)。本研究发现,在黄土高原不同降水区以及整个区域尺度上,灌木的土壤固碳能力与草地或林地土壤固碳能力差异不大。

(七)小结

2000—2008 年黄土高原退耕还林还草工程植被固碳约 23.76 Tg C,而同期表层 20 cm 土壤固碳量约 14.18 Tg C,总的生态系统固碳量约 37.94 Tg C,表明黄土高原退耕还林还草工程具有巨大的土壤和植被固碳能力。在三种退耕类型中,退耕还草的土壤固碳量最大,其次为退耕还灌木和退耕还乔木林。在黄土高原尺度上,三种退耕类型单位面积单位时间的土壤固碳接近,约为 0.33 Mg C/(hm^2·年)。然而,在黄土高原南部降水较高的地区,退耕还林的土壤固碳能力略高于退耕还草。退耕还草的土壤固碳能力在黄土高原北部地区高于中部和南部地区,而其他退耕类型的土壤固碳能力在不同降水带间没有明显差异。结果表明,在黄土高原北部地区采用退耕还草,而在南部地区实施退耕还林更有利于提高退耕工程土壤固碳量,但同时不能忽略退耕还林还草的环境适宜性和经济性。

参考文献

[1] Albers B, Zelles L, Bai Q Y, et al. 1994. Fettsäuremuster von Phospholipiden und Lipopolysacchariden als Indikatoren für Struktur von Microorganism engesellschaften in Böden. In: Alef K, Fiedler H, Hutzinger O. (Eds). Proceedings of Ecoinforma. Viena Umweltbundesamt, Vienna, 1994, pp: 297-312.

[2] Amundson R. The carbon budget in soils. Annual. Review of Earth Planetary Sciences, 2001, 29: 535-562.

[3] An S S, Huang Y M, Zheng F L. Evaluation of soil microbial indices along a revegetation chronosequence in grassland soils on the Loess Plateau, Northwest China. Applied Soil Ecology, 2009, 41: 286-292.

[4] Arunachalam A, Pandey H N. Ecosystem restoration of jhum fallows in northeast India: microbial C and N along altitudinal and successional gradients. Restoration Ecology, 2003, 11: 168-173.

[5] Bailey V L, Peacock A D, Smith J L, et al. Relationships between soil microbial biomass determined by chloroform fumigation-extraction, substrate-induced respiration, and phospholipid fatty acid analysis. Soil Biology and Biochemistry, 2002, 34: 1385-1389.

[6] Bajracharya R M, Lal R, Kimble J M. Erosion effects on carbon dioxide concentration and carbon flux from an Ohio Alfisol. Journal of Soil Science and Society, 2000, 64: 694-700.

[7] Baldock J A. Composition and cycling of organic carbon in soil. In: Marschner P, Rengel Z. (Eds). Nutrient cycling in terrestrial ecosystems. Springer-Verlag, Berlin Heideberg. 2007, pp: 1-35.

[8] Bashkin M A, Binkley D. Changes in soil carbon following afforestation in Hawaii. Ecology, 1998, 79: 828-833.

[9] Batjes N H, Sombroek W G. Possibilities for carbon sequestration in tropical and subtropical soils. Global Change Biology, 1997, 3: 161-173.

[10] Batjes N H. Soil carbon stocks and projected changes according to land use and management: a case study for Kenya. Soil Use and Management, 2004, 20: 350-356.

[11] Batjes N H. Soil carbon stocks of Jordan and projected changes upon improved management of croplands. Geoderma, 2006, 132: 361-371.

[12] Bauer P J, Frederick J R, Novak J M, et al. Soil CO_2 flux from a norfolk loamy sand after 25 years of conventional and conservation tillage. Soil and Tillage Research, 2006, 90: 205-211.

[13] Bekker R M, Verweij G L, Bakker J P, et al. Soil seed bank dynamics in hayfield succession. Ecology, 2000, 88: 594-607.

[14] Berg B. Litter decomposition and organic matter turnover in northern forest soils. Forest Ecology and Management, 2000, 133: 13-22.

[15] Berthrong S T, Piñeiro G, Jobbágy E G, et al. Soil C and N changes with afforestation of grasslands across gradients of precipitation and plantation age. Ecological Applications, 2012, 22: 76-86.

[16] Binkley D, Kaye J, Barry M, et al. First-Rotation Changes in Soil Carbon and Nitrogen in a Plantation in Hawaii. Soil Science Society of America Journal, 2004, 68: 1713-1719.

[17] Binkley D. How nitrogen-fixing trees change soil carbon. In: Binkley D, Menyailo O (Eds) Tree species effects on soils: implications for global change. Kluwer Academic Publishers, Dordrecht, 2005, pp 155-164.

[18] BowdenRD, NadelhofferK J, BooneR D, et al. Contributions of aboveground litter, below ground litter, and root respiration to in temperate mixed hardwood forest. Canadian Journal of Forest Research, 1993, 23: 1402-1407.

[19] Bryla D R, Bouma T J, Hartmond U, et al. Influence of temperature and soil drying on respiration of individual roots in citrus: Integrating greenhouse observations into a predictive model for the field. Plant, Cell and Environment, 2001, 24: 781- 790.

[20] Bucher A E, Lanyon L E. Evaluating soil management with microbial community-level physiological profiles. Applied Soil Ecology, 2005, 29: 59-71.

[21] Buchmann N. Biotic and abiotic factors controlling soil respiration rates in Picea abies stands. Soil Biology and Biochemistry, 2000, 32: 1625-1635.

[22] Burke I C, Yonker C M, Parton W J, et al. Texture, climate, and cultivation effects on soil organic matter content in US grassland soils. Soil Science Society of America journal (USA), 1989, 53:800-805.

[23] Cairns J. Encyclopedia of environmental biology. Restoration Ecology, 1995, 3(3):223-235.

[24] Cambardella C A, Elliot E T. Carbon and nitrogen distribution in aggregates from cultivated and native grassland soils. Soil Science Society of America Journal, 1993, 57:1071-1076.

[25] Carla K, Arnaud M, Jacques M. Spontaneous vegetation dynamics and restoration prospects for limestone quarries in Lebanon. Applied Vegetation Science, 2003, 6:199-204.

[26] Chaboud A. Isolation, purification and chemical composition of maize root cap slime. Plant and Soil, 1983, 73:395-402.

[27] Chabrerie O, Laval K, Puget P, et al. Relationship between plant and soil microbial bommunities along a successional gradient in chalk grassland in north-western France. Applied soil ecology, 2003, 24:43-56.

[28] Chang R Y, Fu B J, Liu G H, et al. Effects of soil physicochemical properties and stand age on fine root biomass and vertical distribution of plantation forests in the Loess Plateau of China. Ecological Research, 2012, 27(4):827-836.

[29] Chang R Y, Fu B J, Liu G H, et al. Soil Carbon Sequestration Potential for "Grain for Green" Project in Loess Plateau, China. Environmental Management, 2011, 48:1158-1172.

[30] CheddadiR, GuiotJ, JollyD. The Mediterranean vegetation: what if the atmospheric CO_2 increased? Landscape Ecology, 2001, 16, 667- 675.

[31] Chen L D, Gong J, Fu B J, et al. Effect of land use conversion on soil organic carbon sequestration in the Loess hilly area, Loess Plateau of China. Ecological Research. 2007, 22(4):641-648.

[32] Chen L D, Huang Z L, Gong J, et al. The effect of land cover/vegetation on soil water dynamic in the hilly area of the Loess Plateau, China. Catena, 2007, 70:200-208.

[33] Christensen B T. Carbon in primary and secondary organomineral comple-

xes. In:Carter M R,Stewart B A. (Eds). Structure and organic matter storage in agricultural soils. CRC Press,Inc,Boca Raton,FL. 1996,pp:97-165.

[34] Conant R T,Klopatek J M,Malin R C,et al. Carbon pools and fluxes along an environmental gradient in northern Arizona. Biogeochemistry,1998,43:43-61.

[35] Corre M D,Schnabel R R,Stout W L. Spatial and seasonal variation of gross nitrogen transformations and microbial biomass in a Northeastern US grassland. Soil Biology and Biochemistry,2002,34:445-457.

[36] Darcy L A. Study of soybean and lentil root exudates influence of soybean isofavonoids on the growth of rhizobia and some rhizospheric microorganisms. Plant and Soil,1987,101:267-272.

[37] Davidson E A,Ackerman I L. Changes in soil carbon inventories following cultivation of previously untilled soils. Biogeochemistry,1993,20:161-193.

[38] Davidson E A,Janssens I A. Temperature sensitivity of soil carbon decomposition and feedbacks to climate change. Nature,2006,440:165-173.

[39] Davidson E A,Verchot L V,Cattânio J Q,et al. Effects of soil water content on soil respiration in forests and cattle pasture of eastern Amazonia. Biogeochemistry,2000,48:53-69.

[40] Dazzy M,Jung V,Férard J F,et al. Ecological recovery of vegetation on a coke-factory soil:role of plant antioxidant enzymes and possible implications in site restoration. Chemosphere,2008,74:57-63.

[41] De Deyn G B,Cornelissen J H C,Bardgett R D. Plant functional traits and soil carbon sequestration in contrasting biomes. Ecology Letters,2008,11:516-531.

[42] DeForest J L,Zak D R,Pregitzer K S,et al. Atmospheric nitrate deposition and the microbial degradation of cellobiose and vanillin in a northern hardwood forest. Soil Biology and Biochemistry,2004,36:965-971.

[43] Degrayze S,Six J,Paustian K,et al. Soil organic carbon pool changes following land-use conversions. Global Change Biology,2004,10:1120-1132.

[44] DeGryze S,Six J,Paustian K,et al. Soil organic carbon pool changes following land-use conversions. Global Change Biology,2004,10:1120-1132.

[45] Del Galdo I,Six J,Peressotti A,Francesca Cotrufo M. Assessing the impact

of land-use change on soil C sequestration in agricultural soils by means of organic matter fractionation and stable C isotopes. Global Change Biology, 2003,9:1204-1213.

[46] Diamond J. Reflections on goals and on the relationship between theory and practice. In:Jordon W R,Gilpin N,Aber J. Restoration Ecology:A synthetic approach to ecological research. Cambridge. Cambridge University Press. 1987,329-336.

[47] Doran J W. Microbial biomass and mineralizable nitrogen distributions in no-tillage and plewed soils. Biology and Fertility of Soils,1987,5:68-75.

[48] Drury C F,Stone J A,Findlay W I. Microbial biomass and soil structure associated with corn, grasses and legumes. Soil Science Society of American Journal,1991,55:805-811.

[49] Ellert B H,Bettany J R. Calculation of organic matter and nutrients stored in soils under contrasting management regimes. Canadian Journal of Soil Science,1995,75:529-538.

[50] Ellert B H,Janzen H H,Entz T. Assessment of a method to measure temporal change in soil carbon storage. Soil Science Society of America Journal, 2002,66:1687-1695.

[51] Ellert B H,Janzen H H,VandenBygaart A J,Bremer E. Measuring change in soil organic carbon storage. In:Carter MR,Gregorich EG (eds) Soil Sampling and Methods of Analysis. CRC Press,Boca Raton,FL. ,2006,pp:25-38.

[52] Elliot E T,Coleman D C. Let the soil work for us. Ecological Bulletins, 1988,39:23-32.

[53] Falloon P D,Smith P,Smith J U,et al. Regional estimates of carbon sequestration potential:linking the Rothamsted Carbon Model to GIS databases. Biology and Fertility of Soils,1998,27:236-241.

[54] Falloon P,Smith P. Simulating SOC changes in long-term experiments with RothC and CENTURY:model evaluation for a regional scale application. Soil Use and Management,2002,18:101-111.

[55] Fang C,Smith P,Moncrieff J B,Smith J U. Similar response of labile and resistant soil organic matter pools to changes in temperature. Nature,2005,

433:57-59.

[56] Fang J Y,Chen A P,Peng C H,et al. Changes in forest biomass carbon storage in China between 1949 and 1998. Science,2001,292:2320-2322.

[57] Fang J Y,Guo Z D,Piao S L,Chen A P. Terrestrial vegetation carbon sinks in China,1981-2000. Science in China Series D: Earth Sciences,2007,50:1341-1350.

[58] Fang Y T,Gundersen P,Zhang W,et al. Soil-atmosphere exchange of N_2O, CO_2 and CH_4 along a slope of an evergreen broad-leaved forest in southern China. Plant and Soil,2009,319:37-48.

[59] Feller C,Bernoux M. Historical advances in the study of global terrestrial soil organic carbon sequestration. Waste Management,2008,28:734-740.

[60] Feng W,Zou X,Schaefer D. Above and belowground carbon inputs affect seasonal variations of soil microbial biomass in a subtropical monsoon forest of southwest China. Soil Biology and Biochemistry,2009,41:978-983.

[61] Fierer N,Schimel J P,Holden P A,et al. Variations in microbial community composition through two soil depth profiles. Soil Biology and Biochemistry, 2003,35:167-176.

[62] Findlay R H,Trexler M B,Guckert J B,et al. Laboratory study of disturbance in marine sediments:response of a microbial community. Marine Ecology Progress Series,1990,62:121-133.

[63] Fontaine S,Barot B,Barre P,et al. Stability of organic carbon in deep soil layers controlled by fresh carbon supply. Nature,2007,450(8):277-280.

[64] Foote R,Grogan P. Soil carbon accumulation during temperate forest succession on abandoned low productivity agricultural lands. Ecosystems,2010, 13:795-812.

[65] Fornara D A,Tilman D. Plant functional composition influences rates of soil carbon and nitrogen accumulation. Journal of Ecology,2008,96:314-322.

[66] Franzluebbers A J,Hons F M,Zuberer D A. Soil organic carbon,microbial biomass,and mineralizable carbon and nitrogen in sorghum. Soil Science Society of American Journal,1995,59:460-466.

[67] Frey B,Hagedorn F,Giudici F. Effect of girdling on soil respiration and root composition in a sweet chestnut forest. Forest Ecology and Management,

2006,225:271-277.

[68] Frostegård A,Tunlid A,Baath E. Phospholipid fatty acid composition,biomass and activity of microbial communities from two soil types experimentally exposed to different heavy metals. Applied and Environmental Microbiology,1993,59,3605-3617.

[69] Fu B J,Chen L D,Ma K M,et al. The relationships between land use and soil conditions in the hilly area of the loess plateau in northern Shaanxi,China. Catena,2000,39 (1):69-78.

[70] Fu B J,Meng Q H. ,Qiu Y,et al. Effects of land use on soil erosion and nitrogen loss in the hilly area of the Loess Plateau,China. Land Degradation and Development,2004. 5:87-96.

[71] Fu B J,Wang J,Chen L D,et al. The effects of land use on soil moisture variation in the Danangou catchment of the Loess Plateau,China. Catena,2003,54 (1-2):197-213.

[72] Fu B J,Wang Y F,Lü Y H,et al. The effects of land use combination on soil erosion-a case study in Loess Plateau of China. Progress in Physical Geography,2009,33(6):793-804.

[73] Fu S L,Cheng W X,Susfalk R. Rhizospere respiration varies with plant species and phenology:a greenhouse pot experiment. Plant and Soil,2002,239:133-140.

[74] Fu X,Shao M,Wei X,Horton R. Soil organic carbon and total nitrogen as affected by vegetation types in Northern Loess Plateau of China. Geoderma,2010,155:31-35.

[75] Garca C,Hernnderz T. Organic matter in bare soils of theMediterranean region with a semiarid climate. Arid Soil Research and Rehabilitation,1996,10:31-41.

[76] Garcia C,Hemanderz T,Roldan A,et al. Effect of plant cover decline on chemical and microbiological parameters under Mediterranean climate. Soil Biology and Biochemistry,2002,34:635-642.

[77] Garcia F Q,Rice C W. Microbial biomass dynamics in tall grass pralrle. American Journal of Soil Science and Society,1994,58:816-823.

[78] Garland J L,Mills A L. Classification and characterization of heterotrophic

microbial communities on the basis of patterns of community-level-sole-carbon-source-utilization. Applied Environmental Microbiology,1991,57:2351-2359.

[79] Gillan F T,Hogg R W. A method for the estimation of bacterial biomass and community structure in mangrove associated sediments. Journal of Microbiology Methods,1984,2:275-293.

[80] Goidts E,van Wesemael B. Regional assessment of soil organic carbon changes under agriculture in Southern Belgium (1955 - 2005). Geoderma,2007,141:341-354.

[81] Gong J,Chen L D,Fu B J,et al. Effect of land use on soil nutrients in the loess hilly area of the Loess Plateau,China. Land Degradation and Development,2006,17:453-4652.

[82] Grandy A S,Robertson G P. Land-use intensity effects on soil organic carbon accumulation rates and mechanisms. Ecosystems,2007,10:56-73.

[83] Grayston S J,Campbell C D,Bardgett R D,et al. Assessing shifts in microbial community structure across a range of grasslands of differing management intensity using CLPP,PLFA and community DNA techniques. Applied Soil Ecology,2003,25:63-84.

[84] Gros R,Monrozier L J,Bartoli F,et al. Relationships between soil physicochemical properties and microbial activity along a restoration chronosequence of alpine grasslands following ski run construction. Applied Soil Ecology,2004,27:7-22.

[85] Gunapala N,Scow K M. Dynamics of soil microbial biomass and activity in conventional and organic farming systems. Soil Biology and Biochemistry,1998,30(6):805-816.

[86] Guo L B,Gifford R M. Soil carbon stocks and land use change:a meta analysis. Global Change Biology,2002,8:345-360.

[87] Hanson P J,Edwards N T,Garten C T,et al. Separating root and soil microbial contributions to soil respiration:A review of methods and observations. Biogeochemistry,2000,48:115-146.

[88] Harris J A,Birch P. Soil microbial activity in opencast coal mine restoration. Soil Use and Management,1989,5:155-160.

[89] Harris J A. Measurements of the soil microbial community for estimating the success of restoration. European Journal of Soil Science, 2003, 54: 801-808.

[90] Harris J. Soil microbial communities and restoration ecology: facilitators of followers? Science, 2009, 325: 573-574.

[91] Harrison A F, Harkness D D, Bacon P J. The use of bomb-14C for studying organic matter and N and P dynamics in a woodland soil. In: Harrison A F, Ineson P, Heal O W. Nutrient Cycling in Terrestrial Ecosystem: Field methods, application and interpretation. Barking. Elsevier Applied Science. 1990, 125-138.

[92] Harrison K G, Broecker W S, Bonani G. The effect of changing land use on soil radiocarbon. Science, 1993, 262: 725-726.

[93] Harrison KG. Using bulk soil radiocarbon measurements to estimate soil organic matter turnover times. In: Lal R, Kimble J M, Follett R F, Stewart B A. (Eds). Soil processes and the carbon cycle. CRC Press. Boca Raton. Florida. 1997, pp: 549-559.

[94] Harrison R B, Footen P W, Strahm B D. Deep Soil Horizons: Contribution and Importance to Soil Carbon Pools and in Assessing Whole-Ecosystem Response to Management and Global Change. Forest Science, 2011, 57: 67-76.

[95] Harwell M C, Sharfstein B. Submerged aquatic vegetation and bulrush in lake Okeechobeeas indicators of greater everglades ecosystem restoration. Ecological Indicator, 2009, 11: 1-9.

[96] He N P, Yu Q, Wu L, et al. Carbon and nitrogen store and storage potential as affected by land-use in a Leymus chinensis grassland of northern China. Soil Biology and Biochemistry, 2008, 40(12): 2952-2959.

[97] Hedlund K. Soil microbial community structure in relation to vegetation management on former agricultural land. Soil Biology and Biochemistry, 2002, 34: 1299-1307.

[98] Hill G T, Mitkowski N A, Aldrich-Wolfe L, et al. Methods for assessing the composition and diversity of soil microbial communities. Applied Soil Ecology, 2000, 15: 25-36.

[99] Hishi T, Hirobe M, Tateno R, et al. Spatial and temporal patterns of water-extractable organic carbon (WEOC) of surface mineral soil in a cool temperate forest ecosystem. Soil Biology and Biochemistry, 2004, 36: 1731-1737.

[100] Högberg P, Nordgren A, Buchmann N, et al. Large-scale forest girdling shows that current photosynthesis drives soil respiration. Nature, 2001, 411: 789-791.

[101] Holling C S. Surprise for science resilience for ecosystem and incentives for people. Ecological Applications, 1996, 6: 733-735.

[102] Holloway M. 生态恢复发展的趋势—保护大自然. 郑小石译. 1994. 科学, 8: 46-56.

[103] Holmes W E, Zak D R. Soil microbial biomass dynamics and nitrogen mineralization in Northern Hardwood ecosystems. Soil Science Society of American Journal, 1994, 58: 238-243.

[104] Hooker T D, Compton J E. Forest ecosystem carbon and nitrogen accumulation during the first century after agricultural abandonment. Ecological Applications, 2003, 13: 299-313.

[105] Hooper D U, Bignell D E, Brown V K, et al. Interactions between aboveground and belowground biodiversity in terrestrial ecosystems: patterns, mechanisms, and feedbacks. BioScience, 2000, 50: 1049-1061.

[106] Houghton R A, Hackler J L, Lawrence K T. The US carbon budget: contributions from land-use change. Science, 1999, 285: 574-578.

[107] Houghton R A, Hackler J L. Sources and sinks of carbon from land-use change in China. Global Biogeochem. Cycles, 2003, 17: 1034.

[108] Houghton R A, Hobbie J E, Melillo J M, et al. Changes in the carbon content of terrestrial biota and soils between 1860 and 1980: A net release of CO_2 to the atmosphere. Ecological Monographs, 1983, 53(3): 235-262.

[109] Hu C J, Fu B J, Liu G H, et al. Vegetation patterns influence on soil microbial biomass and functional diversity in a hilly area of the Loess Plateau, China. Journal of soils and Sediments, 2010, 10: 1082-1091.

[110] Huang Y, Liu S L, Shen Q R, et al. Influence of environmental factors on the decomposition of organic carbon in agricultural soils. Chinese Journal of Applied Ecology, 2002, 13 (6): 709-714.

[111] Huang Y, Sun W J, Zhang W, et al. Marshland conversion to cropland in northeast China from 1950 to 2000 reduced the greenhouse effect. Global Change Biology, 2010, 16: 680-695.

[112] Huang Y, Yu Y Q, Zhang W, et al. Agro-C: a biogeophysical model for simulating the carbon budget of agroecosystems. Agricultural and Forest Meteorology, 2009, 149: 106-129.

[113] Huang Y, Zhang W, Sun W J, et al. Net primary production of Chinese croplands from 1950 to 1999. Ecological Applications, 2007, 17: 692-701.

[114] IPCC. 2006 IPCC Guidelines for National Greenhouse Gas Inventories. 2006. Available at http://www.ipcc-nggip.iges.or.jp/public/2006gl/index.htm.

[115] IPCC. Land use, land use change, and forestry. Cambridge University Press, Cambridge, UK, 2000, 377.

[116] Jandl R, Lindner M, Vesterdal L, et al. How strongly can forest management influence soil carbon sequestration? Geoderma, 2007, 137: 253-268.

[117] Janssens I A, Freibauer A, Ciais P, et al. Europe's terrestrial biosphere absorbs 7% to 12% of European anthropogenic CO_2 emission. Science, 2003, 300: 1538-1542.

[118] Jennifer SP. Changes in soil carbon and nitrogen after contrasting land use transition in northeastern Costa Rica. Original Atticles, 2004, 7: 134-146.

[119] Jia G M, Cao J, Wang C Y, et al. Microbial biomass and nutrients in soil at the different stages of secondary forest succession in Ziwulin, Northwest China. Forest Ecology and Management, 2005, 217: 117-125.

[120] Jia GM, Liu BR, Wang G, et al. The microbial biomass and activity in soil with shrub (*Caragana korshinskii K.*) plantation in the semi-arid loess plateau in China. European Journal of Soil Biology, 2010, 46: 6-10.

[121] Jiang JP, Xiong YC, Jiang HM, et al. Soil Microbial Activity During Secondary Vegetation Succession in Semiarid Abandoned Lands of Loess Plateau. Pedosphere, 2009, 19: 735-747.

[122] Jiao F, Wen Z M, An S S. Changes in soil properties across a chronosequence of vegetation restoration on the Loess Plateau of China. Catena, 2011, 86: 110-116.

[123] Jiao J Y,Zhang Z G,Bai W J,Jia Y F,Wang N. Assessing the Ecological Success of Restoration by Afforestation on the Chinese Loess Plateau. Restoration Ecology,2010,20:240-249.

[124] Jobbagy E G,Jackson R B. The vertical distribution of soil organic carbon and its relation to climate and vegetation. Ecological Applications,2000,10(2):423-436.

[125] Johansson M B. The chemical composition of needle and leaf litter from Scots pine,Norway spruce and white birch in Scandinavian forests. Forestry,1995,68:49-62.

[126] Johnson D W. Effects of forest management on soil carbon storage. Water, Air,& Soil Pollution,1992,64:83-120.

[127] Kabzems R,Haeussler S. Soil properties,aspen,and white spruce responses 5 years after organic matter removal and compaction treatments. Canadian Journal of Forest Research,2005,35:2045-2055.

[128] Karel P,Sándor B,Chris B J,et al. The role of spontaneous vegetation succession in ecosystem restoration: A perspective. Applied Vegetation Science,2001,4:111-114.

[129] Katharine C,Fung I Y. The sensitivity of terrestrial carbon storage to climate change. Nature,1990,346:48-51.

[130] Kaul M,Dadhwal V K,Mohren G M J. Land use change and net C flux in Indian forest. Forest Ecology and Management,2009,258:100-108.

[131] Kemmitt S J,Wright D,Goulding K,et al. pH regulation of carbon and nitrogen dynamics in two agricultural soils. Soil Biology and Biochemistry, 2006,38:898-911.

[132] Kennedy M J,Pevear D R,Hill R J. Mineral surface control of organic carbon in black shale. Science,2002,295:657-660.

[133] Kieft T L. White C S,Loftin S R. Temporal dynamics in soil carbon and nitrogen resources at a grassland shrub and ecotone. Ecology,1998,79(2): 671-683.

[134] Kirmer A,Mahn E G. Sppntaneous and initiated succession on unvegetated slope sites in the abandoned lignite-mining area of Goitsche,Gemany. Applied Vegetation Science,2001,4:19-28.

[135] Krull E S, Baldock J A, Skjemstad J O. Importance of mechanisms and processes of the stabilization of soil organic matter for modelling carbon turnover. Functional Plant Biology, 2003, 30: 207-222.

[136] Laganière J, Angers D A, Par D. Carbon accumulation in agricultural soils after afforestation: a meta analysis. Global Change Biology, 2010, 16: 439-453.

[137] Lal R, Bruce J P. The potential ofworld crop land soils to sequester C and mitigate the greenhouse effect. Environmental Science & Policy, 1999b, 2: 177-185.

[138] Lal R, Kimble J M. Conservation tillage for carbon sequestration. Nutrient Cycling in Agroecosystems, 1997, 49: 243-253.

[139] Lal R. Agricultural activities and the global carbon cycle. Nutrient Cycling Agroecosystems, 2004a, 70: 103-116.

[140] Lal R. Carbon sequestration in dryland ecosystems of West Asia and North Africa. Land Degradation and Development, 2002, 13: 45-59.

[141] Lal R. Carbon sequestration in drylands. Annuals of Arid Zone, 2000, 39 (1): 1-10.

[142] Lal R. Forest soils and carbon sequestration. Forest Ecology and Management, 2005, 220: 242-258.

[143] Lal R. Potential of desertification control to sequester carbon and mitigate the greenhouse effect. Climate Change, 2001, 51: 35-72.

[144] LalR. Soi carbon sequestration to mitigate climate change. Geoderma, 2004c, 123: 1-22.

[145] Lal R. Soil carbon sequestration impacts on global climate change and food security. Science, 2004a, 304: 1623-1627.

[146] Lal R. Soil carbon sequestration impacts on global climate change and food security. Science, 2004b, 304: 1623-1627.

[147] Lal R. Soil carbon sequestration in China through agricultural intensification, and restoration of degraded and desertified ecosystems. Land Degradation and Development, 2002, 13: 469-478.

[148] Lal R. Soil erosion and the global carbon budget. Environment International, 2003, 29: 437-450.

[149] Lal R. The potential of soil carbon sequestration in forest ecosystem to mitigate the greenhouse effect. In:Lal R. (Ed.) Soil Carbon Sequestration and the Greenhouse Effect. Soil Science Society of America Special Publication,2001,57,Madison,WI.

[150] Lal R. World soils and greenhouse effect. IGBP Global Change Newsletter, 1999a,37:4-5.

[151] Leirs M C,Trasar-Cepeda C,Seoane S,et al. Dependence of mineralization of soil organic matter on temperature and moisture. Soil Biology and Biochemistry,1999,31 (3):327-335.

[152] Li G-L,Pang X-M. Effect of land-use conversion on C and N distribution in aggregate fractions of soils in the southern Loess Plateau,China. Land Use Policy,2010,27:706-712.

[153] Li P H,Wang Q,Endo T,et al. Soil organic carbon stock is closely related to aboveground vegetation properties in cold-temperate mountainous forests. Geodema,2010,154:407-415.

[154] Li W H. Degradation and restoration of forest ecosystems in China Forest Ecology and Management,2004,201:33-41.

[155] Li Y,Zhang Q W,Reicosky D C,et al. Using ^{137}Cs and ^{210}Pbex for quantifying soil organic carbon redistribution affected by intensive tillage on steep slopes. Soil and Tillage Research,2006,86:176-184.

[156] Li Y Y,Shao M A,Zheng J Y,Zhang X C. Spatial-temporal changes of soil organic carbon during vegetation recovery at Ziwuling,China. Pedosphere, 2005,15:601-610.

[157] Li Y Y,Shao M A. Change of soil physical properties under long-term natural vegetation restoration in the Loess Plateau of China. Journal of Arid Environments,2006,64(1):77-96.

[158] Liu S G,Bliss N,Sundquist E,et al. Modeling carbon dynamics in vegetation and soil under the impact of soil erosion and deposition. Global Biogeochemical Cycles,2003,17:1074.

[159] Lloyd J,Taylor J A. On the temperature dependence of soil respiration. Functional Ecology,1994,8:315-323.

[160] Lorenz K,Lal R,Shipitalo M J. Stabilization of organic carbon in chemical-

ly separated pools in no-till and meadow soils in Northern Appalachia. Geoderma, 2006, 137: 205-211.

[161] Lu F, Wang X, Han B, et al. Soil carbon sequestrations by nitrogen fertilizer application, straw return and no-tillage in China's cropland. Global Change Biology, 2009, 15: 281-305.

[162] Lufafa A, Bolte J, Wright D, et al. Regional carbon stocks and dynamics in native woody shrub communities of Senegal's Peanut Basin. Agriculture, Ecosystems and Environment, 2008, 128: 1-11.

[163] Lugo A, Sanchez M, Brown S. Land use and organic carbon content of some subtropical soils. Plant and Soil, 1986, 96: 185-196.

[164] Marland G, McCarl B A, Schneider U. Soil carbon: policy and economics. Climate Change, 2001, 51: 101-117.

[165] Martens D A, Reedy T E, Lewis D T. Soil organic carbon content and composition of 130-year crop, pasture and forest land-use managements. Global Change Biology, 2004, 10: 65-78.

[166] Matamala R, Gonzalez-Meler M A, Jastrow J D, et al. Impacts of fine root turnover on forest NPP and soil C sequestration potential. Science, 2003, 302: 1385-1387.

[167] McCarthy C M, Murray L. Viability and metabolic features of bacteria indigemous to a contaminated deep aquifer. Microbial Ecology, 1996, 32: 305-321.

[168] McGill M B, Gannon K R, Robertson J A, et al. Dynamics of soil microbial biomass and water soluble organic C in Breton L after 50 years of cropping to two rotations. Canadian Journal of Soil Science, 1986, 66: 1-19.

[169] McLauchlan K. Effects of soil texture on soil carbon and nitrogen dynamics after cessation of agriculture. Geoderma, 2006a, 136: 289-299.

[170] McLauchlan K. The nature and longevity of agricultural impacts on soil carbon and nutrients: a review. Ecosystems, 2006b, 9: 1364-1382.

[171] Melillo J M, Fruci J R, Houghton R A, et al. Land-use change in the Soviet Union between 1850 and 1980: causesof a net release of CO_2 to the atmosphere. Tellus, 1988, 40(B): 116-128.

[172] Mensah F, Schoenau J J, Malhi S S. Soil carbon changes in cultivated and

excavated land converted to grasses in east2central Saskatchewan. Biogeochemistry,2003,63:85-92.

[173] Metting F B,Smith J L,Amthor J S,et al. Science needs and new technology for increasing soil carbon sequestration. Climatic Change,2001,51:11-34.

[174] Miller M,Dick R P. Dynamics of soil C and microbial biomass in whole soil and aggregates in two cropping systems. Applied Soil Ecology,1995,2:253-261.

[175] Mitchell R J,Marrs R H,Le Duc M G,et al. A study of the restoration of heathland on successional sites: changes in vegetation and soil chemical properties. Journal of Applied Ecology,1999,36:770-783.

[176] Moreno-de las Heras M,Nicolau J M,Espigares T. Vegetation succession in reclaimed coal-mining slopes in a Mediterranean dry environment. Ecological Engineering,2008,34:168-178.

[177] Moscatelli M C,Tizio A D,Marinari S,et al. Microbial indicators related to soil carbon in Mediterranean land use systems. Soil and Tillage Research,2007,97 (1):51-59.

[178] Murty D,Kirschbaum M U F,Mcmurtrie R E,et al. Does conversion of forest to agricultural land change soil carbon and nitrogen? A review of the literature. Global Change Biology,2002,8(2):105-112.

[179] Nagaraja B C,Somashekar R K,Bunty Raj M. Tree species diversity and composition in logged and unlogged rain forest of Kudremukh National Park,South India. Journal of Environmental Biology,2005,26(4):627-634.

[180] Neilson J W,Pepper I L. Soil respiration as an index of soil aeration. Soil Science Society of American Journal,1990,54:428-432.

[181] Nishihiro J,Washitani I. Restoration of lakeshore vegetation using sediment seed banks; studies and practices in Lake Kasumigaura,Japan. Global Environmental Research,2007,11:171-177.

[182] Niu X Z,Duiker S W. Carbon sequestration potential by afforestation of marginal agricultural land in the Midwestern US. Forest Ecology and Management,2006,223:415-427.

[183] Ogle S M, Breidt F J, Paustian K. Agricultural management impacts on soil organic carbon storage under moist and dry climatic conditions of temperate and tropical regions. Biogeochemistry, 2005, 72: 87-121.

[184] Pacala S W, Hurtt G C, Baker D, et al. Consistent land- and atmosphere-based US carbon sink estimates. Science, 2001, 292: 2316-2320.

[185] Palma R M, Arrigo N M, Saubidet M J. Chemical and biochemical properties as potential indicators of disturbances. Biology and Fertility of Soils, 2000, 32: 381-384.

[186] Pan G X, Xu X W, Smith P, et al. An increase in topsoil SOC stock of China's croplands between 1985 and 2006 revealed by soil monitoring. Agriculture Ecosystems and Environment, 2010, 136: 133-138.

[187] Paniagua A, Kammerbayuer J, Avedillo M, et al. Relationship of soil characteristics to vegetation successions on a sequence of degraded and rehabilitated soils in Honduras. Agriculture, Ecosystems and Environment, 1999, 72: 215-255.

[188] Panikov N S. Understanding and prediction of soil microbial community dynamics under global change. Applled Soil Ecology, 1999, 11: 161-176.

[189] Pascual J A, Garcia C, Hernandez T, et a1. Soil microbial activity as a biomarker of degradation and remediation processes. Soil Biology and Biochemistry, 2000, 32: 1877-1883.

[190] Patra A K, Roux X, Grayston S J, et al. Unraveling the effects of management regime and plant species on soil organic carbon and microbial phospholipid fatty acid profiles in grassland soils. Bioresource Technology, 2008, 99: 3545-3551.

[191] Paul K I, Polglase P J, Nyakuengama J G, et al. Change in soil carbon following afforestation. Forest ecology and management, 2002, 168: 241-257.

[192] Paustian K, Levine E, Post W M, et al. The use of models to integrate information and understanding of soil C at the regional scale. Geoderma, 1997, 79: 227-260.

[193] Pennock D J, Frick A H. The role of field studies in landscape-scale applications of process models: an example of soil redistribution and soil organic carbon modeling using CENTURY. Soil and Tillage Research, 2001, 58:

183-191.

[194] Peterjohn, W T, Correll D L. Nutrient dynamics in an agricultural watershed: observations on the role of a riparian forest. Ecology, 1984, 65: 1466-1475.

[195] Piao S L, Fang J Y, Ciais P, et al. The carbon balance of terrestrial ecosystems in China. Nature, 2009, 458: 1009-1013.

[196] Plotnikoff M R, Bulmer C E, Schmidt M G. Soil properties and tree growth on rehabilitated forest landings in the interior cedar hemlock biogeoclimatic zone: British Columbia. Forest Ecology Management, 2002, 170: 199-215.

[197] Post W M, Emanuel W R, Zinke P J, Stangenberger A G. Soil carbon pools and world life zones. Nature, 1982, 298: 156-159.

[198] Post W M, Kwon K C. Soil carbon sequestration and land-use change: processes and potential. Global Change Biology, 2000, 6(3): 317-327.

[199] Potter C S, Meyer R E. The role of soil biodiversity in sustainable dryland farming systems. Advances in Soil Science, 1990, 13: 241-251.

[200] Raich J W, Potter C S. Global patterns of carbon dioxide emissions from soils. Global Biogeochemical Cycles, 1995, 9: 23-36.

[201] Raich J W, Schlesinger W H. The global carbon dioxide flux in soil respiration and its relationship to vegetation and climate. Tellus B, 1992, 44: 81-99.

[202] Raich J W, Tufekcioglu A. Vegetation and soil respiration: correlations and controls. Biogeochemistry, 2000, 48: 71-90.

[203] Rasse D P, Rumpel C, Dignac M F. Is soil carbon mostly root carbon? Mechanisms for a specific stabilization. Plant and Soil, 2005, 269: 341-356.

[204] Rees M, Condit M, Pacals S, et al. Long-term studies of vegetation dynamics. Science, 2001, (293): 650-655.

[205] Ren H, Du W P, Wang J, et al. Natural restoration of degraded rangeland ecosystem in Heshan hilly land. Acta Ecologica Sinica, 2007, 27(9): 3593-3600.

[206] Ren X E, Tong C L, Sun Z L, et al. Effects of temperature on organic carbon mineralization in paddy soils with different clay content. Chinese Jour-

nal of App lied Ecology,2007,18 (10):2245-2250.

[207] Resh S C,Binkley D,Parrotta J A. Greater soil carbon sequestration under nitrogen-fixing trees compared with Eucalyptus species. Ecosystems,2002, 5:217-231.

[208] Ringelberg D B,Davis J D,Smith G A,et al. Validation of signature polar-lipid fatty acid biomarkers for alkane-utilizing bacteria in soils and subsurface aquifer materials. FEMS Microbiology Ecology,1989,62:39-50.

[209] Rustad L E. From transient to steady-state response of ecosystems to atmospheric CO_2-enrichment and global climate change: conceptual challenges and need for an integrated approach. Plant Ecology,2006,182:43-62.

[210] Saggar S,Yeates GW,Shepherd T G. Cultivation effects on soil biological properties,microfauna and organic matter dynamics in Eutric Gleysol and Gleyic Luvisol soils in New Zealand. Soil and Tillage Research,2001,58 (12):55-68.

[211] Santruchova H. Microbial biomass,activity and soil respiration in relation to secondary succession. Pedobiologia,1992,36:341-350.

[212] Schimel D S,Braswell B H,Holland E A,et al. Climatic,edaphic,and biotic controls over storage and turnover of carbon in soils. Global Biogeochemical Cycles,1994,8:279-293.

[213] Schimel J. Ecosystem consequences of microbial diversity and community structure. In:Chapin F S and Korner C. (Eds.). Arctic and Alpine Biodiversity:Patterns,Causes,and Ecosystem Consequences. Springer-Verlag, Berlin,1995,239-254.

[214] Schlesinger W H,Reynolds J F,Cuningham G L,et al. Biological feedbacks in global desertification. Science,1990,247:1043-1048.

[215] Schlesinger W H. Carbon balance in terrestrial detritus. Annual Review of Ecology and systematics,1977,8:51-81.

[216] Schnürer J,Clarholm M,Rosswall T. Microbial biomass and activity in an agricultural soil with different organic matter contents. Soil Biology and Biochemistry 1985,17:611-618.

[217] Schulze E D. Biological control of the terrestrial carbon sink. Biogeosciences,2006,3:147-166.

[218] Schutter M E,Sandeno J M,Dick R P. Seasonal,soil type,and alternative management influences on microbial communities of vegetable cropping systems. Biology and Fertility of Soils,2001,34:397-410.

[219] Shankar U, Lama S D, Bawa K S. Ecosystem reconstruction through 'taungya' plantations following commercial logging of a dry,mixed deciduous forest in Darjeeling Himalaya. Forest Ecology and Management, 1998,102:131-142.

[220] Shao Y,Pan J,Yang L,et al. Validation of soil organic carbon density using the InTEC model. Journal of Environment Management, 2007, 85: 696-701.

[221] Sharma S,Piccolo A,Insam H. Different carbon source utilization profiles of four tropical soils from Ethiopia. In:Insam H,Rangger A. (Eds.). Microbial Communities. Functional versus Structural Approaches. Springer, Berlin,1997,132-139.

[222] Sharrow S H,Ismail S. Carbon and nitrogen storage in agroforests,tree plantations,and pastures in western Oregon,USA. Agroforestry Systems, 2004,60:123-130.

[223] Shinnemana D J,Bakerb W L,Lyone P. Ecological restoration needs derived from reference conditons for a semi-arid landscape in Western Colorado,USA. Journal of Arid Environmens,2008,72:207-227.

[224] Singh B K, Bardgett R D, Smith P, et al. Microorganisms and climate change:terrestrial feedbacks and mitigation options. Nature,2010,8:779-790.

[225] Six J,Conant R T,Paul E A,et al. Stabilization mechanisms of soil organic matter:Implications for C-saturation of soils. Plant and Soil, 2002, 241: 155-176.

[226] Smit A, Heuvelink G B M. Exploring the use of sequential sampling for monitoring organic matter stocks in a grazed and non-grazed Scots pine stand. Geoderma,2007,139:118-126.

[227] Smith J L, Paul E A. The significance of soil microbial biomass estimations. Soil Biochemistry,1990,6:357-359.

[228] Smith P,Martino D,Cai Z C,et al. Greenhouse gas mitigation in agricul-

ture. Philosophical Transactions of the Royal Society Biological Sciences, 2008,363,789-813.

[229] Smith P,Powlson D S,Smith J U,et al. Meeting Europe's climate change commitments:quantitative estimates of the potential for carbon mitigation by agriculture. Global Change Biology,2000,6:525-539.

[230] Smith P. Land use change and soil organic carbon dynamics. Nutrient Cycling in Agroecosystems,2008,81:169-178.

[231] Srivastava S C. Microbial C,N and P in dry tropical soils:seasonal changes and influence of soil moisture. Soil Biology and Biochemistry,1992,24:711-714.

[232] Staddon W J,Duchesne L C,Trevors J T. Impact of clear cutting and prescribed burning on microbial diversity and community structure in Jack pine (Pinus banksiana Lamb.) clear-cut using BiologTM Gram-Negative microplates. World Journal of Microbialogy and Biotechnology,1998,14:119-123.

[233] Steenwerth K L,Jackson L E,Calderon F J,et al. Soil microbial community composition and land use history in cultivated and grassland ecosystems of coastal California. Soil Biology and Biochemistry,2002,34:1599-1611.

[234] Stephan A,Meyer A H,Schmid B. Plant diversity affects culturable soil bacteria in experimental grassland communities. Journal of Ecology,2000,22:988-998.

[235] Stevenson F J,Elliot E T. Methodologies for assessing the quantity and quality of soil organic matter. In:Coleman D C,Oades J M,Uehara G. Dynamics of Soil Organic Matter in Tropical Ecosystems. Hawaii. University of Hawaii,1989,175-199.

[236] Stevenson F J. Humus Chemistry:Genesis,Composition,Reactions. John Wiley & Sons,New York. 1994,pp:496.

[237] Stolte J,van Venrooij B,Zhang B G,et al. Landuse induced spatial heterogeneity of soil hydraulic properties on the Loess Plateau in China. Catena,2003,54 (1-2):59-75.

[238] Su Y Z,Zhao H L,Zhang T H,et al. Carbon mineralization potential in soils under different degraded sandy land. Acta Ecologica Sinica,2004,24

(2):372-378.

[239] Su Y Z. Soil carbon and nitrogen sequestration following the conversion of crop land to alfalfa forage land in northwest China. Soil & Tillage Research,2007,92:181-189.

[240] Sun W J,Huang Y,Zhang W,et al. Carbon sequestration and its potential in agricultural soils of China. Global Biogeochemical Cycles, 2010, 24: GB3001,doi:10. 1029/2009GB003484.

[241] Tan Z X,Lal R,Smeck N E,et al. Relationships between surface soil organic carbon pool and site variables. Geoderma,2004,121:187-195.

[242] Tans P P,Fung I Y,Takahashi T. Observational constraints on the global atmospheric CO_2 budget. Science,1990,247:1431-1438.

[243] Tejada M,Moreno J L,Hernandez M T,et al. Application of two beet vinasse forms in soil restoration:Effects on soil properties in an arid environment in southern Spain. Agriculture Ecosystems and Environment, 2007,119:289-298.

[244] Tóth J A,Lajtha K,Kotpoczó Z,et al. The effect of climate change on coil organic matter decomposition. Acta Silvatica et Lignaria Hungarica,2007, 3:75-85.

[245] Trumbore S E,Czimczik C I. An uncertain future for soil carbon. Science, 2008,321:1455 -1456.

[246] Turner II,B L,Meyer W B. Land use and land cover in global environmental change:considerations for study. International Social Science Journal, 1991,43:668-679.

[247] Van der Putten W H,Mortimer S R,Hedlund K,et al. Plant species diversity as a driver of early succession in abandoned fields:a multi-site approach. Oeçologla,2000,124:91-99.

[248] Van der Putten. Vegetation succession and herbivory along a salt marsh: changes induced by sea level rise and silt deposition along an elevational gradient. Journal of Ecology,2000,85:799- 814.

[249] VandenBygaart A J,Angers D A. Towards accurate measurements of soil organic carbon stock change in agroecosystems. Canadian Journal of Soil Science,2006,86:465-471.

[250] Verstraete M M. Defining desertification: a review. Climate Change, 1986, (9): 5-18.

[251] Vesterdal L, Ritter E, Gundersen P. Change in soil organic carbon following afforestation of former arable land. Forest Ecology and Management, 2002, 169: 137-147.

[252] Virginia R A. Soil development under legume tree canopies. Forest Ecological Managements, 1986, (16): 69-79.

[253] Waid J S. Does soil biodiversity depend upon metabiotic activity and influences? Applied Soil Ecology, 1999, 13: 151-158.

[254] Wang B, Liu G B, Xue S, Zhu B B. Changes in soil physico-chemical and microbiological properties during natural succession on abandoned farmland in the Loess Plateau. Environmental Earth Sciences, 2011, 62: 915-925.

[255] Wang J, Fu B J, Qiu Y, et al. Soil nutrients in relation to land use and landscape position in the semi-arid small catchment on the loess plateau in China. Journal of Arid Environments, 2001, 48, 537-550.

[256] Wang S, Chen J M, Ju W M, et al. Carbon sinks and sources in China's forests during 1901～2001. Journal of Environmental Management, 2007, 85: 524-537.

[257] Wardle D A, Bardgett R D, Klironomos J N, et al. Ecological linkages between aboveground and belowground biota. Science, 2004, 304, 1629-1633.

[258] Wardle D A. A comparative assessment of factors which influence microbial biomass carbon and nitrogen levels in soil. Biological Reviews, 1992, 67: 321-358.

[259] Wattel-Koekkoek E J W, Buurman P, Vander J P, et al. Mean residence time of soil organic matter associated with Kaolinite and smectite. European Journal of Soil Science, 2003, 54: 269-278.

[260] Wattel-Koekkoek E J W, Van Genuchten P P L, Buurman P, et al. Amount and composition of clay-associated soil organic matter in a range of kaolinitic and smectitic soils. Geoderma, 2001, 99: 27-49.

[261] Wei X R, Shao M A, Fu X L, Horton R, Li Y, Zhang X C. Distribution of soil organic C, N and P in three adjacent land use patterns in the northern Loess Plateau, China. Biogeochemistry, 2009, 96: 149-162.

[262] Whickera J J,Pinder J E,Breshears D D. Thinning semiarid forests amplifies wind erosion comparably to wildfire:implications for restoration and soil stability. Journal of Arid Evironments,2008,72:494-508.

[263] White C,Tardif J C,Adkins A,et al. Functional diversity of microbial communities in the mixed boreal plain forest of central Canada. Soil Biology and Biochemistry,2005,37:1359-1372.

[264] White D C,Pinkart H C,Ringelberg A B. Biomass measurements:Biochemical approaches. In:Hurst C J,Knudson G R,Mclnerney M J,et al. (Eds). Manual of Enviromental Microbiology. 1997. ASM Press,91-101.

[265] Wildung R E,Garland T R,Buschbom R L. The interdependent effects of soil temperature and water content on soil respiration rate and plant root decomposition in arid grassland soils. Soil Biology and Biochemistry,1975,7,373-378.

[266] Wiseman C L S,Puttmann W. Soil organic carbon and its sorptive preservation in central Germany. European Journal of Soil Science,2005,56:65-76.

[267] Wu H B,Guo Z T,Peng C H. Land use induced changes of organic carbon storage in soils of China. Global Change Biology,2003,9:305-315.

[268] Wu J G,Ai L,Zhu G,et al. Mineralization of soil organic carbon and itsmotivating factors to the dragon spruce forest and alpine meadows of the Qilian Mountains. Acta Agrestia Sinica,2007,15 (1):20-28.

[269] Wu J,Joergensen R G,Pommerening B,et al. Measurement of soil microbial biomass C by fumigation-extraction-an automated procedure. Soil Biology and Biochemistry,1990,22:1167-1169.

[270] Wu Y Q,Liu G H,Fu B J. Comparing soil CO_2 emission in pine plantation and oak shrub:dynamics and correlations. Ecological Research,2006,21,840-848.

[271] Xie Z B,Zhu J G,Liu G,et al. Soil organic carbon stocks in China and changes from 1980s to 2000s. Global Change Biology,2007,13:1989-2007.

[272] Xu X K,Inubushi K,Sakamoto K. Effect of vegetation and temperature on microbial biomass carbon and metabolic quotients of temperate volcanic forest soils. Geoderma,2006,136:310-319.

[273] Yan F,McBrantney A B,Copeland L. Functional substrate biodiversity of

cultivated and uncultivated A horizons of vertisols in N W New South Wales. Geoderma,2000,96:321-343.

[274] Yang G R,Zhang W J,Tong C L,et al. Effects of temperature on the mineralization of organic carbon in sediment of wetland. Acta Ecologica Sinica,2005,25 (2):243-248.

[275] Yang Y H,Fang J Y,Ma W H,et al. Soil carbon stock and its changes in northern China's grasslands from 1980s to 2000s. Global Change Biology, 2010,16(11):3036-3047.

[276] Yang Y H,Fang J Y,Smith P,et al. Changes in topsoil carbon stock in the Tibetan grasslands between the 1980s and 2004. Global Change Biology, 2009,15:2723-2729.

[277] Yang Y S,Xie J S,Sheng H,et al. The impact of land use /cover change on storage and quality of soil organic carbon in mid-subtropical mountainous area of southern China. Journal of Geographical Sciences,2009,19(1):49-57.

[278] Yang Y, Luo Y, Finzi A C. Carbon and nitrogen dynamics during forest stand development: a global synthesis. New Phytologist, 2011, 190: 977-989.

[279] Yano Y,Lajtha K,Sollins P,et al. Chemistry and dynamics of dissolved organic matter in a temperate coniferous forest on Andic soils:Effects of litter quality. Ecosystems,2005,8:286-300.

[280] Yu G R,Zhang L M,Sun X M,et al. Advances in carbon flux observation and research in Asia. Science in China (Earth Science),2004,48 (Suppl. I):1-16.

[281] Yu Y,Guo Z,Wu H,et al. Spatial changes in soil organic carbon density and storage of cultivated soils in China from 1980 to 2000. Global Biogeochemical Cycles,2009,23:GB2021,doi:10. 1029/2008GB003428.

[282] Yuan H Z,Ge T,Chen C Y,et al. Microbial autotrophy plays a significant role in the sequestration of soil carbon. Applied and Environmental Microbiology,2012,doi:10. 1128/AEM. 06881-11.

[283] Yuste J C,Janssens I A,Carrara A,Meiresonne L,Ceulemans R. Interactive effects of temperature and precipitation on soil respiration in a temperate

maritime pine forest. Tree Physiology,2003,23:1263-1270.
[284] Zak D R,Holmes W E,White D C,et al. Plant diversity,soil microbial communities,and ecosystem function:are there any links? Ecology,2003,84(8):2042-2050.
[285] Zak J C,Willig M R,Moorhead D L,et al. Functional diversity of microbial communities:quantitative approach. Soil Biology and Biochemistry,1994,26:1101-1108.
[286] Zeller B,Liu J,Buchmann N,et al. Tree gird-ling increases soil N mineralization in two spruce stands. Soil Biology and Biochemistry,2008,40:1155-1166.
[287] Zhang B,Yang Y,Zepp H. Effect of vegetation restoration on soil and water erosion and nutrient losses of a severely eroded clayey Plinthudult in southeastern China. Catena,2004,57:77-90.
[288] Zhang J,Zhao H,Zhang T,et al. Community succession along a chronosequence of vegetation restoration on sand dunes in Horqin Sandy Land. Journal of Arid Environments,2005,62(4):555-566.
[289] Zhang JT,Chen T. Effects of mixed Hippophae rhamnoides on community and soil in planted forests in the Eastern Loess Plateau,China. Ecological Engineering,2007,31:115-121.
[290] Zhang K,Dang H,Tan S,et al. Change in soil organic carbon following the 'Grain-for-Green' program in China. Land Degradation & Development,2010,21:13-23.
[291] Zhang W J,Tong C L,Yang G R,Wu J S. Effects of water on mineralization of organic carbon in sediment from wetlands. Acta Ecologica Sinica,2005,25 (2):249-253.
[292] Zhao M,Zhou J,Kalbitz K. Carbon mineralization and properties of water-extractable organic carbon in soils of the south Loess Plateau in China. European Journal of Soil Biology,2008,44:158-165.
[293] Zheng F L,He X B,Gao X T,et al. Effects of erosion patterns on nutrient loss following deforestation on the Loess Plateau of China. Agriculture,Ecosystems and Environment,2005,108:85-97.
[294] Zheng F L. Effect of Vegetation Changes on Soil Erosion on the Loess

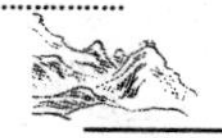

Plateau. Pedosphere,2006,16:420-427.

[295] Zhu B B,Li Z B,Li P,et al. Soil erodibility,microbial biomass,and physical-chemical property changes during long-term natural vegetation restoration:a case study in the Loess Plateau,China. Ecological Research,2010,35(3):531-541.

[296] Zuo X A,Zhao X Y,Zhao H L,et al. Spatial heterogeneity of soil properties and vegetation-soil relationships following vegetation restoration of mobile dunes in Horqin Sandy Land,Northern China. Plant and Soil,2009,318:153-167.

[297] 敖伊敏,焦燕,徐柱.典型草原不同围封年限植被-土壤系统碳氮储量的变化.生态环境学报,2011,20(10):1403-1410.

[298] 白文娟,焦菊英,马祥华,等.黄土丘陵沟壑区退耕地人工林的土壤环境效应.干旱区资源与环境,2005,19:135-141.

[299] 白文娟,焦菊英.黄土丘陵沟壑区退耕地主要自然恢复植物群落的多样性分析.水土保持研究,2006,13(3):140-144.

[300] 白文娟,焦菊英.黄土丘陵沟壑区退耕地主要自然恢复植物群落的多样性分析.水土保持研究,2006,13(3):140-144.

[301] 卜耀军,温仲明,焦峰,等.黄土丘陵区人工与自然植物群落物种多样性研究-以安塞县为例.水土保持研究,2005,12(1):4-6.

[302] 蔡进军,李生宝,蒋齐,等.半干旱黄土丘陵区典型抗旱造林整地技术集流效果研究.水土保持研究,2009,16:127-130.

[303] 蔡艳,薛泉宏,侯琳,等.黄土高原几种乔灌木根区土壤微生物区系研究.陕西林业科技,2002,1:4-9.

[304] 曹明奎,于贵瑞,刘纪远,等.陆地生态系统碳循环的多尺度试验观测和跨尺度机理模拟.中国科学,D辑,2004,34:1-14.

[305] 曹裕松,李志安,江远清,等.陆地生态系统土壤呼吸研究进展.江西农业大学学报,2004,26(1):138-143.

[306] 查轩,唐克丽,张科利,等.植被对土壤特性及土壤侵蚀的影响研究.水土保持学报,1992,6(2):52-58.

[307] 常瑞英,傅伯杰,刘国华.区域尺度土壤固碳量估算方法评述.地理研究,2010,29(9):1616-1627.

[308] 常瑞英.黄土高原退更换林多尺度土壤固碳效应.中国科学院研究生院博士

学位论文,2012.

[309] 陈晨,梁银丽,吴瑞俊,等.黄土丘陵沟壑区坡地土壤有机碳变化及碳循环初步研究,自然资源学报,2010,25(4):669-676.

[310] 陈立新.人工林土壤质量演变与调控.北京:科学出版社,2004,94-96.

[311] 陈泮勤,王效科,王礼茂,等.中国陆地生态系统碳收支与增汇对策.北京:科学出版社,2008.116-117.

[312] 陈庆强,沈承德,彭少群.华南亚热带山地土壤有机质更新特征及其影响因子.生态学报,2002,22(9):1447-1453.

[313] 陈全胜,李凌浩,韩兴国,等.水分对土壤呼吸的影响及机理.生态学报,2003,23(5):972-978.

[314] 陈云浩,李晓兵,史培军.北京海淀区植被覆盖的遥感动态研究.植物生态学报,2001,25 (5) :588-593.

[315] 陈佐忠,汪诗平.中国典型原生态系统.北京:科学出版社,2000.1-5.

[316] 崔晓勇,陈四清,陈佐忠.大针茅典型草原土壤 CO_2 排放规律的研究.应用生态学报,2000,11(3):390-394.

[317] 戴全厚,刘国彬,薛箑,等.不同植被恢复模式对黄土丘陵区土壤碳库及其管理指数的影响.水土保持研究,2008,15(3):61-64.

[318] 邓仕坚,张家武,陈楚莹,等.不同树种混交林及其纯林对土壤理化性质影响的研究.应用生态学报,1994,5(2):126-132.

[319] 杜国祯,王刚.亚高山草甸弃耕地演替群落的种多样性及种间相关分析.草业科学,1991,8 (4):53-57.

[320] 方华军,杨学明,张晓平,等.坡耕地黑土活性有机碳空间分布及生物有效性.水土保持学报,2006,20(2):59-63.

[321] 方精云,陈安平.中国森林植被碳库的动态变化及其意义.植物学报,2001,43(9):967-973.

[322] 傅伯杰,陈利顶,黄土丘陵区小流域土地利用方式对土壤非礼影响的研究.地理学报,1999,54(3):241-246.

[323] 傅伯杰,陈利顶,邱扬,等.黄土丘陵沟壑区土地利用结构与生态过程.北京:商务印书馆,2002.

[324] 高贤明,黄建辉,万师强,等.秦岭太白山弃耕地植物群落演替的生态学研究Ⅱ演替系列的群落 α 多样性特征.生态学报,1997,17(6):619-625.

[325] 高雪松,何鹏,邓良基,等.丘陵区坡面土壤有机碳及颗粒有机碳分布特征.

生态环境学报,2009.18(1):337-342.

[326] 巩杰,陈利顶,傅伯杰,等.黄土丘陵区小流域植被恢复的土壤养分效应研究.水土保持学报,2005,19(1):93-96.

[327] 郭胜利,刘文兆,史竹叶,等.半干旱区流域土壤养分分布特征及其与地形、植被的关系.干旱地区农业研究,2003,21:40-43.

[328] 郭旭东,陈利顶,傅伯杰.土地利用/土地覆被变化对区域生态环境的影响.?环境科学进展,1999,7(6):66-75.

[329] 郭正刚,刘慧霞,孙学刚,等.白龙江上游地区森林植物群落物种多样性的研究.植物生态学报,2003,27(3):388-395.

[330] 韩恩贤,韩刚,薄颖生.黄土高原油松、侧柏与沙棘人工混交林生长及土壤特性研究.北林学院学报,2007,22:100-104.

[331] 韩恩贤,韩刚.黄土高原沟壑区沙棘人工混交林改土效应研究.自然资源学报,2005,20:879-884.

[332] 韩永伟,韩建国,王堃,等.农牧交错带退耕还草对土壤微生物量C、N的影响.农业环境科学学报,2004,23(5):993-997.

[333] 何友军,王清奎,汪思龙,等.杉木人工林土壤微生物生物量碳氮特征及其与土壤养分的关系.应用生态学报,2006,17(12): 2292-2296.

[334] 贺金生,陈伟烈.陆地植物群落物种多样性的梯度变化特征.生态学报,1997,17(1):91-99.

[335] 胡斌,段昌群,王振洪.植被恢复措施对退化生态系统土壤酶活性及肥力的影响.土壤学报,2002,39(4):604-608.

[336] 胡婵娟,傅伯杰,靳甜甜,等.黄土丘陵沟壑区植被恢复对土壤微生物生物量碳和氮的影响.应用生态学报,2009,20:45-50.

[337] 华珞,张志刚,冯琰,等.用^{137}Cs示综法研究密云水库周边土壤侵蚀与氮磷流失.农业工程学报,2006,22(1):73-78.

[338] 华涛,顾继光,周启星.土壤健康质量分析及方法.见:周启星主编.健康土壤学—土壤健康质量与农产品安全.北京:科学出版社,2005,99-167.

[339] 黄和平,杨吉力,毕军,等.皇甫川流域植被恢复对改善土壤肥力的作用研究.水土保持通报,2005,25:37-40.

[340] 黄建辉,陈灵芝.北京东灵山地区森林植被的物种多样性分析.植物学报,1994,36(增刊):178-186.

[341] 黄湘,李卫红,陈亚宁,等.塔里木河下游荒漠河岸林群落土壤呼吸及其影响

因子.生态学报,2007,27(5):1951-1958.
[342] 黄耀,孙文娟,张稳,等.中国陆地生态系统土壤有机碳变化研究进展.中国科学:生命科学,2010,40(7):577-586.
[343] 黄耀,孙文娟.近20年来中国大陆农田表土有机碳含量的变化趋势.科学通报,2006,51:750-763.
[344] 黄耀,周广胜,吴金水,等.中国陆地生态系统碳收支模型.北京:科学出版社,2008.143-211.
[345] 黄忠良,孔国辉,何道泉.鼎湖山植物群落多样性的研究.生态学报,2000,20(2):193-198.
[346] 冀瑞瑞,张强,杨治平,等.晋西北黄土高原丘陵区小叶锦鸡儿人工灌丛不同生育阶段土壤肥力特征研究.山西农业科学,2007,35:51-54.
[347] 贾国梅,方向文,刘秉儒,等.黄土高原弃耕地自然恢复过程中微生物碳的大小和活性的动态.中国沙漠,2006,26:580-584.
[348] 贾举杰,李金花,王刚,等.添加豆科植物对弃耕地土壤养分和微生物量的影响.兰州大学学报(自然科学版),2007,43:33-37.
[349] 贾松伟,贺秀彬,陈云明.黄土丘陵区退耕撂荒对土壤有机碳的积累及其活性的影响.水土保持学报,2004,(3):78-84.
[350] 焦峰,温仲明,焦菊英,等.黄土丘陵区退耕地土壤养分变异特征.植物营养与肥料学报,2006,11(6):724-730.
[351] 焦居仁.生态修复的要点和思考.中国水土保持,2003,2:1-2.
[352] 焦菊英,焦峰,温仲明.黄土丘陵沟壑区不同恢复方式下植物群落的土壤水分和养分特征.植物营养与肥料学报,2006,12:667-674.
[353] 焦菊英,王万忠,李靖,等.黄土丘陵沟壑区水土保持人工林减蚀效应研究.林业科学,2002,38:87-94.
[354] 焦如珍,杨承栋,孙启武,等.杉木人工林不同发育阶段土壤微生物数量及其生物量的变化.林业科学,2005,4(6):163-165.
[355] 李博.生态学.北京:高等教育出版社,2000,339-340.
[356] 李红生,刘广全,王鸿喆,等.黄土高原四种人工植物群落土壤呼吸季节变化及其影响因子.生态学报,2008,9,28(9):4009-4106.
[357] 李嵘,李勇,李俊杰,等.黄土丘陵侵蚀坡地土壤呼吸初步研究.中国农业气象,2008,29(2):123-126.
[358] 李瑞雪,薛泉宏,杨淑英,等.黄土高原沙棘、刺槐人工林对土壤的培肥效应

及其模型.土壤侵蚀与水土保持学报,1998,4:14-21.
[359] 李生宝,蒋齐,赵世伟,等.半干旱黄土丘陵区退化生态系统恢复技术与模式.北京:科学出版社,2011.
[360] 李顺姬,邱莉萍,张兴.黄土高原土壤有机碳矿化及其与土壤理化性质的关系生态学报,2010,30(5):1217-1226.
[361] 李晓东,魏龙,张永超,等.土地利用方式对陇中黄土高原土壤理化性状的影响.草业学报,2009,18:103-110.
[362] 李玉山.黄土高原森林植被对陆地水循环影响的研究.自然资源学报,2001,16(5):427-432.
[363] 李裕元,邵明安,郑纪勇,等.黄土高原北部草地的恢复与重建对土壤有机碳的影响.生态学报,2007,27:2279-2287.
[364] 梁宗锁,左长青,焦居仁.生态修复在黄土高原水土保持中的作用.西北林学院学报,2003,18(1):20-24.
[365] 林昌虎,张清海,段培,等.贵州东部石漠化地区不同生态模式下土壤氮素变异特征.水土保持学报,2007,21:128-130.
[366] 林心雄,文启孝,徐宁.广州地区土壤中植物残体的分解速率.土壤学报,1985,22(1):47-55.
[367] 刘畅,唐国勇,童成立,等.长期施肥措施下亚热带稻田土壤碳、氮演变特征及其耦合关系.应用生态学报,2008,19(7):1489-1493.
[368] 刘绍辉,方精云,清田信.北京山地温带森林的土壤.植物生态学报,1998,22(2):119-126.
[369] 刘世梁,傅伯杰,陈利顶,等.卧龙自然保护区土地利用变化对土壤性质的影响,地理研究,2002,21(6):682-687.
[370] 刘世梁,傅伯杰,吕一河,等.坡面土地利用方式与景观位置对土壤质量的影响.生态学报,2003,23(3):414-420.
[371] 刘守赞,郭胜利,王小利,等.植被对黄土高原沟壑区坡地土壤有机碳的影响.自然资源学报,2005,20:529-536.
[372] 刘兴土.松嫩—三江平原湿地资源及其可持续利用.地理科学,1997,17:451-460.
[373] 刘雨,郑粉莉,安韶山,等.燕沟流域退耕地土壤有机碳、全氮和酶活性对植被恢复过程的响应.干旱地区农业研究,2007,25:220-225.
[374] 刘占锋,刘国华,傅伯杰,等.人工油松林(*Pinus tabulaeformis*)恢复过程中

土壤微生物生物量 C、N 的变化特征. 生态学报,2007,27(3):1011-1018.
[375] 刘子刚,张坤民. 黑龙江省三江平原湿地土壤碳储量变化. 清华大学学报(自然科学版),2005,45:788-791.
[376] 鲁如坤主编. 土壤农业化学分析方法. 北京:中国农业科技出版社,1999.
[377] 罗利芳,张科利,李双才. 撂荒后黄土高原坡耕地土壤透水性和抗冲性的变化. 地理科学,2003,23:728-733.
[378] 吕春花,郑粉莉. 黄土高原子午岭地区植被恢复过程中的土壤质量评价. 中国水土保持科学,2009,7:12-18.
[379] 马克平,黄建辉,于顺利,等. 北京东灵山地区植物群落多样性的研究Ⅱ丰富度、均匀度和物种多样性指数. 生态学报,1995,15(3):268-277.
[380] 马克平,刘玉明. 生物群落多样性的测度方法:Ⅰα-多样性的测度方法(下). 生物多样性,1994,2(4):231-299.
[381] 马克平. 生物多样性的测度方法:Ⅰα-多样性的测度方法(上),生物多样性,1994,2(3):162-168.
[382] 马克平. 生物群落多样性的测度方法. 中国科学院生命多样性委员会编. 生物多样性研究的原理与方法. 北京:中国科学技术出版社,1994,141-165.
[383] 马祥华,焦菊英,温仲明,等. 黄土丘陵沟壑区退耕地植被恢复中土壤物理特性变化研究. 水土保持研究,2005,12(1):17-21.
[384] 马秀梅,朱波,韩广轩,等. 土壤呼吸研究进展. 地球科学进展,2004,19:491-495.
[385] 马玉红,郭胜利,杨雨林,等. 植被类型对黄土丘陵区流域土壤有机碳氮的影响. 自然资源学报,2007,22:97-105.
[386] 潘根兴,李恋卿,张旭辉,等. 中国土壤有机碳库量与农业土壤碳固定动态的若干问题. 地球科学进展,2003,18:609-618.
[387] 潘根兴,李恋卿,张旭辉. 土壤有机碳库与全球变化研究的若干前沿问题. 南京农业大学学报,2000,25(3):100-109.
[388] 彭少麟. 退化生态系统恢复与恢复生态学. 中国基础科学·研究进展,2001,(3):18-24.
[389] 彭少麟. 南亚热带退化生态系统恢复和重建的生态学理论和应用. 热带亚热带植物学报,1996,4(3):36-44.
[390] 彭文英,张科利,陈瑶,等. 黄土坡耕地退耕还林后土壤性质变化研究. 自然资源学报,2005,20(2):272-278.

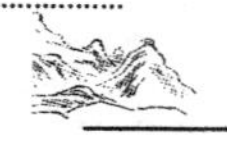

[391] 彭文英,张科利,杨勤科.退耕还林对黄土高原地区土壤有机碳影响预测.地域研究与开发,2006,25(3):94-99.

[392] 朴世龙,方精云,郭庆华.利用CASA模型估算我国植被净第一性生产力.植物生态学报,2001,25:603-608.

[393] 漆良华,彭镇华,张旭东,等.退化土地植被恢复群落物种多样性与生物量分配格局.生态学杂志,2007,26(11):1697-1702.

[394] 任海,张倩媚,彭力麟.内陆水体退化生态系统的恢复.热带地理,2003,23(1):22-25.

[395] 邵玉琴,敖晓兰,宋国宝,等.皇甫川流域退化草地和恢复草地土壤微生物生物量的研究.生态学杂志,2005,24(5):578-580.

[396] 史然,陈晓娟,吴小红,等.土壤自养微生物同化碳向土壤有机碳库输入的定量研究:^{14}C连续标记法.环境科学,2013,34(7):2809-2814.

[397] 苏静,赵世伟.植被恢复对土壤团聚体分布及有机碳、全氮含量的影响.水土保持研究,2005,12(3):44-46.

[398] 孙吉雄.草地培育学.北京:中国农业出版社,2000.

[399] 孙顺利,周科平.矿区生态环境恢复分析.矿业研究与开发,2007,27(5):78-81.

[400] 孙文娟,黄耀,张稳,等.农田土壤固碳潜力研究的关键科学问题.地球科学进展,2008,23:996-1004.

[401] 孙文义,郭胜利,周小刚.黄土丘陵沟壑区地形和土地利用对深层土壤有机碳的影响.环境科学,2010,31:2740-2747.

[402] 滕应,黄昌勇,龙健,等.复垦红壤中牧草根际微生物群落功能多样性.中国环境科学,2003(3):295-299.

[403] 汪邦稳,杨勤科,刘志红,等.延河流域退耕前后土壤侵蚀强度的变化.中国水土保持科学,2007,5 (4) :27-33.

[404] 汪文霞,周建斌,严德翼,等.土区不同类型土壤微生物量碳、氮和可溶性有机碳、氮的含量及其关系.水土保持学报,2006,20:103-106.

[405] 汪亚峰.黄土丘陵区土地利用变化对土壤有机碳影响研究—以羊圈沟小流域为例.博士后出站报告,2010.

[406] 王发刚,王文颖,陈志,等.土地利用变化对高寒草甸植物群路结构及物种多样性的影响.兰州大学学报:自然科学版,2007,43(3):58-63.

[407] 王发刚,殷恒霞,陈开华,等.子午岭人工油松林演替过程中土壤有机碳的积

累与变化. 安徽农业科学,2009,37:12782-12784.
[408] 王军,傅伯杰. 黄土丘陵小流域土地利用结构对土壤水分时空分布的影响. 地理学报,2000,55(1):84-91.
[409] 王俊波,季志平,白立强,等. 刺槐人工林土壤有机碳与根系生物量的关系. 西北林学院学报,2007,22:54-56.
[410] 王朗. 黄土丘陵区小流域土地覆被及水土保持功能变化. 中国科学院研究生院硕士学位论文,2011.
[411] 王莉,张强,牛西午,等. 黄土高原丘陵区不同土地利用方式对土壤理化性质的影响. 中国生态农业学报,2007,15:53-56.
[412] 王思成,王月玲,许浩,等. 半干旱黄土丘陵区不同植被恢复方式下土壤理化特性及相关分析. 西北农业学报,2009,18:295-299.
[413] 王文颖,王启基,王刚,等. 高寒草甸土地退化及其恢复重建对植被碳、氮含量的影响. 植物生态学报,2007,31(6):1073-1078.
[414] 王小利,郭胜利,马玉红,等. 黄土丘陵区小流域土地利用对土壤有机碳和全氮的影响. 应用生态学报, 2007,18(6):1281-1285.
[415] 王鑫,刘建新,张希彪,等. 黄土高原半干旱地区土地利用变化对土壤养分、酶活性的影响研究. 水土保持通报,2007,27:50-55.
[416] 王永健,淘建平,彭月. 陆地植物群落物种多样性研究进展. 广西植物,2006,26(4):406-411.
[417] 王占军,王顺霞,潘占兵,等. 宁夏毛乌素沙地不同恢复措施对物种结构及多样性的影响. 生态学杂志,2005,24(4):464-466.
[418] 温仲明,焦峰,赫晓慧,等. 黄土高原森林边缘区退耕地植被自然恢复及其对土壤养分变化的影响. 草业学报 2007,16:16-23.
[419] 温仲明,焦峰,刘宝元,等. 黄土高原森林草原区退耕地植被自然恢复与土壤养分变化. 应用生态学报,2005,16:2025-2029.
[420] 温仲明,焦锋,卜耀军,等. 植被恢复重建对环境影响的研究进展. 西北林学院学报,2005,20(1):10-15.
[421] 吴金水,童成立,刘守龙. 亚热带和黄土高原区耕作土壤有机碳对全球气候变化的响应. 地球科学进展,2004,19(1):131-137.
[422] 吴庆标,王效科,段晓男,等. 中国森林生态系统植被固碳现状和潜力. 生态学报,2008,28(2):517-524.
[423] 吴素业. 安徽大别山区降雨侵蚀力简化算法与时空分布规律. 中国水土保

持,1994(4):12-13.

[424] 吴素业.安徽大别山区降雨侵蚀力指标的研究.中国水土保持,1992(2):32-33.

[425] 吴雅琼,刘国华,傅伯杰,等.青藏高原土壤有机碳密度垂直分布研究.环境科学学报,2008,28(2):362-367.

[426] 吴雅琼,刘国华,傅伯杰,等.森林生态系统土壤 CO_2 释放随海拔梯度的变化及其影响因子.生态学报,2007,27(11):4678-4685.

[427] 吴彦,刘庆,乔永康,等.亚高山针叶林不同恢复阶段群落物种多样性变化及其对土壤理化性质的影响.植物生态学报,2001,25(6):648-655.

[428] 吴仲民,曾庆波,李意德,等.尖峰岭热带森林土壤C储量和 CO_2 排放量的初步研究.植物生态学报,1997,21(5):416-423.

[429] 夏北成,Zhou J, James M T.植被对土壤微生物群落结构的影响.应用生态学报,1998,9(3):296-300.

[430] 肖波,王庆海,尧水红,等.黄土高原东北缘退耕坡地土壤养分和容重空间变异特征研究.水土保持学报,2009,23:92-96.

[431] 肖辉杯,郑习健.植物多样性对土壤微生物的影响.土壤与环境,2001,10(3):238-241.

[432] 谢锦升,杨玉盛,杨智杰,等.退化红壤植被恢复后土壤轻组有机质的季节动态.应用生态学报,2008,19(3):557-563.

[433] 徐香兰,张科利,徐宪利等.黄土高原地区土壤有机碳估算及其分布规律分析.水土保持学报,2003,17(3):13-15.

[434] 许炼烽,徐谙为,李志安.森林土壤固碳机理研究进展.生态环境学报,2013,22(6):1063-1067.

[435] 薛立,邝立刚,陈红跃,等.不同林分土壤养分、微生物与酶活性的研究.土壤学报,2003,40(2):280-285.

[436] 薛箑,刘国彬,戴全厚,等.侵蚀环境生态恢复过程中人工刺槐林(*Robinia Pseudoacacia*)土壤微生物量演变特征.生态学报,2007,27(3):909-917.

[437] 薛箑,刘国彬,戴全厚,等.黄土丘陵区人工灌木林恢复过程中的土壤微生物量演变.应用生态学报,2008,19(3):517-523.

[438] 薛晓辉,卢芳,张兴昌.陕北黄土高原土壤有机质分布研究.西北农林科技大学学报(自然科学版),2005,33:69-74.

[439] 杨官品.土壤细菌遗传多样性及其植被类型相关性研究.遗传学报,2000,27

(3):278-282.

[440] 杨光,荣丽媛.黄土高原沟壑区人工植被类型对土壤水分和碳氮的影响.水土保持通报,2007,27(6),30-33.

[441] 杨玉盛,何宗明,邱任辉.严重退化生态系统不同恢复和重建措施的植物多样性和地力差异研究.生态学报,1999,19:490-494.

[442] 易志刚,蚁伟民,周国逸,等.鼎湖山三种主要植被类型土壤碳释放研究.生态学报,2003,23(8):1673-1678.

[443] 游秀花.马尾松天然林不同演替阶段土壤理化性质的变化.福建林学院学报,2005,25(2):121-124.

[444] 于洪波,陈利顶,蔡国军,等.黄土丘陵沟壑区生态综合整治技术与模式.北京:科学出版社,2011.

[445] 袁道先.现代岩溶学与全球变化.地学前缘,1997,4(1-2):17-24.

[446] 张成娥,陈小利.黄土丘陵区不同撂荒年限自然恢复的退化草地土壤养分及酶活性特征.草地学报,1997,5(3):195-200.

[447] 张东秋,石培礼,张宪洲.土壤呼吸主要影响因素的研究进展.地球科学进展,2005,20(7):778-785.

[448] 张红,吕家珑,赵世伟,等.不同植被覆盖下子午岭土壤养分状况研究干旱地区农业研究,2006,24:66-69.

[449] 张建,刘国彬.黄土丘陵区不同植被恢复模式对沟谷地植物群落生物量和物种多样性的影响.自然资源学报,2010,25(2):207-217.

[450] 张景群,苏印泉,康永祥,等.黄土高原刺槐人工林幼林生态系统碳吸存.应用生态学报,2009,20(12):2911-2916.

[451] 张俊华,常庆瑞,贾科利,等.黄土高原植被恢复对土壤肥力质量的影响研究.水土保持学报,2003,17(4):38-41.

[452] 张丽华,陈亚宁,李卫红,等.准噶尔盆地梭梭群落下土壤 CO_2 释放规律及其影响因子研究.中国沙漠,2007,27(2):266-272.

[453] 张楠阳,张景群,杨玉霞,等.黄土高原不同人工生态林对土壤主要营养元素的影响.东北林业大学学报,2009,37:74-76.

[454] 张清春,刘宝元,翟刚.植被与水土流失研究综述.水土保持研究,2002,9(4):96-100.

[455] 张文菊,彭佩钦,童成立,等.洞庭湖湿地有机碳垂直分布与组成特征.环境科学,2005,26(5):56-60.

[456] 张笑培,杨改河,王得祥,等.黄土高原沟壑区不同植被恢复模式对土壤生物学特性的影响.西北农林科技大学学报(自然科学版),2008,36:149-154.

[457] 张笑培,杨改河,王和洲,等.黄土丘陵区不同植被恢复群落特征及多样性研究.西北林学院学报,2011,26(2):22-25.

[458] 张新时.关于生态重建和生态恢复的思辨及其科学涵义与发展途径.植物生态学报,2010,34(1):112-118.

[459] 张信宝,Higgitt D L,Walling D E. ^{137}Cs 法测算黄土高原土壤侵蚀速率的初步研究.地球化学,1991,3:212-218.

[460] 章家恩,蔡燕飞,高爱霞,等.土壤微生物多样性实验研究方法概述.土壤,2004,36(4):346-350.

[461] 赵洪,向旭,韦美玉.都匀退耕地植被恢复初期植物多样性初步研究.黔南民族师范学院学报,2005,6:79-82.

[462] 赵吉,廖仰南,张桂枝,等.草原生态系统的土壤微生物生态.中国草地,1999,3:57-67.

[463] 赵新泉,马艳娥.退耕还林的生态作用及实施措施.林业资源管理,1999,(3):36-39.

[464] 郑华,陈法霖,欧阳志云,等.不同森林土壤微生物对 Biolog-GN 板碳源的利用.环境科学,2007,28(5):1126-1130.

[465] 郑华,欧阳志云,方治国,等.BIOLOG 在土壤微生物群落功能多样性研究中的应用.土壤学报,2004,41(3):456-461.

[466] 中国湿地资源开发与环境保护研究课题组.三江平原开发历史回顾.国土与自然资源研究,1998,1:15-19.

[467] 周国模,姜培昆.不同植被恢复对侵蚀型红壤活性碳库的影响.水土保持学报,2004,18(6):68-70.

[468] 朱连奇,许立民.草地改良对土壤有机碳的影响—以福建省建瓯市牛坑龙草地生态系统试验站为例.河南大学学报,2004,34(2):64-68.

[469] 朱清科,张岩,赵磊磊,等.陕北黄土高原植被恢复及近自然造林.北京:科学出版社,2012.

[470] 邹厚远.陕北黄土高原植被区划及与林草建设的关系.水土保持研究,2000,7(2):96-101.